MySQL
数据库任务驱动式教程

主编 陶晓环 李荣军 郑志刚

航空工业出版社

北　京

内容提要

本书依据校企合作共同育人的教学目标编写完成。全书共分为 13 个单元,内容包括数据库的魅力、进入 MySQL 的世界、数据库之梦想启航、数据库和数据表操作、单表查询、多表查询、视图与索引、权限与账户管理、存储过程与触发器、数据库事务与锁机制、MySQL 数据备份与恢复、主从复制、日志管理与 MySQL 读写分离。书中每个单元配有单元导读、知识与技能目标、素质目标、单元结构、思想引领、拓展阅读、单元自测(知识自测、技能自测)、学习成果达成与测评,辅助完成单元知识的学习和拓展。

图书在版编目(CIP)数据

MySQL 数据库任务驱动式教程/陶晓环,李荣军,郑

志刚主编. —北京:航空工业出版社,2023.4

ISBN 978-7-5165-3312-3

Ⅰ.①M… Ⅱ.①陶…②李…③郑… Ⅲ.①SQL 语言

—数据库管理系统—教材 Ⅳ.①TP311.132.3

中国国家版本馆 CIP 数据核字(2023)第 052057 号

MySQL 数据库任务驱动式教程

MySQL Shujuku Renwu Qudongshi Jiaocheng

航空工业出版社出版发行

(北京市朝阳区京顺路 5 号曙光大厦 C 座四层 100028)

发行部电话:010-85672663 010-85672683

北京荣玉印刷有限公司印刷 全国各地新华书店经售

2023 年 4 月第 1 版 2023 年 4 月第 1 次印刷

开本:889mm×1194mm 1/16 字数:480 千字

印张:16 定价:56 元

编写委员会

主　编　陶晓环　李荣军　郑志刚

副主编　邢　容　阎树昕

编　委　吕庆莉　李智庆　陈俊锜

超星网学习指南

一、注册账号

1.进入超星网官网 https://mooc1.chaoxing.com/，单击右上角"登录"按钮。

2.进入登录页面后，单击"新用户注册"，输入注册信息，单击"下一步"即可。

二、在线学习

1.注册后，进入 https://mooc1.chaoxing.com/course/217093325.html。

2.单击右侧章节即可开始学习。

前　言

随着我国计算机应用的进一步普及和深入,数据库的建设规模、数据信息的存储容量和处理能力俨然成为衡量一个国家现代化程度的重要标志。2021 年 3 月 11 日,第十三届全国人民代表大会第四次会议表决通过了关于国民经济和社会发展第十四个五年规划和 2035 年远景目标纲要的决议,要求加快数字化发展和数字中国建设,为迎接数字时代,激活数据要素潜能,推进网络强国建设,加快建设数字经济、数字社会和数字政府,以数字化转型整体驱动生产方式、生活方式和治理方式变革,制定了前所未有的蓝图规划。无论身处校园还是步入职场,数据管理都是必备能力。数据库技术解决了在计算机信息处理过程中有效组织和存储海量数据的问题。特别是人工智能、大数据、云计算等领域,将数据库技术的应用推上一个新的制高点,"人人都用数据库"已成为常态。

本书介绍了 MySQL 数据库的相关知识,全书共分为十三个单元,内容包括数据库的魅力、进入MySQL 的世界、数据库之梦想启航、数据库和数据表操作、单表查询、多表查询、视图与索引、权限与账户管理、存储过程与触发器、数据库事务与锁机制、MySQL 数据备份与恢复、主从复制、日志管理与MySQL 读写分离。本书力求在体系结构上安排合理、重点突出、难度渐进,便于学习者由浅入深逐步掌握;在语言叙述上注重概念清晰、逻辑性强,能够通俗易懂、便于自学。本书注重理论与实操结合,列举了相应的例题,这些例题均在 MySQL 8.0 的环境下运行。采用任务驱动模式开启知识学习探索,逐步解锁MySQL 数据库应用技术新技能。以单元模块分解知识点、技能点,通过单元导读、知识与技能目标、素质目标、单元结构、思想引领、拓展阅读、单元自测(知识自测、技能自测)、学习成果达成与测评,完成单元知识学习和拓展,使学习者在解锁技能的同时获得专业知识的积累。

本书践行立德树人的根本任务,贯彻《高等学校课程思政建设指导纲要》和党的二十大精神,采用"思政导引"→"示范"→"模仿"→"实践"的方式循序渐进地将思政教育融入知识与技能学习中,将专业知识与思政教育有机结合,推动价值引领、知识传授和能力培养地紧密结合。

本书提供教学视频、PPT 课件、案例数据库及源代码、课程标准及电子教案等丰富的教学资源,有需要者可致电 13810412048 或发邮件至 2393867076@qq.com 领取。

本书是渤海船舶职业学院与中软国际教育科技股份有限公司进行校企深度合作的成果之一。由渤海船舶职业学院陶晓环、李荣军、郑志刚三位老师任主编,渤海船舶职业学院邢容、大连中软卓越计算机培训中心阎树昕任副主编。编写内容分工:陶晓环编写第一单元、第三单元至第七单元;李荣军编写第一至第十三单元中的素质目标、思政引领模块;郑志刚编写第二单元和第九单元;邢容编写第八单元和附录;阎树昕编写第十三单元。第十单元、十一单元、十二单元分别由吕庆莉、李智庆、陈俊锜三位老师编写。

由于水平有限,书中存在的疏漏之处敬请广大读者批评指正,以便我们完善提升。

编　者
2022 年 12 月

目　录

单元1
数据库的魅力

单元导读 >

数据库是存放数据的仓库。它的存储空间很大,可以存放百万条、千万条乃至上亿条数据。但是数据库并不是随意地将数据进行存放,而是有一定规则的,否则查询的效率会很低。当今世界是一个互联网世界,充斥着大量的数据。互联网世界就是数据世界,数据的来源有很多,比如出行记录、消费记录、浏览的网页和发送的消息等。除了文本类型的数据之外,图像、音乐和气象云图等也都是数据。

知识与技能目标 >

(1)感知生活中数据库的魅力。

(2)认识数据库应用领域和应用现状。

(3)了解数据库技术人才的职业发展规划及能力要求。

(4)掌握数据库的学习内容。

(5)尝试运用互联网等媒介查询数据库最新消息,撰写"人人有数"调研报告。

素质目标 >

(1)深入调研数据库应用现状及市场上数据库技术人员的紧缺情况,树立信心,投身数据库技术领域,为我国建设成信息化强国添砖加瓦。

(2)了解数据库技术人才应具备的职业技术能力和职业道德素养,初步制定个人职业成长规划。

(3)了解 MySQL 数据库发展简史,感受工匠精神的传承使命。

单元结构 >

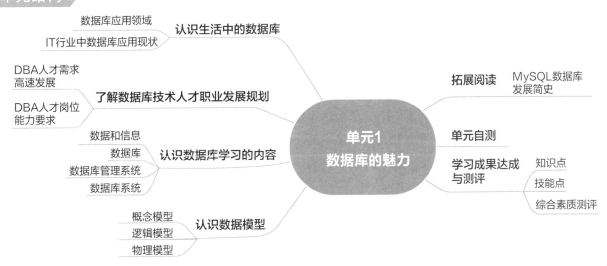

助力疫情防控，数据库技术服务世界

2020 年，新冠肺炎(现称"新冠病毒感染")疫情爆发，其传播速度之快、影响范围之广和防控难度之大都是前所未见的，这是一次任何国家都无法置身事外的全球"大考"。这一方面彰显了人类社会之间联系的紧密性，使人们意识到疫情暴发前的交往之便利、融合之深入及关联之紧密；另一方面也集中凸显了人类社会应对公共危机时的脆弱性。

在显微镜下才能看见的病毒，在极短时间内竟然搅起波及全世界的巨大"浪潮"。在这场全球性的疫情中，我国科学家仅用了 14 天就确认了病毒全基因组序列，第一时间与世界卫生组织共享，为全球科学家开展新冠肺炎的诊断研究提供了重要依据。然而时钟倒拨至 2003 年，当年我国为了确定"非典"病毒的全基因组序列花了几个月的时间。从几个月到 14 天的跳跃，数据库技术的发展是助力快速确认病毒全基因组序列的重要一环，数据库技术正以越来越多样的形式服务于全世界，担负起日益重要的角色。

任务 1.1　认识生活中的数据库

1.1.1　数据库应用领域

数据库的应用非常广泛，不管是家庭、小公司或大型企业，还是政府部门，都需要使用数据库来存储数据信息。传统数据库很大一部分应用于商务领域，如证券行业、银行、销售部门、医院、公司或企业单位，以及国家政府部门、国防军工领域或科技发展领域等。随着信息时代的发展，数据库也相应产生了一些新的应用领域，主要表现在以下 6 个方面。

1.多媒体数据库

多媒体数据库主要存储与多媒体相关的数据，如声音、图像和视频等数据。多媒体数据最大的特点是数据连续，而且数据量比较大，存储需要的空间较大。

2.移动数据库

移动数据库是在移动计算机系统上发展起来的，如笔记本电脑和掌上计算机等。该数据库最大的特点是数据可通过无线数字通信网络传输。移动数据库可以随时随地存取数据，为一些商务应用和紧急情况带来了很大的便利。

3.空间数据库

空间数据库发展比较迅速，它主要包括地理信息数据库和计算机辅助设计数据库。其中，地理信息数据库一般存储与地图相关的信息数据；计算机辅助设计数据库一般存储与设计信息相关的数据，如机械、集成电路及电子设备设计图等。

4.信息检索系统

信息检索就是根据用户输入的信息，从数据库中查找相关的文档或信息，并把查找的信息反馈给用户。信息检索领域和数据库是同步发展的，它是一种典型的联机文档管理系统或者联机图书目录。

5.分布式数据库

分布式数据库(分布式数据检索)是伴随因特网的发展而产生的数据库。它一般用于因特网及远距离计算机网络系统。特别是随着电子商务的发展，这类数据库发展更加迅猛。许多网络用户(如个人或企业等)在自己的计算机中存储信息，同时希望通过网络使用电子邮件、文件传输或远程登录等方式和别人共享这些信息，分布式数据库满足了这一要求。

6.专家决策系统

专家决策系统也是数据库应用的一部分。由于越来越多的数据可以联机获取，特别是企业通过这些数据可以为自身的发展提供更好的决策，加之人工智能的发展，使得专家决策系统的应用更加广泛。

众多大型企业高度依赖数据库发展其业务。例如，阿里巴巴主要使用两种关系数据库 MySQL 和

OceanBase,其中 MySQL 单台机器的数据规模为 TB 级,OceanBase 单个集群从几 TB 到几百 TB 均有。腾讯社交网络主要使用深度定制的 MySQL 数据库和自主研发的 NoSQL,规模为万台以上的服务器,千万级 QPS。

1.1.2　IT 行业中数据库应用现状

操作系统、中间件和数据库是软件领域中开发难度较大的三个部分,替代周期非常长,目前国内市场使用的软件以国外软件为主,但根据现在国产数据库的发展速度,会有很大的替代机会。

数据库软件是一种非常重要的基础软件,是我国信息化建设中需求量最大、应用最广泛的软件之一。国产数据库软件经过多年发展,已成功应用于政府、军队、教育、电力、金融、农业、卫生、交通、科技等行业和领域,为国家信息安全和国民经济信息化作出了巨大贡献。

数据库占整个 IT 基础架构软件市场较大的份额。根据 Gartner 的统计,2021 年全球数据库管理系统的市场规模达到 803 亿美元,数据库软件占到整个 IT 基础架构软件市场的 20%。数据库主要分两个维度,第一个维度是关系型和非关系型,如 Oracle、MySQL、DB2、SQL Server 等都属于关系型数据库,MongoDB、Tigergraph、neo4j、TITAN 等则属于时序数据库,即非关系型数据库;第二个维度是 OLTP 和 OLAP,就是联机事务处理和联机分析。今后的趋势将会更加关注 OLAP 与非关系型数据库。

随着数据库技术的发展,数据库产品越来越多,如 Microsoft Access、Oracle、SQL Server、DB2、MongoDB、MySQL 和 NoSQL 等。

1. Microsoft Access

Access 是 Microsoft 强大的桌面数据库平台产品,Microsoft Access 及其 Jet 数据库引擎占据了大部分桌面数据库市场。

2. Oracle

Oracle 数据库管理系统是由甲骨文(Oracle)公司开发的,在数据领域一直处于领先地位。目前,Oracle 数据库已覆盖了大、中、小型计算机等几十种计算机机型,成为世界上使用最广泛的关系型数据管理系统(由二维表及其之间的关系组成的一个数据库)之一。

Oracle 数据库管理系统采用标准的 SQL,并经过美国国家标准技术所(NIST)测试。与 IBM SQL/DS、DB2、INGRES、IDMS/R 等兼容,而且它可以在 VMS、DOS、UNIX、Windows 等操作系统下工作。不仅如此,Oracle 数据库管理系统还具有良好的兼容性、可移植性和可连接性。

3. SQL Server

SQL Server 是由微软公司开发的一种关系型数据库管理系统,它广泛用于电子商务、银行、保险、电力等行业。SQL Server 提供了对 XML 和 Internet 标准的支持,具有强大的、灵活的和基于 Web 的应用程序管理的功能。而且界面友好、易于操作,深受广大用户的喜爱,但它只能在 Windows 平台上运行,并对操作系统的稳定性要求较高,因此很难处理日益增长的用户数量。

4. DB2

DB2 数据库是由 IBM 公司研制的一种关系型数据库管理系统,主要应用于 OS/2、Windows 等平台,具有较好的可伸缩性,可支持从大型计算机到单用户的各种环境。DB2 支持标准的 SQL,并且提供了高层次的数据利用性、完整性、安全性和可恢复性,以及从小规模到大规模应用程序的执行能力,适合于海量数据的存储,但相对于其他数据库管理系统而言,DB2 数据库的操作比较复杂。

5. MongoDB

MongoDB 是由 10gen 公司(已更名为 MongoDB)开发的一款介于关系型数据库和非关系型数据库之间的产品,是非关系型数据库当中功能最丰富、最像关系型数据库的数据库。它支持非常松散的数据结构,类似 JSON 的 bjson 格式,因此可以存储比较复杂的数据类型。

MongoDB 数据库管理系统最大的特点是它支持的查询语言非常强大,其语法有点类似于面向对象的查询语言,可以实现类似关系数据单表查询的绝大部分功能,还支持对数据建立索引。不仅如此,它还是一个开源数据库,具有高性能、易部署、易使用、存储数据方便等特点。对于大数据量、高并发、弱事务的互联网应用, MongoDB 完全可以满足移动互联网的数据存储需求。

6.MySQL 数据库

MySQL 数据库管理系统是由瑞典的 MySQL AB 公司开发的,但是几经辗转,现在是属于 Oracle 的产品。 它是以“客户/服务器”模式来实现的,一个多用户、多线程的小型数据库服务器。MySQL 是开源的,任何人都 可以获得该数据库的源代码并修改 MySQL 的缺陷。

MySQL 数据库具有跨平台的特性,它不仅可以在 Windows 平台上使用,还可以在 UNIX、Linux 和 MacOS 等平台上使用。相对其他数据库而言,MySQL 数据库的使用更加方便、快捷,而且 MySQL 数据库是 免费的,运营成本低,因此,越来越多的公司开始使用 MySQL 数据库。

7.NoSQL 数据库

随着数据库和网络技术的相互渗透、相互促进,数据库技术的应用范围已不局限于事务管理,而是扩大到 信息检索、人工智能、信息安全、大数据等非数值计算的各个方面。这类数据库与传统的关系型数据库在设计 和数据结构上有很大的不同,它们更强调数据库数据的高并发读写和大数据存储,这类数据库一般称为 NoSQL(Not only SQL)数据库。请自行查找资料,讨论 NoSQL 与其他数据库的异同。

Oracle 数据库在电信、金融、能源、电力领域占据主导地位,MySQL 数据库在互联网行业应用广泛,因为 这个行业无法接受价格比较昂贵的数据库,且都基于传统的集中式架构。MySQL 数据库是开放源码的,允许 有兴趣的爱好者去查看和维护源码,大公司或者有能力的公司还可以继续对其进行优化,做成适合自己公司的 数据库。最重要的一点是,相较于 Oracle 数据库的商用收费,MySQL 数据库允许各大公司免费使用,并且在 被 Oracle 公司收购后,不断地进行优化,性能提升接近 30%,已成为小公司或者创业型公司首选的数据库,市 场占有率也逐渐扩大,如图 1-1 所示。

Rank			DBMS	Database Model	Score		
Jul 2022	Jun 2022	Jul 2021			Jul 2022	Jun 2022	Jul 2021
● 1.	1.	1.	Oracle ⊞	Relational, Multi-model 🛈	1280.30	-7.44	+17.63
2.	2.	2.	MySQL ⊞	Relational, Multi-model 🛈	1194.87	+5.66	-33.51
3.	3.	3.	Microsoft SQL Server ⊞	Relational, Multi-model 🛈	942.13	+8.30	-39.83
4.	4.	4.	PostgreSQL ⊞	Relational, Multi-model 🛈	615.87	-4.97	+38.72
5.	5.	5.	MongoDB ⊞	Document, Multi-model 🛈	472.98	-7.74	-23.18
6.	6.	6.	Redis ⊞	Key-value, Multi-model 🛈	173.62	-1.69	+5.32
7.	7.	7.	IBM Db2 ⊞	Relational, Multi-model 🛈	161.22	+2.03	-3.94
8.	8.	8.	Elasticsearch	Search engine, Multi-model 🛈	154.33	-1.67	-1.43
● 9.	9.	↑11.	Microsoft Access	Relational	145.09	+3.27	+31.64
10.	10.	↓9.	SQLite ⊞	Relational	136.68	+1.24	+6.47

395 systems in ranking, July 2022

图 1-1　数据库市场占有率调研(源自 DB-Engines 官网,统计时间为 2022 年 6 月)

任务 1.2　了解数据库技术人才职业发展规划

1.2.1　DBA 人才需求高速发展

数据库管理员(database adiministrator,DBA)也被称为数据库工程师。数据库管理员和程序员一样,都是 高薪职业,而且 DBA 是一个重视经验的职位,从事时间越久,经验越丰富,薪资往往就越高。据相关数据统计, 咨询 DBA 职业规划的人越来越多,大多是刚毕业或工作几年后想要转行 DBA 的人。根据职友集的公开数据, 从 2014 年到 2022 年,DBA 的月薪基本处于上升趋势,在 2020 年突破了两万元,2021 年月薪较 2020 年涨幅 14.09%,并创造了新纪录。2022 年整体的薪资水平也处于高位。由此看来,国内数据库行业的发展前景还是 非常乐观的。对各大招聘网站 DBA 与 IT 各技术职业的薪资进行对比分析,如图 1-2 所示。从图 1-2 可以看 出,DBA 的薪资在 IT 各技术职业中处于中上游水平。

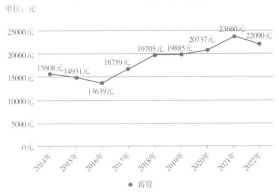

图 1-2　历年 DBA 薪资对比图(2014－2022 年)

数据库系统的正常运行离不开专业人员的维护和优化,数据库系统只有在专业人员的手中才能发挥其出色的性能。根据不同的岗位职责,数据库系统人员分类如表 1-1 所示。

表 1-1　数据库系统人员分类

人员分类	主要职责
系统分析员和数据库设计人员	负责应用系统的需求分析和规范说明,确定系统的硬件配置,并参与数据库系统的概要设计
应用程序员	负责编写使用数据库的应用程序,这些应用程序可以对数据进行检索、建立、删除或修改
数据库管理员	负责数据库的总体信息控制,管理数据库中的信息内容和结构,决定数据库的存储结构和存取策略,定义数据库的安全性要求和完整性约束条件,监控数据库的使用和运行,负责数据库的性能改进、数据库的重组和重构,以提高系统的性能

1.2.2　DBA 人才岗位能力要求

从事 DBA 岗位的能力要求:①能够完成数据库的安装、日常维护及性能优化等工作;②能够完成 RAC、Dataguard 的安装、配置及后续维护;③能够进行数据库的故障分析、处理及后续改善;④能够制定数据库的容灾、监控方案并实施,确保数据安全和业务稳定;⑤能够编写数据库相关操作手册及维护技术文档;⑥能够负责数据库备份及恢复策略方案的制定实施,保障数据安全,提升数据服务质量。

随着工作年限的增长,DBA 的经验在增加,其价值会越来越高,可以逐步成长为资深 DBA、系统架构师和信息主管(CIO)等。

作为数据库管理员,在数据库环境的管理与维护中,要掌握数据备份、恢复与灾难恢复、工具集的使用、快速寻找问题、监控和优化数据库性能等技术。在研究新版本时,理解代码是最佳实践方法,要持续不断学习数据库安全性、数据库设计、索引设计、容量监控与规划、数据库许可证等方面知识,并尽可能实现数据库自动化。以上这些是保障数据库提供更高质量服务的能力要求。

任务 1.3　认识数据库学习的内容

在正式学习 MySQL 数据库前,有必要先了解一下数据库中的专业术语。下面汇总了一些在学习 MySQL 数据库过程中会遇到的专业术语。

1.3.1 数据和信息

1.数据

自古以来,人类社会中都充满了形色各异的"数据(data)"。远古时期,人类通过在石壁或者龟壳上刻画简单的符号等方式来记录数据,这样保留下来的数据很少且不详或不准确,诸如神话传说等无从考证。伴随着人类文明的发展,特别是文字的发明,数据记录由口口相传逐步演变为使用文字、图像、符号、字母或数字所表示的数据,如《史记》《荷马史诗》等。

进入 21 世纪智能时代,运用计算机存储数据的方式得到了广泛应用。数据高效管理、数据量大等成为新一代数据发展的需求特点。云计算、大数据及人工智能等技术应运而生,满足智能化时代对于数据的需求。

综上,数据是指对客观事件进行记录并加以鉴别的符号,是对客观事物的性质、状态以及相互关系等进行记载的物理符号或这些物理符号的组合。它不仅指狭义上的数字,还可以是具有一定意义的文字、字母、数字、图形、图像、视频及音频等,也是对客观事物的属性、数量、位置及其相互关系的抽象表示。例如,"0、1、2……""阴、雨、下降、气温""学生的档案记录、货物的运输情况"等都是数据。

在计算机科学中,数据是指所有能输入计算机并被计算机程序处理的符号的总称,是用于输入电子计算机中进行处理,具有一定意义的数字、字母、符号和模拟量等的通称。

2.信息

信息(information)是数据经过加工后获得的具有特定意义的数据。信息是用一定的规则或算法筛选的数据集合。信息不仅具有感知、存储、加工、传播和再生等自然属性,同时也是具有重要价值的社会资源。

数据和信息二者密不可分,因为信息是客观事物性质或特征在人脑中的反映,信息只有通过数据的形式表示出来才能被人理解和接受,所以对信息的记载和描述都产生了数据;反之,对众多相关数据加以分析和处理又将产生新的信息。

人们从客观世界中提取所需数据,根据客观需要对数据处理得出相应的信息,而该信息又将反作用于人们在客观世界的行为和决策。决策者获得的信息,具有现实或潜在的价值,信息是经过加工处理后的数据,从数据到信息的转换过程如图 1-3 所示。

图 1-3　从数据到信息的转换过程

数据处理是指将数据转换成信息的过程。它是由人和计算机等组成的能进行信息的收集、传递、存储、加工、维护、分析、计划、控制、决策和使用的系统。经过处理,信息又被加工成特定形式的数据。

在数据处理过程中,数据计算相对简单,但是需要处理的数据量大,并且数据之间存在着复杂的联系,因此数据处理的关键是数据管理。

数据管理是指对数据进行收集、整理、组织、存储和检索等操作。这部分操作不仅是数据处理业务的基本环节,也是任何数据处理业务中必不可少的共有部分。因此学习和掌握数据管理的技术,会对数据处理提供有力的支持。有效的数据管理可以提高数据的使用效率,减轻程序开发人员的负担。数据库技术就是针对数据管理的计算机软件技术。

1.3.2 数据库

数据库(database,DB)是按照数据结构来组织、存储和管理数据的仓库,其本身可看作电子化的文件柜。数据库提供了一个存储空间用来存储各种数据,可以将数据库视为一个存储数据的容器。

数据库的概念实际包括两层意思:数据库是一个实体,它是能够合理保管数据的"仓库",用户在该"仓库"中存放要管理的事务数据。"数据"和"库"两个概念结合成为数据库,数据库是数据管理的新方法、新技术,它能更合理地组织数据、更方便地维护数据、更严密地控制数据并且更有效地利用数据。

数据库的基本存储单位是数据表(table)。一个表是由若干个字段构成的。用户可以对文件中的数据进行增加、删除、修改和查找等操作。

数据表是由行和列组成的二维表,如图 1-4 所示。

技术	一季度	二季度	三季度	四季度
人工智能	38	12	23	11
大数据	17	33	24	11
云计算	40	14	43	40

月份	北京	上海	深圳	广州	成都
1月	5	3	2	4	4
2月	6	4	1	6	5
3月	5	9	4	9	2
4月	5	3	6	5	0
5月	0	2	1	2	2
6月	9	9	5	1	8

图 1-4　二维表

数据库中的数据按一定的数据模型组织、描述和存储,具有较小的冗余度和较高的数据独立性,系统易于扩展,并可以被多个用户共享。

1.3.3　数据库管理系统

数据库管理系统(database management system,DBMS)是专门用于创建和管理数据库的一套软件,介于应用程序和操作系统之间,当前流行的数据库有 MySQL、Oracle、SQL Server、DB2 等。DBMS 不仅具有最基本的数据管理功能,还能保证数据的完整性、安全性和可靠性。

虽然已经有了 DBMS,但在很多情况下,其无法满足用户对数据库管理的需求。此时,就需要使用数据库应用程序与 DBMS 进行通信、访问和管理其中存储的数据。

DBMS 的主要功能包括数据定义、数据操纵、数据库建立和维护、数据库运行管理等。

1.数据定义

DBMS 提供数据定义语言(data definition language,DDL)。用户通过 DDL 可以对数据库中的数据对象进行定义。

2.数据操纵

DBMS 提供数据操作语言(data manipulation language,DML)。用户使用 DML 能够操纵数据,实现对数据库的基本操作,如数据的查询、插入、删除和修改等。

3.数据库的建立、运用和维护

数据库的建立、运用和维护功能主要包括对数据库中数据的输入和转换,数据库的转储、恢复、重组、性能监视和分析等。这些功能通常是由一些应用程序完成。

4.数据库的运行管理

数据库的建立、运用和维护等功能由 DBMS 统一管理、统一控制,以保证数据的安全性、完整性、多用户对数据的并发使用及发生故障后的系统恢复。

5.提供方便、有效存取数据库信息的接口和工具

编程人员可通过程序开发工具与数据库接口编写数据库应用程序。数据库管理员可通过相应的软件工具对数据库进行管理。

1.3.4　数据库系统

大多数初学者认为数据库就是数据库系统(database system,DBS)。其实,数据库系统的范围比数据库大很多。

1.数据库系统构成

数据库系统是由硬件和软件组成的,其中,硬件主要用于存储数据库中的数据,包括计算机和存储设备等;

软件包括操作系统及应用程序等。为了让读者更好地理解数据库系统,下面通过图 1-5 来说明。

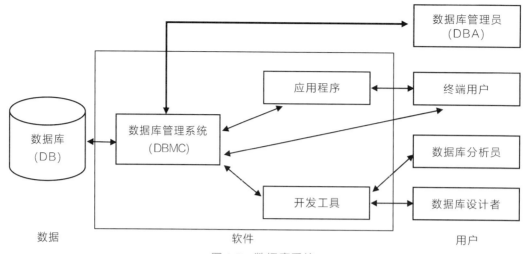

图 1-5　数据库系统

图 1-5 中描述了数据库系统的几个重要部分,如数据库、数据库管理系统、数据库管理员等,分别属于数据、软件、用户三个层级,除此之外,硬件是支持上述部分运行的基础。具体解释如下。

(1)用户(users)执行 DDL 定义数据库架构时,使用 DML 新增、删除、更新和查询数据库的数据,通过操作系统访问数据库的数据。按不同角色划分,用户可以分为多种,如终端用户(end-users)、数据库设计者(database designers)、系统分析师(system analyst)、应用程序设计师(application programmer)和数据库管理员等。其中数据库管理员负责创建、监控和维护整个数据库,一般由业务水平较高、资历较深的人员担任。

(2)数据库系统中的数据(data)种类包括永久性数据(persistent data)、索引数据(indexes)、数据字典(data dictionary)和事务日志(transactioin log)等。

(3)软件(software)是指在数据库环境中使用的软件,包括数据库管理系统、应用程序和开发工具(development tools)等。

(4)硬件(hardware)是指安装数据库相关软件的硬件设备,包含主机(CPU、内存和网卡等)、磁盘阵列、光驱和备份装置等。

之后的数据库课程中将学习启动与登录数据库、创建与操作数据库、创建与优化数据表结构、设置与维护数据库中的数据完整性、添加与更新数据库中的数据表数据、用 SQL 语句查询数据表、权限与账户管理、存储过程与触发器、数据库事务和锁机制、数据备份、日志管理、主从复制、读写分离等内容。

2.数据库系统的结构

在一个组织的数据库系统中,有各种不同类型的人员(或用户)要与数据库打交道。他们从不同的角度以各自的观点来看待数据库,且立足点不同,从而形成了数据库系统不同的视图结构。因此,考察数据库系统的结构会有多种不同的视角。若从数据库用户视图的视角来看,数据库系统通常采用三级模式结构,这是数据库管理系统内部的系统结构;若从数据库管理系统的视角来看,数据库系统的结构分为集中式结构、分布式结构、客户/服务器结构和并行结构,这是数据库系统的外部体系结构;若从数据库系统应用的视角来看,数据库系统常见的结构有客户/服务器结构和浏览器/服务器结构,这是数据库系统的整体运行结构。

在数据库系统中,数据库的使用者(如 DBA、程序设计者)可以使用命令行客户端、图形化界面管理工具或应用程序等来连接数据库管理系统,并可以通过数据库管理系统查询和处理存储在底层数据库中的各种数据。数据库系统的这种工作模式采用的就是客户/服务器(client/server,C/S)结构。在这种结构中,命令行客户端、图形化界面管理工具或应用程序等称为"客户端""前台"或"表示层",主要完成与数据库使用者的交互任务;而数据库管理系统则称为"服务器""后台"或"数据层",主要负责数据管理。这种操作数据库的模式也称为客户/服务器(C/S)模式,图 1-6 展示了这种工作模式的一般处理流程。

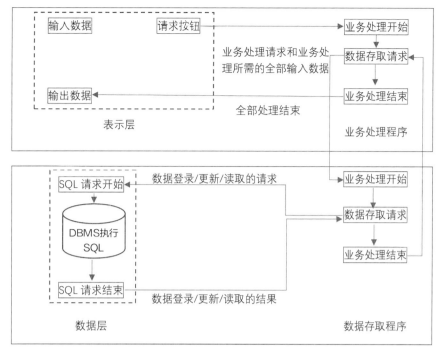

图 1-6　客户 /服务器(C /S)模式的一般处理流程

　　在客户/服务器模式中,客户端和服务器端可以同时工作在同一台计算机上,这种工作方式称为"单机方式";也可以使用"网络方式"运行,即服务器被安装和部署在网络中某一台机器上,而客户端被安装和部署在网络中不同的一台或多台主机上。客户端应用程序的开发,主要使用的开发语言有 Visual C++、. NET、Delphi、Visual Basic 等。

　　浏览器/服务器(brower/server,B/S)结构是一种基于 Web 应用的客户/服务器结构,也称为三层客户/服务器结构。在数据库系统中,它将与数据库管理系统交互的客户端进一步细分为"表示层"和"处理层"。其中,"表示层"是数据库使用者的操作和展示界面,通常是用于上网的各种浏览器,由此减轻数据库系统中客户端的工作负担;而"处理层"也称为"中间层",主要负责处理数据库的使用和具体应用逻辑,它与后台的数据库管理系统共同组成功能更加丰富的"胖服务器"。数据库系统的这种工作模式称为浏览器/服务器(B/S)模式,图 1-7 给出了这种工作模式的一般处理流程。

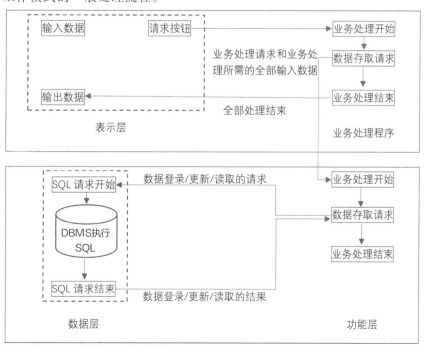

图 1-7　浏览器 /服务器(B /S)模式的一般处理流程

　　基于浏览器/服务器结构的数据库应用系统的开发,主要使用的开发语言有 PHP、Java、Peal、C#等。

任务1.4 认识数据模型

数据库中的数据具有一定的结构,这种结构可用数据模型(data model)表示。根据不同的应用目的,数据模型可以分为概念模型、逻辑模型和物理模型。

1.4.1 概念模型

概念模型(conceptual model)用来描述现实世界的事物,与具体的计算机系统无关。现实世界是存在于人脑之外的客观世界。在设计数据库时,可用概念模型来抽象表示现实世界中的各种事物及其联系。最典型的概念模型是实体关系(entity-relation,E-R)模型。

客观存在并可相互区别的事物称为实体(entity)。实体可以是实际的事物,也可以是抽象的概念,如商品、学生、部门、课程、比赛、订单等。

实体的某种特性称为实体的属性(attribute)。一个实体可以由多个属性描述。例如,学生具有学号、姓名、性别、出生日期等特性,也就是说学生实体具有学号、姓名、性别、出生日期等属性。每个学生是一个实体,所有学生构成一个实体集。

在现实世界中,事务内部的特性及各种事物之间是有关系的。这些关系称为实体内部的联系及实体之间的联系(relationship)。实体内部的联系通常是指实体各属性之间的联系。例如,确定了身份证号,就一定能知道与之对应的姓名,即身份证号与姓名这两个属性之间有联系。实体之间的联系是指不同实体之间的联系。例如,一个班有许多学生,一个学生只属于一个班级,学生与班级这两个实体之间有联系。

通常,使用 E-R 图(即实体-关系图)来描述现实世界的概念模型,即描述实体、实体属性、实体之间的联系,E-R 图三要素如表 1-2 所示。

表 1-2　E-R 图三要素

名称	描述符号	作用	举例	备注
实体	实体名称	客观存在、可以相互区分的事务	汽车、课程、一次选课	一般是一个名词
联系	联系	实体之间的相互关联(关系),并用无向边分别与有关实体连接起来,同时在无向边旁标注联系的模型($1:1,1:N,M:N$)	工厂供应商品、学生选修课程	一般是一个动词
属性	属性	实体所具有的某一种属性,并用无向边将其与相应的实体连接起来	学生的姓名、学号、成绩	一般是一个名词

设有两个实体集 A、B,实体集之间的联系有一对一、一对多和多对多三种类型。

1. 一对一联系($1:1$)

实体集 A 中一个实体最多与实体集 B 中一个实体相关联,反之亦然。例如,班长和班级这两个实体的联系是一对一的,一个班级只有一个班长,一个班长只在一个班级任职,如图 1-8 所示;身份证号码和人这两个实体也是一对一联系,一个人有唯一的身份证号码,一个身份证号码只能隶属于一个人。

图 1-8　一对一联系

2.一对多联系(1：N)

实体集 A 中的一个实体与实体集 B 中的多个实体相关联,但实体集 B 中的一个实体至多与实体集 A 中一个实体相关联。例如,学校和教师之间是一对多的联系,即每所学校包含多名教师,但是每位教师只能属于一所学校,如图 1-9 所示。

图 1-9　一对多联系

3.多对多联系(M：N)

实体集 A 中的一个实体与实体集 B 中的多个实体相关联,而实体集 B 中的一个实体也可以与实体集 A 中的多个实体相关联。例如,学生与课程两个实体之间是多对多的联系,即一个学生可以选修多门课程,而每门课程可以有多个学生选修,如图 1-10 所示。

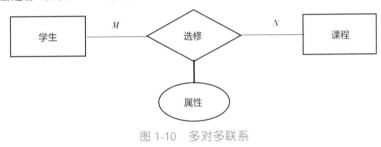

图 1-10　多对多联系

1.4.2　逻辑模型

逻辑模型(logical model)是具体的 DBMS 所支持的数据模型。任何 DBMS 都基于某种逻辑数据模型。主要的逻辑数据模型有层次模型、网状模型、关系模型和面向对象模型等。

1.层次模型

层次模型是数据库系统最早使用的一种数据模型,它的数据结构是一颗"有向树",树的每个节点对应一个记录集,也就是现实世界的实体集。层次模型的特点是有且仅有一个节点没有父节点,这个节点称为根节点;其他节点有且仅有一个父节点。我们所熟悉的组织机构就是典型的层次结构,但现实世界实体之间的联系有很多种,层次模型难以表达实体之间比较复杂的联系。

2.网状模型

网状模型以网状结构来表示实体与实体之间的联系。网状模型是层次模型的扩展,允许节点有多于一个的父节点,并可以有一个以上的节点没有父节点。现实世界中实体集之间的联系很复杂,网状模型可以方便地表示实体间各种类型的联系,既可以表示从属的联系,也可以表示数据间的交叉联系,但其结构复杂,实现的算法难以规范化。

3.关系模型

关系模型是用二维表结构来表示实体集中各实体间联系的模型,并以二维表格的形式组织数据库中的数据。目前流行的商用数据库多是基于关系模型。支持关系模型的数据库管理系统称为关系数据库管理系统。例如,MySQL 就是一个关系数据库管理系统。

4.面向对象模型

尽管关系模型简单灵活,但是对于现实世界中一些复杂的数据结构,很难用关系模型描述。面向对象方法与数据库相结合所构成的数据模型称为面向对象模型。面向对象模型既是概念模型也是逻辑模型。面向对象数据模型采用面向对象的观点来描述现实世界实体的逻辑组织和对象间的联系,其表达能力丰富,具有对象可复用、维护方便等优点,既是正在发展的数据模型,也是数据库的发展方向之一。

1.4.3 物理模型

物理模型用于描述数据在存储介质上的组织结构。每一种逻辑数据模型在实现时都有与其相对应的物理数据模型。物理数据模型不仅由 DBMS 的设计决定,而且与操作系统和计算机硬件密切相关。物理数据结果一般都向用户屏蔽,用户不必了解其细节。

拓展阅读

MySQL 数据库发展简史

单元自测

知识自测

一、单选题

1. DBMS 指的是( )。

   A. 数据库系统   B. 数据库信息系统

   C. 数据库管理系统   D. 数据库并发系统

2. 下面选项中,不属于关系型数据库产品的是( )。

   A. Oracle   B. SQL Server   C. MongoDB   D. MySQL

3. MySQL 是以( )模式实现的。

   A. 客户端/服务器   B. 浏览器/服务器

   C. 分布式   D. 并行云服务器

4. 下面关于 SQL 中文全称的说法中,正确的是( )。

   A. 结构化查询语言   B. 标准的查询语言

   C. 可扩展查询语言   D. 分层化查询语言

5. 下面数据库中,只能在 Windows 平台上运行的是( )。

   A. Oracle   B. SQL Server

   C. MongoDB   D. MySQL

二、多选题

1. 下面选项中,数据的统一控制包括( )。

   A. 安全控制   B. 完整控制   C. 时间控制   D. 并发控制

2. 下面选项中,( )属于数据库系统重要组成部分。

   A. 数据库   B. 数据库应用程序

   C. 数据库管理系统   D. 数据库并发系统

3. 下面选项中,属于数据库基本特征的是( )。

   A. 数据结构化   B. 实现数据共享

   C. 数据独立性高   D. 数据统一管理与控制

4. 下面选项中,数据的独立性主要包含( )。

   A. 空间独立性   B. 逻辑独立性

   C. 时间独立性   D. 物理独立性

5.下列选项中,可以嵌入 SQL 语句的语言有(　　　)。

　　A. Java　　　　　　　　B. C♯　　　　　　　　C. PHP　　　　　　　　D. 以上选项都不正确

6.下列关于 SQL 语言的描述,正确的是(　　　)。

　　A. SQL 全称是 Structured Query Lanaguage,即结构化查询语言

　　B. SQL 语言是一种数据库查询语言和程序设计语言

　　C. SQL 语句可以嵌套在其他语言中,如 PHP 语言、Java 语言等

　　D. SQL 语言主要用于管理数据库中的数据,如存取数据、查询数据、更新数据等

7.下面选项中,可存储在数据库中的数据有(　　　)。

　　A. 数字　　　　　　　　B. 文字　　　　　　　　C. 图像　　　　　　　　D. 声音

8.下面关于 MySQL 的说法中,正确的是(　　　)。

　　A. MySQL 是以"客户端/服务器"模式实现的

　　B. MySQL 是一个多用户、多线程的小型数据库服务器

　　C. MySQL 具有跨平台的特性

　　D. MySQL 是免费的,运营成本低

三、简答题

1.简述数据库和数据库系统的异同。

2.简述什么是 SQL 语言。

技能自测

1.公司现需要做系统升级,要购买一批服务器,作为一名系统工程师,在购买服务器时应该注意哪些参数?

2.根据我国数据库产品现状,以"人人有数"为主题组织撰写数据库调研报告。

学习成果达成与测评

单元 1　学习成果达成与测评表单

任务清单	知识点	技能点	综合素质测评	分　值
任务 1.1				⑤④③②①
任务 1.2				⑤④③②①
任务 1.3				⑤④③②①
任务 1.4				⑤④③②①
拓展阅读				⑤④③②①

单元2

进入MySQL的世界

单元导读 〉

　　生活中类型各异的数据库是如何在 MySQL 数据库环境中使用的？怎样登录进入 MySQL 环境？MySQL 数据库里究竟有哪些神奇的功能？本单元通过理解数据库的工作流程及认识数据库的内部结构，帮助学习者完成数据库的下载、安装、配置、启动和登录等实操演练。

知识与技能目标 〉

　　(1)理解 MySQL 数据库的工作流程。
　　(2)认识 MySQL 数据库的内部结构。
　　(3)尝试 MySQL 数据库的下载和安装操作。
　　(4)练习 MySQL 数据库的启动和登录操作。
　　(5)掌握 MySQL 数据库的重新配置操作。

素质目标 〉

　　(1)认识数据库技术对于实现信息化强国战略目标的必要性和重要性。
　　(2)形成严谨的学习态度和精益求精的精神。
　　(3)感悟当代大学生的使命，为国家迈向高科技信息化强国贡献自己的力量。

单元结构 〉

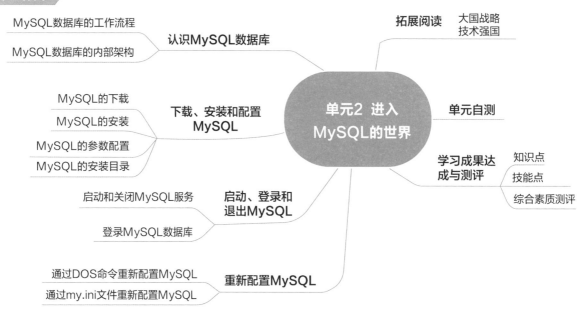

赓续百年薪火　坚守立德树人初心

20 世纪 60 年代伴随着登月工程等大型项目而生的数据库,从一门新兴学科走入了国计民生。1961 年,美国通用电气公司研发的第一套数据库管理系统 DBMS 诞生;1976 年霍尼韦尔公司(Honeywell)开发出第一套商用关系数据库系统——multics relational data store;1978 年,美国的埃利森(Ellison)在为中央情报局做数据项目时,敏锐地发现了关系型数据库的商机。

此时在中国,我国数据库学科的奠基人之一——萨师煊教授,起草了国内第一个计算机专业本科"数据库系统概论"课程的教学大纲。80 年代初,这批中国数据库的第一代学生将数据库技术广泛带入了教育和科研机构,进而带动起了整个 20 世纪 80 年代中国数据库行业在国防、军工等重要领域的应用。

我国的洲际导弹、第一代超级计算机、第一个正负电子对撞机、国产歼击机和国产舰队指挥系统等一大批国家重要科技成果在八十年代突飞猛进,这其中都有第一代中国数据库人的身影。

任务 2.1　认识 MySQL 数据库

人们在购物网站挑选商品、用手机预约酒店和查看当地天气、在家预约挂号时,数据中心有数以万计的服务器将信息汇总,通过电子设备呈现到用户面前,这些服务器构成庞大的数据库系统,将资源整合连接。学习者可通过绘制 MySQL 数据库工作流程图,进一步学习数据库的内部架构和执行顺序。

2.1.1　MySQL 数据库的工作流程

在 Windows 操作系统环境下,MySQL 数据库的工作流程如图 2-1 所示。

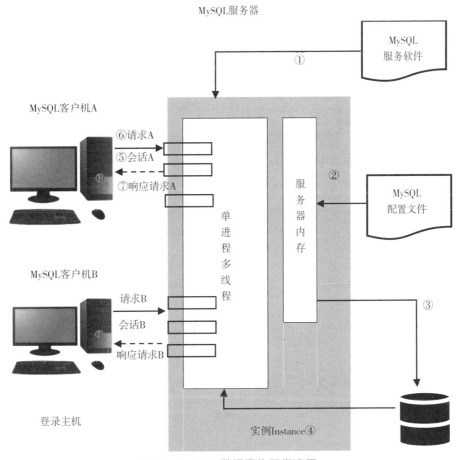

图 2-1　MySQL 数据库的工作流程

工作流程如下:

(1)操作系统用户启动 MySQL 服务。

（2）MySQL 服务启动期间，首先将配置文件中的参数信息读入服务器内存。

（3）根据 MySQL 配置文件的参数信息或者编译 MySQL 时参数的默认值生成一个服务实例进程 Instance。

（4）MySQL 服务实例进程派生出多个线程为多个客户机提供服务。

（5）数据库用户访问 MySQL 服务器的数据时，首先需要选择一台登录主机，然后在该登录主机上开启客户机，输入正确的账户名、密码，建立一条客户机与服务器之间的通信链路。

（6）接着数据库用户就可以在 MySQL 客户机上输入 MySQL 命令或 SQL 语句，这些 MySQL 命令或 SQL 语句沿着该通信链路传送给 MySQL 服务实例，这个过程称为客户机向 MySQL 服务器发送请求。

（7）MySQL 服务实例负责解析这些 MySQL 命令或 SQL 语句，并选择一种执行计划运行这些 MySQL 命令或 SQL 语句，然后将执行结果沿着通信链路返回给客户机，这个过程称为 MySQL 服务器向 MySQL 客户机返回响应。

（8）数据库用户关闭 MySQL 客户机，通信链路被断开，该客户机对应的 MySQL 会话结束。

2.1.2　MySQL 数据库的内部架构

MySQL 数据库的内部架构如图 2-2 所示。

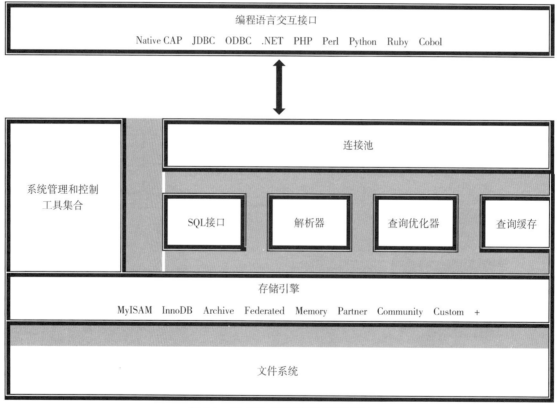

图 2-2　MySQL 数据库的内部架构

1.编程语言交互接口

编程语言交互接口（connectors）：不同计算机语言与 SQL 的交互接口，如 Java 的 JDBC、. Netframework 的 ODBC。

2.系统管理和控制工具集合

系统管理和控制工具集合（management services & utilities）：提供管理配置服务、备份还原、安全复制等功能。

3.连接池

连接池（connection pool）：接受客户端的请求及缓存请求，检查内存可用情况，如果没有可用线程，就创建线程执行任务，有可用线程就重复利用。

4.解析器

解析器(parser):解析验证 SQL 语法,将 SQL 分解成相应的数据结构,以备后面处理。

5.查询优化器

查询优化器(optimizer):对 SQL 语句进行优化处理,优化执行路径,生成执行树,使数据库选择认为最优的方案执行并返回结果。

6.SQL 接口

SQL 接口(SQL interface):接受用户的 SQL 命令,并返回结果。

7.查询缓存

查询缓存(cache & buffer):查询缓存结果。如果 SQL 查询中命中查询结果,将直接从缓存中返回结果,不再执行 SQL 分析等操作;没有命中,才会进行后续的解析、查询优化、执行 SQL 接口,返回结果,同时将结果加入缓存中。

8.存储引擎

存储引擎(pluggable storage engines):MySQL 中具体的与文件打交道的子系统,可以看到它是以插件形式存在的,意味着可以自定义存储引擎,这是 MySQL 很特别的地方。MySQL 提供了很多种存储引擎,其优势各不一样,有的查询效率高,有的支持事务等存储引擎,最常用的有 MyISAM、InnoDB 等,后续会进一步介绍。

9.文件系统

文件系统(file system):存放数据库表数据以及相关配置的地方。

下面举例说明 MySQL 的查询过程,如用户要查询具体的用户的详情(SELECT ＊ FROM TABLE WHERE ID＝'ID')。

(1)客户端先发送这条查询命令给 MySQL 服务器。

(2)服务器会先检查缓存,如果缓存命中,则立即返回缓存中的数据;否则,服务器进行 SQL 解析、预处理,再通过优化器生成执行计划。

(3)服务器根据生成的执行计划,调用对应引擎的 API 来执行查询。

(4)将查询结果返回客户端。

任务 2.2　下载、安装和配置 MySQL

MySQL 数据库支持多个平台,不同平台下的安装和配置的过程并不相同。本任务中将重点讲解如何在 Windows10 平台下安装和配置 MySQL。

2.2.1　MySQL 的下载

基于 Windows 平台的 MySQL 安装文件有两个版本,一种是以.msi 作为后缀名的二进制分发版,另一种是以.zip 作为后缀的压缩文件。其中.msi 的安装文件提供了图形化的安装向导,按照向导提示进行操作即可完成安装,而.zip 的压缩文件直接解压就可以完成 MySQL 的安装。

接下来以 MySQL 8.0 为例,讲解如何使用二进制分发版在 Windows 平台安装和配置 MySQL 8.0。

(1)打开浏览器,输入并打开 MySQL 官方网址"https://www.mysql.com/",如图 2-3 所示。

图 2-3　MySQL 官网首页

（2）在图 2-3 界面中找到下载页面链接按钮"DOWNLOADS"，单击进入 DOWNLOADS 界面，如图 2-4 所示。或者直接滑动鼠标至页面下方，找到如图 2-5 所示社区服务器版本。

图 2-4　DOWNLOADS 界面　　　　　　　　　图 2-5　社区服务器版本

（3）在图 2-5 中，单击"MySQL Community Server"链接区域，页面会打开链接页，提示用户选择不同操作系统的安装包。本文选择基于"Microsoft Windows"操作系统安装环境，如图 2-6 所示。图中软件版本为 8.0.32，后续版本可能会有变化，读者学习时可直接下载最新版本，不影响后续内容学习。若想要下载其他版本，读者可单击"Archives"选择对应版本，如图 2-7 所示。本书选择的是 8.0.28 版本。

图 2-6　选择基于"Microsoft Windows"操作系统的安装环境

图 2-7　选择其他版本

当用户选择"Microsoft Windows"操作系统后，页面会弹出如图 2-8 所示的页面，供用户选择下载的社区版数据库服务器文件有两种，一种是 MySQL Installer MSI（即安装程序）下载版本，另一种是 MySQL ZIP Archive（即压缩包形式的免安装版）下载版本。

图 2-8 两个版本界面

本书选择"Windows(x86,32 & 64-bit),MySQL Installer MSI",因为基于向导的安装和配置操作起来更容易。

(4)单击选择"Windows(x86,32 & 64-bit),MySQL Installer MSI"右侧的"Go to Download Page"链接按钮,弹出如图 2-9 所示的 MySQL Installer 下载安装包界面。

此时有两个"Windows(x86,32-bit),MSI Installer"。

第一种标注为"MySQL Installer web community 8.0.28.0.msi"的选项,文件大小为 211.7M。表示下载成功后安装方式为"在线安装"方式,也就是安装时需要有网络支撑。

第二种标注为"MySQL Installer community 8.0.28.0.msi"的选项,文件大小为 506.3M。此选项表示下载成功后安装方式为"离线安装",即为将安装包下载到本地电脑,不需要网络环境支撑的安装模式。

本书推荐选择"离线安装"形式,单击"Download"下载按钮。弹出如图 2-10 所示的下载链接界面。

图 2-9 MySQL Installer 下载安装包界面   图 2-10 下载链接界面

此时,从图 2-10 所示页面中,会看到"No thanks just start my download"字样,表示"不需要登录官网网站,直接下载",单击就可以正式下载文档。下载完成后,电脑里会显示下载成功的安装文件。

2.2.2 MySQL 的安装

(1)下载完安装文件包,双击扩展名为.msi 文件(应用程序)进行安装(本书以 8.0.28 版本演示安装过程)。启动安装界面会陆续出现如图2-11、图 2-12 所示的 Windows 安装界面和 MySQL Installer-Communtiy 启动安装界面,接着会弹出 MySQL 安装向导界面,如图 2-13 所示。

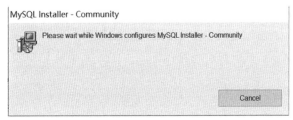

图 2-11 Windows 安装界面   图 2-12 MySQL Installer-Communtiy 启动安装界面

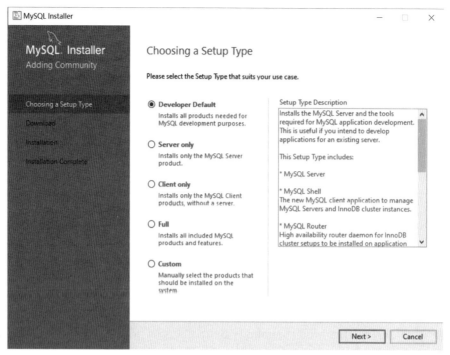

图 2-13　MySQL 安装向导界面

⚠ 提示技巧

依据用户操作系统的环境,有时会提示用户需要安装.NET Framework 4.5 等字样的版本信息,需要先完成系统补丁的安装才可下载.NET Framework 4.5,下载完成后手动安装即可。

在图 2-13 所示的界面中,列出了五种安装类型,关于这五种类型的具体讲解如下。

DeveloperDefault(开发者类型):该类型消耗的内存资源最少,主要适用于软件开发者,而且也是默认选项,建议一般用户选择该项。仅安装 MySQL 服务器、MySQL 命令行客户端和命令行使用程序。

Serveronly(仅服务器):该类型仅安装 MySQL 服务器。此安装类型将被安装在下载 MySQL Installer 时选择的常规可用性(GA)或开发性服务器上。它使用默认的安装和数据路径。若设备是主要用作服务器的机器则可以选择该项。

Client only(仅限客户端):仅安装最新的 MySQL 应用程序和 MySQL 连接器。该安装类型与该 Developer Default 类型相似,不同之处在于它不包括 MySQL 服务器或通常与服务器捆绑在一起的客户端程序,如 MySQL 或 MySQLAdmin。

Full(完整):该类型占用所有的可用资源,消耗内存最大。安装软件包内的所有组件。专门用来作数据库服务器的机器可以选择该项。

Custom(定制安装):自定义安装类型可以从 MySQL Installer 目录中筛选和选择单个 MySQL 产品。

本书选择"Developer Default"安装类型,点击"Next"按钮,进入下一页面检查安装条件。

(2)在图 2-14 所示的检查安装条件界面中,系统会提示检查安装条件,直接单击"Next"按钮。之后,软件会询问用户安装检查是否继续,如图 2-15 所示。用户单击"Yes"按钮,进入下一步安装。

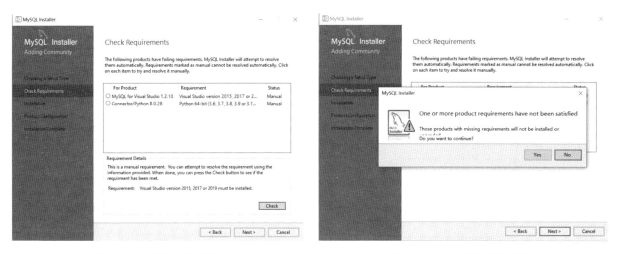

图 2-14　检查安装条件　　　　　　　　　　　图 2-15　安装检查是否继续

（3）开启安装 MySQL 程序步骤。默认安装模式中，准备安装的软件包如图 2-16 所示，单击"Execute"按钮准备安装。

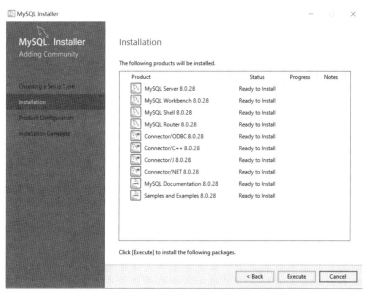

图 2-16　准备安装的软件包

（4）当安装产品的"Status"值由"Ready to Install"变成"Complete"时，如图 2-17 所示，表示已经具备安装条件。直接单击"Execute"执行按钮，执行完后单击"Next"按钮进入产品配置界面，如图 2-18 所示。

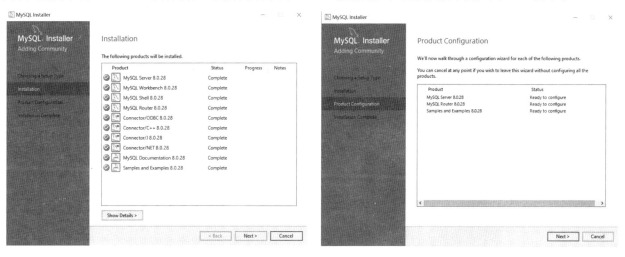

图 2-17　安装产品　　　　　　　　　　　　　图 2-18　产品配置

(5)在图 2-18 中,用户可以看到安装产品配置信息包含三项:MySQL Server 8.0.28(MySQL 服务器),MySQL Router 8.0.28(MySQL 路由器)和 Samples and Examples 8.0.28(示例)。单击"Next"按钮,继续安装。

2.2.3 MySQL 的参数配置

MySQL 安装进入参数配置安装板块,用户需要完成产品的高可用性选择。

(1)选择"Standalone MySQL Server/Classic MySQL Replication"即可,此选项表示将 MySQL 作为一个独立的数据库服务器运行,待需要时还可以配置 MySQL 经典版,为用户提供所需的高可用性解决方案。单击"Next"按钮继续,如图 2-19 所示。

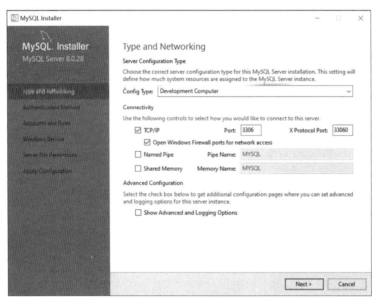

图 2-19　高可用性解决方案

从图 2-20 中的类型和网络配置可以看出,MySQL 默认情况下启动 TCP/IP 网络,端口号为 3306,如果不想使用这个端口号,也可以通过在以下列表框更改,但必须保证端口号没被占用。

选中"Open Windows Firewall ports for network access"复选框,表示防火墙注册访问此端口号,单击"Next"按钮继续。

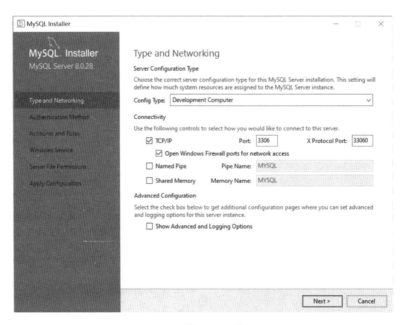

图 2-20　类型和网络配置

（2）进入如图 2-21 所示界面，进行身份验证设置。其方法有两种。

一种为"Use Strong Password Encryption for Authentication(RECOMIMENDED)"，使用强密码加密进行身份验证(本书推荐)；另一种为"Use Legacy Authentication Method (Retain MySQL 5.x Compatibility)"，使用传统身份验证方法(保留 MySQL 5.x 兼容性)。

虽然推荐使用第一种，但后续客户端连接数据库可能会报错，原因是 MySQL 8.0 之前的版本中加密规则是 mysql_native_password，而在 MySQL 8.0 之后的加密规则是 caching_sha2_password，如果没有特殊要求可以视情况而定。

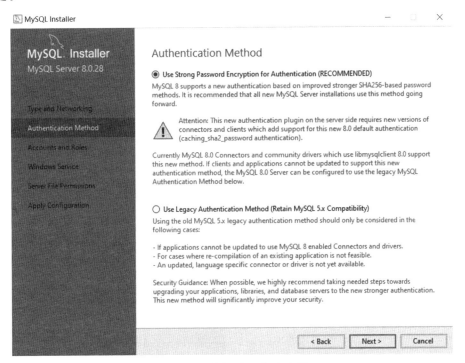

图 2-21　身份验证方法选择

（3）设置"MySQL Root Password"密码为"123456"，再次确认"Repeat Password"密码为"123456"，系统提示所设置的密码强度弱，这里为便于操作而如此设置密码，用户也可设置复杂的密码，如图 2-22 所示。然后单击"Next"按钮，进入下一界面。

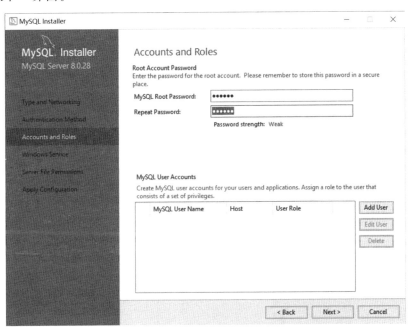

图 2-22　设置密码界面

（4）设置服务名称，该名称即为电脑系统中 MySQL8.0 的服务名称。配置 Windows Server，勾选"Configure MySQL Server as a Windows Server"复选框，默认"Windows Service Name"为当前安装的"MySQL80"，勾选"Start the MySQL Server at System Startup"（系统启动时开启数据库服务器）选项，系统运行环境选择"Standard System Account"选项，Windows 服务器搭建选择界面如图 2-23 所示，单击"Next"按钮继续。

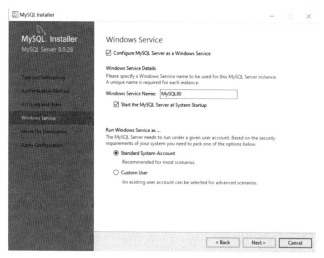

图 2-23　Windows 服务器搭建选择

（5）在应用配置执行界面直接单击"Execute"执行按钮，如图 2-24 所示。待应用配置界面所有的 Configuration 前出现绿色"√"后，单击"Finish"完成按钮，如图 2-25 所示。

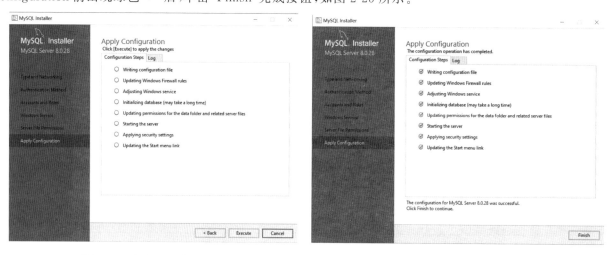

图 2-24　应用配置执行界面　　　　　　　　　　图 2-25　应用配置界面

（6）进入产品配置界面，如图 2-26 所示。

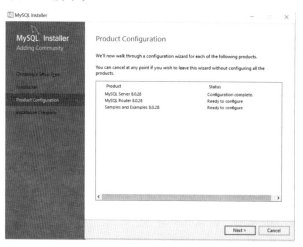

图 2-26　产品配置界面

（7）在图 2-27 中的路由器配置界面，用户可以不进行 MySQL Router 的信息配置，直接单击"Finish"按钮。有需要的话，也可以进行相应设置，这里不再详述。

（8）连接服务器界面如图 2-28 所示，单击"Check"按钮，进行检测。检测成功后系统会有相应信息提示"Connection succeeded"，表明连接服务器成功，单击"Next"按钮进入下一页面。

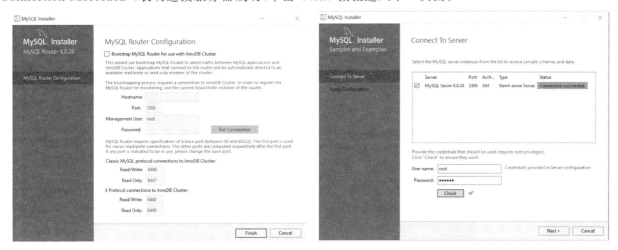

图 2-27 路由器配置界面　　　　　　　　　　　　图 2-28 连接服务器界面

（9）检查应用配置执行界面中所需要的参数并运行脚本，单击"Execute"按钮执行，如图 2-29 所示。应用配置完成界面显示配置成功，如图 2-30 所示。

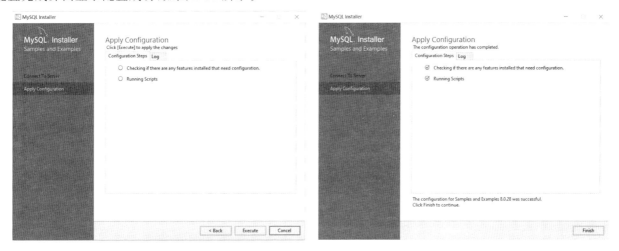

图 2-29 应用配置执行界面　　　　　　　　　　　图 2-30 应用配置完成界面

（10）MySQL 产品配置完成，单击"Next"按钮，进入下一界面，如图 2-31 所示。

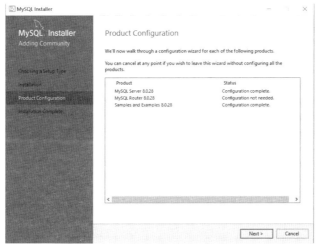

图 2-31 产品配置完成

（11）安装完成界面如图 2-32 所示，此时界面中出现两个选项："Start MySQL Workbench after setup"（安装后开启 MySQL Workbench）和"Start MySQL Shell after setup"（安装后开启 MySQL Shell），用户可以根据需要进行勾选，本书不勾选，直接单击"Finish"按钮完成 MySQL 8.0 的安装。

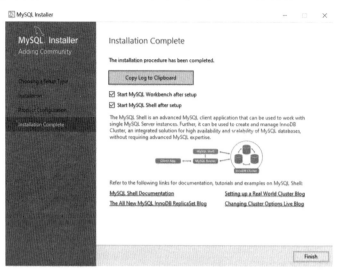

图 2-32　安装完成界面

⚠ 提示技巧

如果要卸载 MySQL，应尽量使用工具软件，如各种软件管家或电脑管家等，在卸载完 MySQL 后直接进行垃圾清理，清理注册表，否则下次安装 MySQL 时可能会导致失败，因为 MySQL 在卸载过程中不能自动删除相关的安装信息。

2.2.4　MySQL 的安装目录

MySQL 安装完成后，会在磁盘上生成一个目录，该目录被称为 MySQL 的安装目录。MySQL 的安装目录中包含启动文件、配置文件、数据文件和命令文件等。

为了让初学者更好地学习 MySQL 数据库，下面以已安装的 MySQL 的安装目录进行详细讲解。MySQL 目录中的文件如下。

（1）bin 目录：用于放置一些可执行文件，如 mysql. exe、mysqld. exe、mysqlshow. exe 等。bin 目录中保存了 MySQL 常用的命令工具以及管理工具。

（2）data 目录：它是 MySQL 默认用来保存数据库以及日志文件的地方（注意：首次安装时还没有 data 文件夹，随着使用会出现此目录）。

（3）include 目录：用于放置一些头文件，如 mysql. h、mysqld_ername. h 等。

（4）lib 目录：用于放置 MySQL 所依赖的一系列库文件。

（5）share 目录：用于存放字符集、语言等信息。

（6）my. ini：MySQL 数据库中使用的配置文件。

（7）my-huge. ini：适合超大型数据库的配置文件。

（8）my-large. ini：适合大型数据库的配置文件。

（9）my-medium. ini：适合中型数据库的配置文件。

（10）my-small. ini：适合小型数据库的配置文件。

（11）my-template. ini：配置文件的模板，MySQL 配置向导将该配置文件中的选择项写入 my. ini 文件中。

（12）my-innodb-heavy-4G. ini：只对 InnoDB 存储引擎有效的配置文件，而且服务器的内存不能小于 4GB。

⚠️ **提示技巧**

　　my.ini 是 MySQL 数据库中使用的配置文件,MySQL 服务器在启动时会读取这个配置文件。一般情况下,我们可以通过修改这个文件,达到更新配置的目的。

　　my.ini 在 MySQL 安装的根目录下,也有可能在隐藏文件夹"ProgramData"里面。

任务 2.3　启动、登录和退出 MySQL

2.3.1　启动和关闭 MySQL 服务

　　在安装 MySQL 的过程中,可以设置服务的自动启动。如果 MySQL 没有启动,Windows 操作系统通常用以下两种方式进行启动。

1.DOS 窗口启动 MySQL 服务

　　如果想启动 MySQL 服务,输入命令"net start mysql80"即可。但 Windows 10 系统如果以普通用户登录会无法识别命令,必须要在 MySQL 的安装目录下运行。

　　(1)进入安装 MySQL 安装目录下的 bin 目录进行操作,打开"运行"对话框。这里以默认的安装路径(C:\Program Files\MySQL\MySQL Server 8.0\bin)为例。按下键盘上的"Win+R"组合键,打开"运行"对话框,如图 2-33 所示。

　　(2)在"运行"对话框中输入"services.msc",如图 2-34 所示。按下"回车键"或单击"确认"按钮后,显示"服务"窗口,如图 2-35 所示。

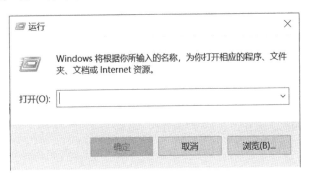

图 2-33　"运行"对话框

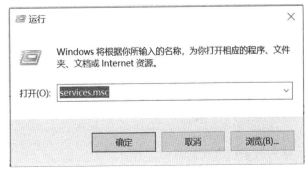

图 2-34　输入"services.msc"

图 2-35　"服务"窗口

（3）在"服务"窗口中找到"MySQL80"并双击打开，"可执行文件的路径"里的内容就是 bin 的目录，"MySQL80 的属性(本地计算机)"对话框如图 2-36 所示。

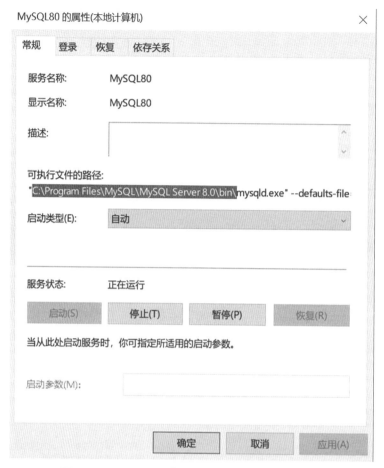

图 2-36 "MySQL80 的属性(本地计算机)"对话框

（4）启动 CMD 控制台，可输入如下命令：

C:\Users\taotao＞CD C:\Program Files\MySQL\MySQL Server 8.0\bin\

输入回车后出现如图 2-37 所示界面。

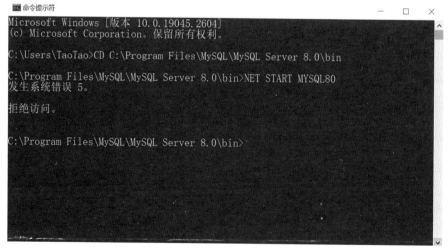

图 2-37 创建 bin 目录

接着，在 CMD 窗口中输入如下命令：

C:\Program Files\MySQL\MySQL Server 8.0\bin＞NET START MYSQL80

输入回车后出现如图 2-38 所示界面。

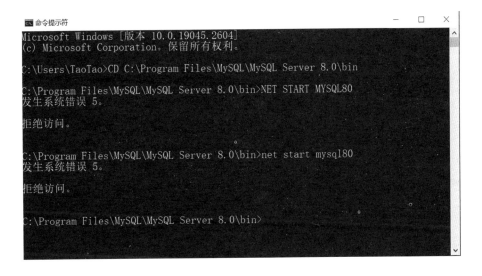

图 2-38 提示错误信息

⚠ 提示技巧

图 2-38 中提示的错误信息"发生系统错误 5。拒绝访问。",导致此错误的原因是以普通用户的身份打开 CMD,图 2-37 中的"C:\Users\taotao>"表明是用户身份。解决此错误的办法是必须以管理员的权限打开 CMD。

(5)在"Contana"的搜索框中输入"cmd",开始菜单栏弹出"命令提示符"的应用程序图标,如图 2-39 所示。选中"命令提示符",单击鼠标右键,并选择"以管理员身份运行",如图 2-40 所示。

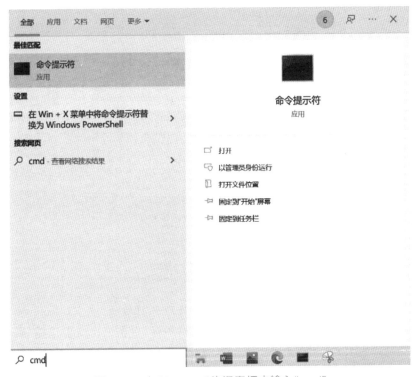

图 2-39 在"Contana"的搜索框中输入"cmd"

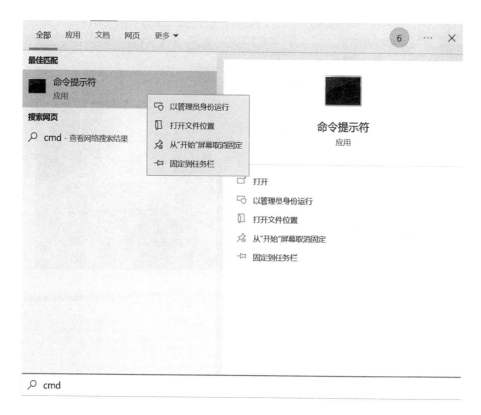

图 2-40　选择"以管理员身份运行"

如果每次启动 MySQL 服务时都要如此操作,会很麻烦,可以按照以下便捷操作完成。选中"cmd.exe"文件,单击鼠标右键选择"发送到""桌面快捷方式",如图 2-41 所示。

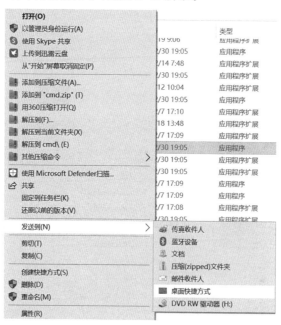

图 2-41　创建"桌面快捷方式"命令

切换到 Windows 10 系统桌面,找到"cmd.exe 快捷方式"图标,单击鼠标右键选择"属性"选项,弹出"cmd.exe 快捷方式属性"对话框,如图 2-42 所示。

在"快捷方式"选项卡下,单击"高级"按钮,弹出"高级属性"对话框,勾选"用管理员身份运行"选项,单击"确定"按钮完成,如图 2-43 所示。

图 2-42　"cmd.exe 快捷方式属性"对话框

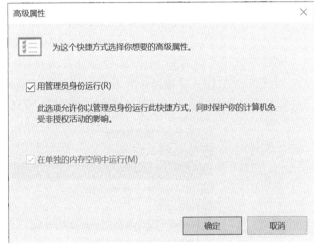

图 2-43　"高级属性"对话框

　　设置完成后,再次双击桌面的"cmd.exe 快捷方式"图标,启动 CMD 应用程序,切换至 MySQL 的 bin 目录下,执行"net start mysql80"命令,就不会出错了,如图 2-44 所示。

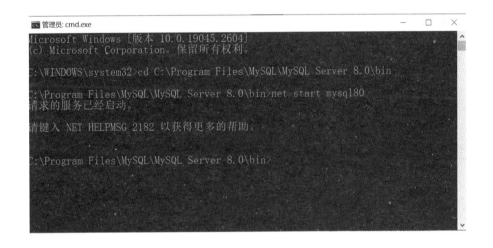

图 2-44　MySQL 服务启动成功

2．手动启动

　　操作者可以用鼠标依次单击"开始"→"设置"→"控制面板"→"管理工具"→"服务"命令进行设置,或鼠标单击"开始"→"运行"命令,在弹出"运行"对话框中输入"services. msc",按回车键,也可以弹出如图 2-45 所示的服务窗口。

图 2-45 "服务"窗口

从图 2-45 中可以看到 MySQL 服务正在运行,而且服务的启动类型是自动启动。MySQL 服务启动后,可以在 Windows 的任务管理器中查看服务是否已经运行,此时可以通过客户端来访问 MySQL 数据库。

另外,可以更改 MySQL 服务的启动类型,选中"MySQL80"服务项鼠标右键单击,如图 2-46 所示。

图 2-46 右键单击"MySQL80"的属性

在弹出的快捷菜单中执行"属性",会弹出如图 2-47 所示的对话框,可更改服务的启动类型。

图 2-47 MySQL 80 的属性(本地计算机)

从图 2-47 中可以看到,可以将启动类型更改为"自动(延迟启动)""自动""手动"和"禁用"四种类型,还可以选择服务状态为"启动""停止""暂停"和"恢复"四种状态。

这四个启动类型的选项,具体含义如下:

(1)自动(延迟启动):指在系统启动一段时间后(默认 2 分钟)延迟启动该服务项,可以很好地解决一些低配置电脑因为加载服务项过多导致电脑启动缓慢或启动后响应慢的问题。

(2)自动:通常与系统有紧密关联的服务才必须设置为自动,它会随系统一起启动。在开机过程中启动。

(3)手动:服务不会随系统一起启动,直到需要时才会被激活。

(4)已禁用:服务将不再启动,即使是在需要它时,也不会被启动,除非修改为上面三种类型。

针对上述四种情况,初学者可以根据实际需求进行选择,在此建议选择"自动"或者"手动"。

3. 关闭 MySQL 服务

如果想关闭 MySQL 服务,可以输入如下命令:

```
net stop mysql80
```

停止 MySQL 服务如图 2-48 所示。

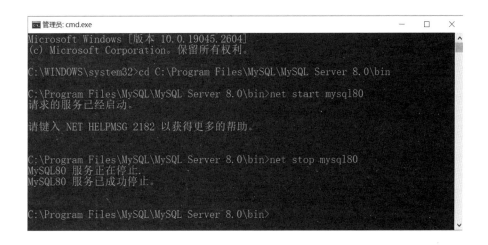

图 2-48 MySQL 服务

2.3.2 登录 MySQL 数据库

启动 MySQL 服务后,就可以通过客户端登录 MySQL 数据库。Windows 操作系统下登录 MySQL 数据库的方式有两种。

1. 使用 DOS 登录 MySQL 数据库

使用 DOS 登录 MySQL 数据库,登录命令如下:

```
mysql-h hostname -u username -p
```

在上述命令中,mysql 为登录命令,-h 后面的参数是服务器的主机地址,由于客户端和服务器在同一台机器上,因此输入 localhost 或者 IP 地址 127.0.0.1 都可以。如果是本地登录可以省略该参数,-u 后面的参数是登录数据库的用户名,这里为 root,-p 后面是登录密码,接下来就在命令行窗口中输入如下命令:

```
C:\Program Files\MySQL\MySQL Server 8.0\bin>mysql -h localhost -u root -p
```

此时,系统会提示输入密码 Enter password,只需输入配置好的密码"123456",验证成功后即可登录到 MySQL 数据库,登录成功的界面如图 2-49 所示。

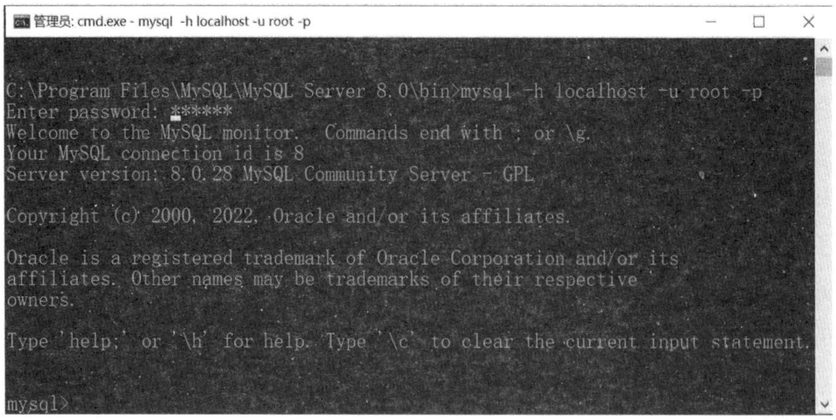

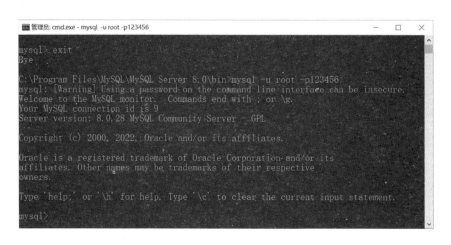

图 2-49　MySQL 登录成功的界面

⚠ 提示技巧

登录 MySQL 数据库,还可以直接在上述命令的-p 参数后面添加密码,而且由于是本地登录,还可以省略语句中的主机名,具体语句如下:

mysql -u　root　-p123456

重新打开一个命令行窗口,使用上述语句登录 MySQL 数据库,如图 2-50 所示为 MySQL 本地登录成功的界面。

图 2-50　MySQL 本地登录成功的界面

2.使用控制台登录 MySQL 数据库

使用 DOS 命令登录 MySQL 数据库相对比较复杂,而且命令中的参数容易忘记,因此可以通过一种简单的方式来登录 MySQL 数据库,该方式只需要记住 MySQL 的登录密码。在"开始"菜单中依次选择"程序"→MySQL Server 8.0 →MySQL 8.0 Command Line Client 或 MySQL 8.0 Command Line Client-Unicode,这两个选项都是 MySQL 客户端的命令行工具,也可称为 MySQL 的 DOS 窗口或控制台。单击以上两个选项中的任意一个,均可打开 MySQL 客户端命令行窗口,此时就会提示输入密码,密码输入正确后便可以登录到 MySQL 数据库,客户端登录数据库的成功界面如图 2-51 所示。

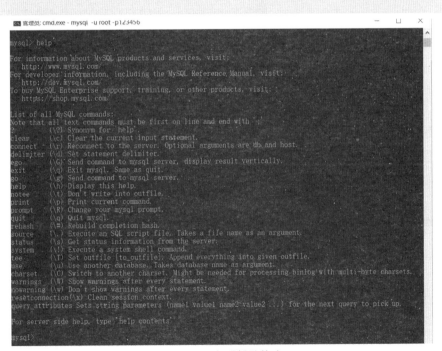

图 2-51 客户端登录数据库的成功界面

从图 2-51 中可以看出,已经成功登录 MySQL 数据库,并显示了 MySQL 的相关信息。

无论是 DOS 窗口还是控制台,登录成功后除了显示欢迎语外,还包含一些如下说明。

(1)Commands end with;or\g:说明 MySQL 命令行下的命令是以分号";"或"\g"来结束的,遇到结束符就开始执行命令。

(2)Your MySQL connection id is 8:id 表示 MySQL 数据库的连接次数。如果数据库是新安装的并且是第一次登录,则显示 1。如果安装成功后已经登录过,将会显示其他的数字。当前数字 8 表示第 8 次登录。

(3)Server version:8.0.28 MySQL Community Server - GPL:Server version 后面说明数据库的版本,这个版本为 8.0.28。Community 表示该版本是社区版。

(4)Type 'help;' or '\h' for help:表示输入"help;"或者"\h"可以看到帮助信息。

(5)Type '\c' to clear the current input statement:表示输入"\c"清除当前输入的语句。

登录 MySQL 数据库后可以执行一些语句来查看操作结果。例如,查看系统的帮助信息、系统当前时间和当前版本等。

例 2-1 登录 MySQL 数据库成功后,输入如下命令,查看帮助信息,结果如图 2-52 所示。

```
mysql>help
```

图 2-52 查看帮助信息

例 2-2 登录 MySQL 数据库成功后,输入如下命令,查看系统的当前时间,结果如图 2-53 所示。

```
mysql>select now();   //此处注意输入英文输入法的分号;
```

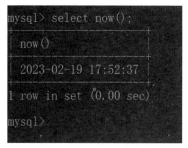

图 2-53　查看当前系统时间

3. 退出 MySQL 数据库

如果想退出 MySQL 数据库,可以采取以下几种方式。

(1)直接输入"exit"命令,退出 MySQL 数据库,回到命令行形式。

(2)直接输入"quit"命令,退出 MySQL 数据库。

(3)直接输入"\q"命令,退出 MySQL 数据库。

技能拓展

改变 MySQL 窗口背景颜色和字体大小

Step1:单击【开始】菜单,启动 MySQL8.0 Command Line Client 或者 MySQL8.0 Command Line Client-Unicode 窗口中的任意一个均可。

Step2:单击如图 2-54 所示中"属性"命令,弹出"属性"对话框。

图 2-54　"属性"命令

Step3:图 2-55、2-56 所示,选择"字体"选项卡,设置字体大小为"18",字体为"新宋体"。选择"颜色"选项卡,设置屏幕背景为"灰色",屏幕文字为"绿色"。重启 CMD 应用程序,可显示设置后的效果。

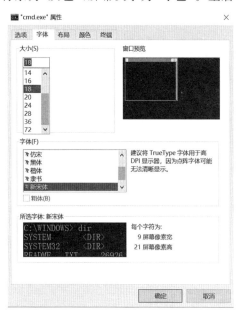

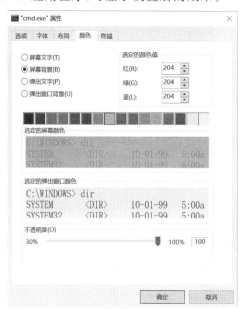

图 2-55　"字体"选项卡　　　　　　　　　　图 2-56　"颜色"选项卡

任务 2.4　重新配置 MySQL

在前面的任务中,已经通过配置向导对 MySQL 进行了相应配置,但在实际应用中某些配置可能需要修改。修改 MySQL 的配置有两种方式,具体如下。

2.4.1　通过 DOS 命令重新配置 MySQL

在命令行窗口中配置 MySQL 是很简单的,但用命令行的方式修改,只能是临时更改。当服务器重启后,又将恢复默认设置。

例 2-3 登录 MySQL 数据库后,修改 MySQL 客户端的字符集编码。

首先登录到 MySQL 数据库,在该窗口中输入命令如下:

```
mysql> set character_set_client = gbk;
```

执行完上述命令后,命令行窗口显示的结果如下:

```
Query OK, 0 rows affected(0.00 sec)
```

上述信息中,显示"Query OK"就说明当前的命令执行成功了,此时可以输入"\s"命令查看"客户端字符集"结果,如图 2-57 所示。

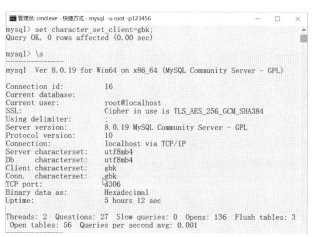

图 2-57　查看"客户端字符集"结果

从图 2-57 中可以看出,MySQL 客户端的编码已经修改为 gbk。需要注意的是,这种方式的修改只对当前窗口有效,如果重新开启一个命令行窗口就会重新读取 my.ini 配置文件,因此只适用于暂时需要改变编码的情况。

2.4.2　通过 my.ini 文件重新配置 MySQL

如果想使修改的编码方式长期有效,就需要在 my.ini 配置文件中进行配置。

(1)找到 my.ini 文件,存放位置为"C:\ProgramData\MySQL\MySQL Server 8.0"。选中 my.ini 文件,单击鼠标右键,选择以记事本的方式打开,如图 2-58 所示。

(2)打开 my.ini 文件,查找[mysql]键值,在下面加上一行"default-character-set=gbk",在图 2-59 中可以看到客户端的编码是通过"default-character-set="语句配置的,如果想要修改客户端的编码,可以直接将该语句设置为"default-character-set=gbk"并保存。关闭 my.ini 文件,然后重新开启一个命令行窗口登录 MySQL 数据库,此时可以看到客户端的编码修改成功了,而且建立数据库连接的编码也被修改为 gbk,图 2-60 所示为修改后的结果。

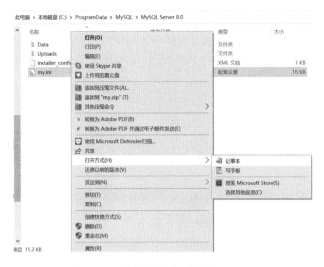

图 2-58　以记事本方式打开 my.ini

```
*my.ini - 记事本
文件(F) 编辑(E) 格式(O) 查看(V) 帮助(H)
# honor these values, you need to specify it as an option during the
# MySQL client library initialization.
#
[client]

# pipe=

# socket=MYSQL

port=3306

[mysql]
no-beep

# default-character-set=gbk

# SERVER SECTION
# -----------------------------------------------------------------------
```

图 2-59　修改客户端的编码

知识拓展：
my.ini文件中
部分参数说明

图 2-60　修改后的结果

技巧提示

每次修改 my.ini 文件中的参数后，必须重新启动 MySQL 服务才会有效。

拓展阅读

大国战略　技术强国

单元自测

知识自测

一、单选题

1. 下列选项中,(　　)是配置 MySQL 服务器默认使用的用户。

    A. admin　　　　　　B. scott　　　　　　C. root　　　　　　D. test

2. 下面选项中,(　　)是 MySQL 用于放置日志文件以及数据库的目录。

    A. bin 目录　　　　　B. data 目录　　　　C. include 目录　　　D. lib 目录

3. 下面选项中,(　　)是 MySQL 用于放置可执行文件的目录。

    A. bin 目录　　　　　B. data 目录　　　　C. include 目录　　　D. lib 目录

4. 下面选项中,(　　)是 MySQL 用于放置一些头文件的目录。

    A. bin 目录　　　　　B. data 目录　　　　C. include 目录　　　D. lib 目录

5. 下面停止 MySQL 的 DOS 命令中,正确的是(　　)。

    A. stop net mysql　　　　　　　　　　B. service stop mysql

    C. net stop mysql　　　　　　　　　　D. service mysql stop

6. 下列选项中,修改 my.ini 配置文件中的(　　)属性可以修改字符编码。

    A. character-set　　　　　　　　　　B. character-set-default

    C. default-character-set　　　　　　D. default-character

7. 下面关于在 DOS 启动 MySQL 的命令中,正确的是(　　)。

    A. start net mysql　　　　　　　　　B. service start mysql

    C. net start mysql　　　　　　　　　D. service mysql start

8. 下面选项中,(　　)命令可以实现切换到 test 数据库。

    A. \s test　　　　　　B. \h test　　　　　C. \? Test　　　　　D. \u test

9. 下面选项中,(　　)命令用于从服务器获取 MySQL 的状态信息。

    A. \s　　　　　　　　B. \h　　　　　　　C. \?　　　　　　　D. \u

10. 下面关于通过 DOS 命令登录 MySQL 服务器的命令中,正确的是(　　)。

    A. mysql -l localhost -u root -p

    B. mysql -u root -pitcast(本机地址可以省略)

    C. net start mysql

    D. mysql -p itcast -u root

11. 下列关于启动 MySQL 服务的描述,错误的是(　　)。

    A. Windows 系统下通过 DOS 命令启动 MySQL 的命令是"net start mysql"

    B. MySQL 服务不仅可以通过 DOS 命令启动,还可以通过 Windows 服务管理器启动

C. 在使用 MySQL 前需要先启动 MySQL 服务,否则客户端无法连接数据库

D. MySQL 服务只能通过 Windows 服务管理器启动

12. 下面选项中,(　　)是 MySQL 用于放置一系列库文件的目录。

　　A. bin 目录　　　　　　　　　　　　B. data 目录

　　C. include 目录　　　　　　　　　　D. lib 目录

13. 下面选项中,(　　)是 MySQL 加载后一定会使用的配置文件。

　　A. my. ini　　　　　　　　　　　　B. my-huge. ini

　　C. my-large. ini　　　　　　　　　D. my-small. ini

14. 下列通过 DOS 命令登录本地 MySQL 服务器的命令中,错误的是(　　　　)。

　　A. mysql -h 127. 0. 0. 1 -u root -p　　　B. mysql -h localhost -uroot -p

　　C. mysql -h -uroot -p　　　　　　　　D. mysql -u root -p

15. 下面选项中,(　　　)可以将客户端字符编码修改为 gbk。

　　A. alter character_set_client = gbk　　　B. set character_set_client = gbk

　　C. set character_set_results = gbk　　　D. alter character_set_results = gbk

二、多选题

1. 当配置 MySQL 时,用于设置数据库用途的选项是(　　　　)。

　　A. Multifunctional Database(多功能数据库)

　　B. Transactional Database Only(事务处理数据库)

　　C. Non-Transactional Database Only(非事务处理数据库)

　　D. Non-Multifunctional Database(多功能数据库)

2. 下面关于通过 MySQL Command Line Client 登录 MySQL 服务器的说法中,正确的是(　　　　)。

　　A. 比使用 DOS 登录 MySQL 服务器相对简单　　B. 不需要输入命令

　　C. 要输入用户名和密码　　　　　　　　　　　D. 只输入密码,正确便可以登录成功

3. 下列选项中,(　　　)是基于 Windows 平台的 MySQL 安装文件。

　　A. 以. msi 作为后缀名的二进制分发版文件

　　B. 以. zip 作为后缀的压缩文件

　　C. 以. exe 作为后缀的可执行文件

　　D. 以. dll 作为后缀的动态链接文件

4. 下列选项中,(　　　)命令可以查看 MySQL 的帮助信息。

　　A. help;　　　　　　　B. \h　　　　　　　C. \?　　　　　　　D. 以上都不对

5. 下列命令中,(　　　)用于退出 MySQL 服务。

　　A. quit　　　　　　　B. exit　　　　　　　C. \q　　　　　　　D. \u

6. 下面关于修改字符集的说法中,正确的是(　　　)。

　　A. 通过 DOS 修改字符集编码只针对当前窗口有效

　　B. 可以在 my. ini 配置文件中修改字符集编码

　　C. 在 my. ini 配置文件中所做的修改是永久的

　　D. 以上说法都不对

7. 当使用 msi 版本安装 MySQL 时,包含的安装类型有(　　　)。

　　A. Typical　　　　　　B. Custom　　　　　　C. All　　　　　　D. Complete

8. 下列选项中,(　　)是在 Windows 服务管理器启动 MySQL 时包含的启动类型。

    A. 自动　　　　　　　　B. 手动　　　　　　　　C. 手自一体　　　　　　D. 已禁用

9. 下面选项中,属于 MySQL 安装目录中包含的文件是(　　)。

    A. 启动文件　　　　　　B. 配置文件　　　　　　C. 数据库文件　　　　　D. 命令文件

三、判断题

1. MySQL 服务不仅可以通过 Windows 服务管理器启动,还可以通过 DOS 命令来启动。(　　)

2. MySQL 启动后,一定会读取 my.ini 文件以获取 MySQL 的配置信息。(　　)

3. 在 MySQL 安装目录中,bin 目录用于放置一些可执行文件。(　　)

4. 通过 MySQL Command Line Client 登录 MySQL 服务器时,只要输入正确的用户名和密码,就可以成功登录。(　　)

5. 卸载 MySQL 时,默认会自动删除相关的安装信息。(　　)

四、简单题

在企业中应该使用哪种方式安装 MySQL,为什么?

技能自测 ▷

如何从 MySQL 官方网站下载 MySQL 8.0,并配置适用于学习的数据库。

学习成果达成与测评

单元 2　学习成果达成与测评表单

任务清单	知识点	技能点	综合素质测评	分　值
任务 2.1				⑤④③②①
任务 2.2				⑤④③②①
任务 2.3				⑤④③②①
任务 2.4				⑤④③②①
拓展阅读				⑤④③②①

单元3

数据库之梦想启航

单元导读

　　数据库及数据表操作是 MySQL 实现其功能的基础性操作,掌握数据库的基本操作规则,包括 SQL 语句分类、MySQL 字符集、常见的数据类型以及存储引擎的选择,为进入数据库世界开启梦想之旅打开了大门。

知识与技能目标

　　(1)了解 SQL 语句的基本分类。

　　(2)掌握数据库的数值类型。

　　(3)理解数据库不同引擎的差异。

　　(4)理解 MySQL 字符集。

　　(5)掌握使用结构化查询语言进行数据操作的方法。

素质目标

　　(1)坚守数据库管理员工作的职业道德标准和情操。

　　(2)不忘初心、砥砺前行,树立"数据强国"的思想。

单元结构

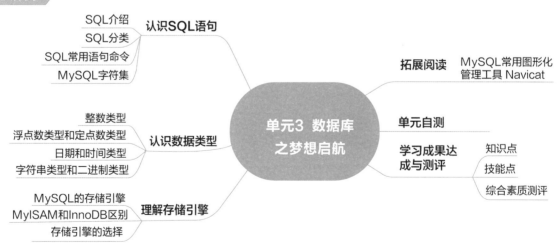

思想引领

中国数据库发展简述

　　20 世纪 70 年代末,以萨师煊教授和王珊教授为主要代表的一大批专家学者,他们具有敏锐的学术洞察力,坚定地推进"中国要有自己的数据库",率先将数据库概念和技术引入国内,并开展数据库技术的教学与研究工作。经过 40 多年的呕心沥血,中国数据库技术在经历了起步、跟踪、追赶和并跑四个阶段后,赫然跻身世界数据库技术强国之列。现在,我国数据库技术蓬勃发展,数据库产品百花齐放。1999 年,王珊教授带领的中国人民大学数据库技术团队研发的金仓数据库 KingbaseES 是唯一入选国家自主创新产品目录的数据库产品,同时期还有应用于央企、国家财政、军事等专用领域的达梦、神通、南大数据等数据库产品。

2015 年,阿里巴巴和蚂蚁金服自主研发了金融级分布式关系数据库 OceanBase;2017 年,阿里云公布国内首个自主研发企业级关系型云数据库 PolarDB 技术框架;2019 年 5 月,华为发布全球首款人工智能原生数据库 GaussDB,让中国数据库真正走进世界一流行列。

中国数据库技术行业在过去 40 多年间取得的可喜成就,从追赶者成为了开拓者。作为当代大学生,我们一方面感受着祖国改革开放以来的飞速进步,老一辈专家学者为祖国数据库事业的发展勇担时代重任、不忘初心、砥砺前行的人格魅力和爱国主义情怀;另一方面也要树立起我们的时代使命感和责任担当意识,建立"数据强国"的信念,对学好数据库技术保持更大的动力。

任务 3.1　认识 SQL 语句

3.1.1　SQL 介绍

1.SQL 简介

关系型数据库通用的标准语言为结构化查询语言(structured query language,SQL)是一种数据库查询和程序设计语言,主要用于管理数据库中的数据,如存取数据、查询数据、更新数据等。SQL 是 IBM 公司于 1975—1979 年之间开发的,在 20 世纪 80 年代,SQL 被美国国家标准学会(american national standards institute,ANSI)和国际标准化组织(international organization for standardization,ISO)确定为关系型数据库的标准语言。

2.SQL 特点

(1)非过程化。SQL 是一种非过程化的编程语言,它允许使用者不关心数据的具体组织形式、存放方法和数据结构,这就使 SQL 可以作为数据库管理系统的"普通话"通用于不同数据库软件产品的原因。当面对不同底层平台时,只需用 SQL 告诉数据库管理系统做什么(what to do),而具体怎么做(how to do)就不是我们需要关心的了,数据库管理系统会自行确定一个较好的方式来完成任务。选择哪种算法,每种算法的代码如何实现,都不需要 SQL 的编写者来完成,全部由 DBMS 来决策和实现,这样就把用户从对底层数据结构的依赖中解脱出来。

(2)面向集合。SQL 是一种面向集合的数据库编程语言,集合也可以理解为关系数据库中的表。这就意味着 SQL 的操作对象是表,它的操作结果也以表的形式输出。这种特性允许一条 SQL 语句的输出结果作为另外一条 SQL 语句的操作对象。所以,SQL 可以实现嵌套,使得 SQL 程序设计具有强大的功能和极大的灵活性,如图 3-1 所示。

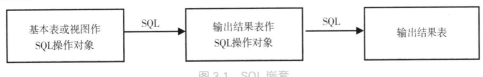

图 3-1　SQL 嵌套

(3)通用性强。SQL 即是一种自含型的程序语言,又可以作为一种嵌入式语言嵌入到其他语言中使用。一般来说,SQL 有以下两种使用方式。

①在数据库管理系统的工具中使用:自含型的语言可以直接使用,在各种不同数据库软件提供的 SQL 执行界面中,都可以直接输入并执行。

②嵌入其他语言执行:在编写其他语言程序代码时,直接写入一段 SQL 语句,由高级语言的编译程序决定该段 SQL 语句用哪种数据库编译器来编译。这种特性使得 SQL 的通用性强,如 C#、Java、Python 和 VB 等编程语言中都可以嵌入 SQL 语句。

3.1.2 SQL 分类

1. SQL 的组成与功能

它由四部分组成，具体功能如下。

(1)数据定义语言(data definition language，DDL)。数据定义语言主要用于定义数据库、数据表等，其中包括 CREATE 语句、ALTER 语句和 DROP 语句。CREATE 语句用于创建数据库、数据表等，ALTER 语句用于修改数据表的定义等，DROP 语句用于删除数据库、删除数据表等。

(2)数据操作语言(data manipulation language，DML)。数据操作语言主要用于对数据库进行添加、修改和删除操作，其中包括 INSERT 语句、UPDATE 语句和 DELETE 语句。INSERT 语句用于插入数据，UPDATE 语句用于修改数据，DELETE 语句用于删除数据。

(3)数据查询语言(data query language，DQL)。数据查询语言主要用于查询数据，主要是指 SELECT 语句，使用 SELECT 语句可以查询数据库中的一条数据或多条数据。

(4)数据控制语言(data control language，DCL)。数据控制语言主要用于控制用户的访问权限，其中包括 GRANT 语句、REVOKE 语句、COMMIT 语句和 ROLLBACK 语句。GRANT 语句用于给用户增加权限，REVOKE 语句用于收回用户的权限，COMMIT 语句用于提交事务，ROLLBACK 语句用于回滚事务。

数据库中的操作都是通过 SQL 语句来完成的，而且在应用程序中也经常使用 SQL 语句。例如，在 Java 语言中嵌入 SQL 语句，通过执行 Java 语言来调用 SQL 语句，就可以完成数据的插入、修改、删除和查询等操作。不仅如此，SQL 语句还可以嵌套在其他语言中，如 C# 语言、PHP 语言等。

3.1.3 SQL 常用语句命令

对于初学者来说，不知道如何使用 MySQL 数据库，因此需要查看 MySQL 的帮助信息，首先登录 MySQL 数据库，然后在命令行窗口中输入“help”或者“\h”命令，此时就会显示 MySQL 的帮助信息，如图 3-2 所示。

```
mysql> \h

For information about MySQL products and services, visit:
   http://www.mysql.com/
For developer information, including the MySQL Reference Manual, visit:
   http://dev.mysql.com/
To buy MySQL Enterprise support, training, or other products, visit:
   https://shop.mysql.com/

List of all MySQL commands:
Note that all text commands must be first on line and end with ';'
?         (\?) Synonym for `help'.
clear     (\c) Clear the current input statement.
connect   (\r) Reconnect to the server. Optional arguments are db and host.
delimiter (\d) Set statement delimiter.
ego       (\G) Send command to mysql server, display result vertically.
exit      (\q) Exit mysql. Same as quit.
go        (\g) Send command to mysql server.
help      (\h) Display this help.
notee     (\t) Don't write into outfile.
print     (\p) Print current command.
prompt    (\R) Change your mysql prompt.
quit      (\q) Quit mysql.
rehash    (\#) Rebuild completion hash.
source    (\.) Execute an SQL script file. Takes a file name as an argument.
status    (\s) Get status information from the server.
system    (\!) Execute a system shell command.
tee       (\T) Set outfile [to_outfile]. Append everything into given outfile.
use       (\u) Use another database. Takes database name as argument.
charset   (\C) Switch to another charset. Might be needed for processing binlog with multi-byte charsets.
warnings  (\W) Show warnings after every statement.
nowarning (\w) Don't show warnings after every statement.
resetconnection(\x) Clean session context.

For server side help, type 'help contents'

mysql>
```

图 3-2　显示 MySQL 的帮助信息

在图 3-2 中，列出了 MySQL 的所有命令，这些命令可以使用一个单词来表示，也可以通过“\+字母”的方式来表示，初学者应更好地掌握 MySQL 相关命令，如表 3-1 所示。

表 3-1　MySQL 相关命令

命　令	简写	具体含义
?	(\?)	显示帮助信息
clear	(\c)	清除当前输入语句
connect	(\r)	连接到服务器,可选参数为数据库和主机
delimiter	(\d)	设置语句分隔符
ego	(\G)	发送命令到 MySQL 服务器,并显示结果
exit	(\q)	退出 MySQL
go	(\g)	发送命令到 MySQL 服务器
help	(\h)	显示帮助信息
note	(\t)	不写输出文件
print	(\p)	打印当前命令
prompt	(\R)	改变 MySQL 提示信息
quit	(\q)	退出 MySQL
rehash	(\#)	重建完成散列
source	(\.)	执行一个 SQL 脚本文件,以一个文件名作为参数
status	(\s)	从服务器获取 MySQL 的状态信息
tee	(\T)	设置输出文件,并将信息添加到所有给定的输出文件
use	(\u)	使用另一个数据库,数据库名称作为参数
charset	(\C)	切换到另一个字符集
warnings	(\W)	每一个语句之后显示警告
nowarning	(\w)	每一个语句之后不显示警告

表 3-1 中的命令都能用于操作 MySQL 数据库,为了让初学者更好地使用这些命令,接下来以"\s"为例进行演示,具体如下。

例 3-1　使用"\s"命令查看数据库信息。

```
mysql>\s
--------------
mysql   Ver 8.0.28 for Win64 on x86_64(MySQL Community Server - GPL)
Connection id:          10
Current database:
Current user:           root@localhost
SSL:                    Cipher in use is TLS_AES_256_GCM_SHA384
Using delimiter:        ;
Server version:         8.0.28 MySQL Community Server - GPL
Protocol version:       10
Connection:             localhost via TCP/IP
Server characterset:    utf8mb4
Db      characterset:   utf8mb4
```

```
Client characterset:          gbk
Conn.   characterset:         gbk
TCP port:                     3306
Binary data as:               Hexadecimal
Uptime:                       22 min 1 sec
Threads: 2   Questions: 7   Slow queries: 0   Opens: 115   Flush tables: 3   Open tables: 35   Queries per second
avg: 0.005
—————————————————
```

从上述信息可以看出,使用"\s"命令显示了 MySQL 当前的版本、字符集编码及端口号等信息。需要注意的是,上述信息中有四个字符集编码。

3.1.4 MySQL 字符集

MySQL 字符集是一系列操作数据库及数据库对象的命令语句集合,因此使用 MySQL 数据库就必须掌握构成其基本语法和流程语句的语法要素,而字符集是最基本的 MySQL 脚本组成部分,也是 MySQL 数据库对象的描述符号。

1.字符集和字符序概念

MySQL 8.0 能够支持 41 种字符集和 127 个校对规则。

字符是指人类语言中最小的表义符号。例如,'A'、'9'、'%'等,以及数组和特殊符号。字符校对原则也称为字符序,是指在同一个字符集内字符之间的比较规则。字符集只有在确定字符序后,才能在一个字符集上定义什么是等价的字符,以及字符之间的大小关系。每个字符对应唯一一种字符集,但一个字符集可以对应多种字符校对原则,其中有一个是默认字符校对原则。

2.字符集选择规则

MySQL 默认的字符集是 latin1。MySQL 的字符集支持可以细化到四个层次:服务器、数据库、数据表和连接层。默认情况下,字符集选择规则如下。

(1)编译 MySQL 时,指定了一个默认的字符集,这个字符集是 latin1。

(2)安装 MySQL 时,可以在配置文件(my.cnf)中指定一个默认的字符集,如果没指定,则继承自编译时指定的字符集。

(3)启动 MySQL 时,可以在命令行参数中指定一个默认的字符集,如果没指定,则继承自配置文件中的配置,此时 character_set_server 被设定为这个数据库默认的字符集。

(4)当创建一个新的数据库时,除非明确指定,这个数据库的字符集被缺省设定为 character_set_server。

(5)当选定了一个数据库时,character_set_database 被设定为这个数据库默认的字符集。

(6)在这个数据库里创建一张表时,表默认的字符集被设定为 character_set_database,也就是这个数据库默认的字符集。

(7)当在表内设置一栏时,除非明确指定,否则此栏缺省的字符集就是表默认的字符集。

3.MySQL 字符集的设置

MySQL 的字符集可以通过"SHOW CHARACTER SET;"语句查看。在命令窗口中执行如下命令即可查看到 MySQL 8.0 的 41 种字符集,执行结果如图 3-3 所示。

```
mysql>SHOW CHARACTER SET;
```

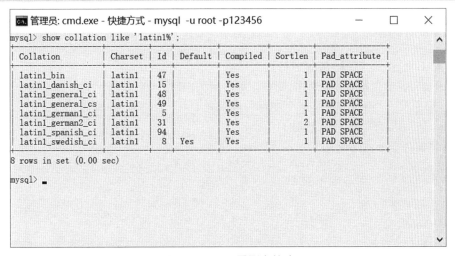

```
mysql> show character set;
+----------+-----------------------------+---------------------+--------+
| Charset  | Description                 | Default collation   | Maxlen |
+----------+-----------------------------+---------------------+--------+
| armscii8 | ARMSCII-8 Armenian          | armscii8_general_ci |      1 |
| ascii    | US ASCII                    | ascii_general_ci    |      1 |
| big5     | Big5 Traditional Chinese    | big5_chinese_ci     |      2 |
| binary   | Binary pseudo charset       | binary              |      1 |
| cp1250   | Windows Central European    | cp1250_general_ci   |      1 |
| cp1251   | Windows Cyrillic            | cp1251_general_ci   |      1 |
| cp1256   | Windows Arabic              | cp1256_general_ci   |      1 |
| cp1257   | Windows Baltic              | cp1257_general_ci   |      1 |
| cp850    | DOS West European           | cp850_general_ci    |      1 |
| cp852    | DOS Central European        | cp852_general_ci    |      1 |
| cp866    | DOS Russian                 | cp866_general_ci    |      1 |
| cp932    | SJIS for Windows Japanese   | cp932_japanese_ci   |      2 |
| dec8     | DEC West European           | dec8_swedish_ci     |      1 |
| eucjpms  | UJIS for Windows Japanese   | eucjpms_japanese_ci |      3 |
| euckr    | EUC-KR Korean               | euckr_korean_ci     |      2 |
| gb18030  | China National Standard GB18030 | gb18030_chinese_ci |   4 |
| gb2312   | GB2312 Simplified Chinese   | gb2312_chinese_ci   |      2 |
| gbk      | GBK Simplified Chinese      | gbk_chinese_ci      |      2 |
| geostd8  | GEOSTD8 Georgian            | geostd8_general_ci  |      1 |
| greek    | ISO 8859-7 Greek            | greek_general_ci    |      1 |
| hebrew   | ISO 8859-8 Hebrew           | hebrew_general_ci   |      1 |
| hp8      | HP West European            | hp8_english_ci      |      1 |
| keybcs2  | DOS Kamenicky Czech-Slovak  | keybcs2_general_ci  |      1 |
| koi8r    | KOI8-R Relcom Russian       | koi8r_general_ci    |      1 |
| koi8u    | KOI8-U Ukrainian            | koi8u_general_ci    |      1 |
| latin1   | cp1252 West European        | latin1_swedish_ci   |      1 |
| latin2   | ISO 8859-2 Central European | latin2_general_ci   |      1 |
| latin5   | ISO 8859-9 Turkish          | latin5_turkish_ci   |      1 |
| latin7   | ISO 8859-13 Baltic          | latin7_general_ci   |      1 |
| macce    | Mac Central European        | macce_general_ci    |      1 |
| macroman | Mac West European           | macroman_general_ci |      1 |
| sjis     | Shift-JIS Japanese          | sjis_japanese_ci    |      2 |
| swe7     | 7bit Swedish                | swe7_swedish_ci     |      1 |
| tis620   | TIS620 Thai                 | tis620_thai_ci      |      1 |
| ucs2     | UCS-2 Unicode               | ucs2_general_ci     |      2 |
| ujis     | EUC-JP Japanese             | ujis_japanese_ci    |      3 |
| utf16    | UTF-16 Unicode              | utf16_general_ci    |      4 |
| utf16le  | UTF-16LE Unicode            | utf16le_general_ci  |      4 |
| utf32    | UTF-32 Unicode              | utf32_general_ci    |      4 |
| utf8     | UTF-8 Unicode               | utf8_general_ci     |      3 |
| utf8mb4  | UTF-8 Unicode               | utf8mb4_0900_ai_ci  |      4 |
+----------+-----------------------------+---------------------+--------+
41 rows in set (0.00 sec)

mysql>
```

图 3-3　MySQL 的字符集

对于任何一个给定的字符集至少有一个校对原则,也可能有几个校对原则。

例 3-2　使用 SHOW 命令显示 latin1 系列的字符序,结果如图 3-4 所示。

mysql＞SHOW COLLATION LIKE 'latin1%';

```
管理员: cmd.exe - 快捷方式 - mysql -u root -p123456              —    □    ×
mysql> show collation like 'latin1%';
+-------------------+---------+----+---------+----------+---------+-------------+
| Collation         | Charset | Id | Default | Compiled | Sortlen | Pad_attribute |
+-------------------+---------+----+---------+----------+---------+-------------+
| latin1_bin        | latin1  | 47 |         | Yes      |       1 | PAD SPACE   |
| latin1_danish_ci  | latin1  | 15 |         | Yes      |       1 | PAD SPACE   |
| latin1_general_ci | latin1  | 48 |         | Yes      |       1 | PAD SPACE   |
| latin1_general_cs | latin1  | 49 |         | Yes      |       1 | PAD SPACE   |
| latin1_german1_ci | latin1  |  5 |         | Yes      |       1 | PAD SPACE   |
| latin1_german2_ci | latin1  | 31 |         | Yes      |       2 | PAD SPACE   |
| latin1_spanish_ci | latin1  | 94 |         | Yes      |       1 | PAD SPACE   |
| latin1_swedish_ci | latin1  |  8 | Yes     | Yes      |       1 | PAD SPACE   |
+-------------------+---------+----+---------+----------+---------+-------------+
8 rows in set (0.00 sec)

mysql>
```

图 3-4　latin1 系列字符序

在图 3-4 中,MySQL 中的字符序名称遵从命名惯例:以字符序对应的字符集名称开头,以_ci(表示大小写不敏感)、_cs(表示大小写敏感)或_bin(表示按编码值比较)结尾。

说明:

系统启动时默认的字符集是 latin1,latin1 是一个 8 位字符集,字符集名称为 ISO8859-1,也称为 ISO Latin1。latin1 把位于 128～255 之间的字符用于给拉丁字母表中特殊语言字符的编码,也因此而得名。

UTF-8(8-bit Unicode Transformation Format)被称为通用转换格式,是针对 Unicode 字符的一种变长字符编码。该字符集是用以解决国际字符的一种多字节编码,它对英文使用 8 位(即 1 个字节),中文使用 24 位(即 3 个字节)来编码。UTF-8 包含全世界所有国家需要用到的字符,是国际编码,通用性强。UTF-8 编码的文字可以在各国支持 UTF-8 字符集的浏览器上显示。例如,使用 UTF-8 编码,则在欧美使用英语国家的英文 IE 上也能显示中文,无须下载 IE 的中文语言支持包。

GB2312 是简体中文字符集,GBK 是对 GB2312 的扩展,其校对原则分别为 gb2312_chinese_ci、gbk_chinese_ci。GBK 是在国家标准 GB2312 的基础上扩容后兼容 GB2312 的标准。GBK 的文字编码是用双字节来表示的,即不论中、英文字符均使用双字节来表示,为了区分中文,将其最高位都设定成 1。GBK 包含全部中文字符,是国家编码,通用性比 UTF-8 差,不过 UTF-8 占用的数据库比 GBK 大。

GBK、GB2312 等与 UTG-8 之间都必须通过 Unicode 编码才能相互转换。对于一个网站或论坛来说,如果英文字符较多,则建议使用 UTF-8 节省空间。

⚠ 提示技巧

解决乱码方案

step1:要明确你的客户端使用的是哪种编码格式。IE6 一般用 utf-8,命令行一般是 gbk,程序通常使用的是 gb2312。

step2:确保你的数据库使用 utf-8 格式,所有编码都可以正常使用。

step3:保证 connection 字符集大于等于 client 字符集,不然就会有信息丢失,比如:latin1<gb2312<gbk<utf-8,若设置 set character_set_client=gb2312,那么至少 connection 的字符集要大于等于 gb2312,不则就会丢失信息。

以上三步,基本上可以保证所有中文都被正确地转换成 utf-8 格式存储进了数据库。为了适应不同的浏览器和客户端,还可以通过修改 character_set_results 来以不同的编码格式显示中文字体,由于 utf-8 是通用的,因此对于 web 应用来说还是建议使用 utf-8 格式显示中文。

例 3-3 查看当前数据库的校对规则。

```
mysql>SHOW VARIABLES LIKE 'collation%';
```

Variable_name	Value
collation_connection	gbk_chinese_ci
collation_database	utf8mb4_0900_ai_ci
collation_server	utf8mb4_0900_ai_ci

3 rows in set,1 warning(0.01 sec)

collation_connection:表示当前连接的字符集。

collation_database:表示当前日期的默认校对。每次用 USE 语句来"跳转"到另一个数据库的时候,这个变量的值就会改变。如果没有当前数据库,这个变量的值就是 collation_server 变量的值。

collation_server:表示服务器的默认校对。

例 3-4 查看当前数据库的字符集。

```
mysql>SHOW VARIABLES LIKE 'character%';
```

Variable_name	Value
character_set_client	gbk
character_set_connection	gbk
character_set_database	utf8mb4
character_set_filesystem	binary
character_set_results	gbk
character_set_server	utf8mb4
character_set_system	utf8
character_sets_dir	C:\Program Files\MySQL\MySQL Server 8.0\share\charsets\

8 rows in set,1 warning(0.00 sec)

查询结果解释如下。

character_set_client：客户端请求数据的字符集。

character_set_connection：客户机/服务器连接的字符集。

character_set_database：默认数据库的字符集，无论默认数据库如何改变，都是这个字符集；如果没有默认数据库，那就使用 character_set_server 指定的字符集，这个变量建议由系统自己管理，不要人为定义。

character_set_filesystem：把 os 上文件名转化成此字符集，即把 character_set_client 转换为 character_set_filesystem，默认 binary 是不做任何转换的。

character_set_results：结果集，返回给客户端的字符集。

character_set_server：数据库服务器的默认字符集。

character_set_system：系统字符集，这个值总是 utf-8，不需要设置。这个字符集用于存储数据库对象（如表和列）的名字，也用于存储在目录表中的函数的名字。

任务 3.2　认识数据类型

使用 MySQL 数据库存储数据时，不同的数据类型决定了 MySQL 存储数据方式的不同。为此，MySQL 数据库提供了多种数据类型，其中包括整数类型、浮点数类型、定点数类型、日期和时间类型、字符串类型及二进制类型。接下来，本节将针对这些数据类型进行详细的讲解。

3.2.1　整数类型

在 MySQL 数据库中，经常需要存储整数数值。根据数值取值范围的不同，MySQL 数据库中的整数类型可以分为五种，分别是 TINYINT、SMALLINT、MEDIUMINT、INT、BIGINT。表 3-2 列举了 MySQL 数据库中不同整数类型所对应的字节大小和取值范围。

表 3-2　MySQL 数据库中不同整数类型

整数类型	字节数	无符号数的取值范围	有符号数的取值范围
TINYINT	1	0～255	-128～127
SMALLINT	2	0～6 5535	-3 2768～3 2767
MEDIUMINT	3	0～1677 7215	-83 88608～83 88607
INT	4	0～42 9496 7295	-2147483648～2147483647
BIGINT	8	0～1844 6744 0737 0955 1615	-92 3372 0368 5477 5808～92 3372 0368 5477 5807

从表 3-2 中可以看出，不同整数类型所占用的字节数和取值范围都是不同的。其中，占用字节数最小的是 TINYINT，占用字节数最大的是 BIGINT。需要注意的是，不同整数类型的取值范围可以根据字节数计算出来。例如，SMALLINT 类型的整数占用 2 个字节，一个字节对应 8 个比特位，2 个字节对应 16 个比特位。那么 SMALLINT 类型无符号数的最大值就是 $2^{16}-1$，即 65535。SMALLINT 类型有符号数的最大值就是 $2^{15}-1$，即 32767。同理，可以推导出其他不同整数类型的取值范围。

3.2.2　浮点数类型和定点数类型

在 MySQL 数据库中，存储的小数都是使用浮点数和定点数来表示的。浮点数的类型有两种，分别是单精度浮点数类型和双精度浮点数类型。而定点数类型只有 DECIMAL 类型。表 3-3 列举了 MySQL 数据库中浮点数和定点数类型所对应的字节大小及其取值范围。

表 3-3　MySQL 数据库浮点数和定点数类型

数据类型	字节数	负数的取值范围	非负数的取值范围
FLOAT	4	-3.4 0282 3466E+38～ -1.1 7549 4351E-38	0 和 1.1 7549 4351E-38～ 3.4 0282 3466E+38
DOUBLE	8	-1.7976 9313 4862 3157E+308～ -2.2250 7385 8507 2014E-308	0 和 2.2250 7385 8507 2014E-30～ 1.7976 9313 4862 3157E+308
DECIMAL(M,D)	M+2	-1.7976 9313 4862 3157E+308～ -2.2250 7385 8507 2014E-308	0 和 2.2250 7385 8507 2014E-308～ 1.7976 9313 4862 3157E+308

　　从表 3-3 中可以看出,DECIMAL 类型的取值范围与 DOUBLE 类型相同。需要注意的是,DECIMAL 类型的有效取值范围是由 M 和 D 决定的,其中,M 表示的是数据的长度,D 表示的是小数点后的长度。例如,将数据类型为 DECIMAL 类型(6,2)的数据 3.1415 插入数据库后,显示的结果为 3.14。

3.2.3　日期和时间类型

　　为了方便在数据库中存储日期和时间,MySQL 数据库提供了表示日期和时间的数据类型,分别是 YEAR、DATE、TIME、DATETIME 和 TIMESTAMP。表 3-4 列举了 MySQL 数据库中日期和时间数据类型所对应的字节数、取值范围、日期格式以及零值。

表 3-4　MySQL 数据库日期和时间类型

数据类型	字节数	取值范围	日期格式	零值
YEAR	1	1901～2155	YYYY	0000
DATE	4	1000-01-01～999912-31	YYYY-MM-DD	0000-00-00
TIME	3	-838:59:59～838:59:59	HH:MM:SS	00:00:00
DATETIME	8	1000-01-01 00:00:00～ 999912-31 23:59:59	YYYY-MM-DD HH:MM:SS	0000-00-00 00:00:00
TIMESTAMP	4	1970-01-01 00:00:00～ 2038-01-19 03:14:07	YYYY-MM-DD HH:MM:SS	0000-00-00 00:00:00

　　从表 3-4 中可以看出,每种日期和时间类型的取值范围都是不同的。需要注意是,如果插入的数值不合法,系统会自动将对应的零值插入数据库中。

知识拓展·
YEAR类型和
DATE类型

3.2.4　字符串类型和二进制类型

　　MySQL 数据库提供了八种基本的字符串类型,分别为 CHAR、VARCHAR、BINARY、VARBINARY、BLOB、TEXT、ENUM、SET,可以存储简单的字符或二进制字符串数据。表 3-5 中列举了常见的字符串类型,其中有些类型比较相似。

表 3-5　MySQL 数据库常用字符串类型

数据类型	字节数	取值范围	类型描述
CHAR	1	0～255	定长字符串
VARCHAR	2	0～65535	可变字符串
TINYBLOB	1	0～255	不超过 255 个字节的二进制字符串
TINYTEXT	1	0～255	短文本字符串

数据类型	字节数	取值范围	类型描述
BLOB	2	0～65535	二进制形式的长文本数据
TEXT	2	0～65535	长文本数据
BINARY(M)	M	0～M	允许长 0～M 个字节的变长字节字符集
VARBINARY(M)	M	0～M	允许长 0～M 个字节的变长字节字符集
MEDIUMBLOB	3	0～16777215	二进制形式的中等长度文本数据
MEDIUMTEXT	3	0～16777215	中等长度文本数据
LONGBLOB	4	0～4294967295	二进制形式的极大文本数据
LONGTEXT	4	0～4294967295	极大文本数据

1. CHAR 和 VARCHAR

CHAR 用于存储固定长度的字符串,基本格式为 CHAR(*),必须要在圆括号内定义长度。" * "表示指示器,也可以理解为字节数,取值范围为 0～255,可以有默认值。

VARCHAR 用于存储可变长度的数据,基本格式 VARCHAR(*),并且必须带有一个取值范围为 0～255 的指示器。

CHAR 和 VARCHAR 的不同之处在于 MySQL 处理指示器的方式。CHAR 类型把指示器大小视为值的大小,在长度不足的情况下用空格补足。而 VARCHAR 类型把它视为最大值,只使用存储字符串实际需要的长度(增加一个额外字节来存储字符串本身的长度)来存储值,所以短于指示器长度的 VARCHAR 数据不会被空格填补,但长于指示器的数据仍然会被截短。

例如,定义一个 CHAR(10) 和一个 VARCHAR(10),如果存进去"ABCD"四个字符,CHAR 的长度仍然为10,除了字符"abcd"之外,后面还跟了六个空格,而 VARCHAR 的长度显示为 4。在读取数据的时候,CHAR 会去掉多余的空格,而 VARCHAR 是不需要的。

由于 VARCHAR 可以根据实际内容动态改变存储值的长度,因此在不能确定字段需要多少字符时,使用 VARCHAR 可以大大地节约磁盘空间,提高存储效率。VARCHAR 在使用 BINARY 修饰符时与 CHAR 完全相同。

2. TEXT 和 BLOB

对于字段长度超过 255 个字节的情况,MySQL 提供了 TEXT 和 BLOB 两种数据类型,根据存储数据的大小又分为不同的子类型。它们用于存储文本块、图像和声音文件等二进制数据。

TEXT 和 BLOB 的相同点如下。

(1)在 TEXT 列或 BLOB 列的存储或检索过程中不存在大小写转换,当未在严格模式下进行时,如果为 TEXT 列或 BLOB 列分配一个超过该列类型最大长度的值,则值会被截取;如果截掉的字符不是空格,将会产生一条警告。

(2)TEXT 列或 BLOB 列都不能有默认值,当存储或检索 TEXT 列或 BLOB 列的值时,不删除尾部空格。

(3)对于 TEXT 列或 BLOB 列的索引,必须指定索引前缀的长度。

TEXT 和 BLOB 的不同点如下。

(1)TEXT 是大小写不敏感的,而 BLOB 是大小写敏感的。

(2)TEXT 被视为非二进制字符串,而 BLOB 被视为二进制字符串。

(3)TEXT 列有一个字符集,并且能够根据字符集的校队规则对值进行排序和比较;BOLB 列没有字符集。

(4)BLOB 可以存储图片,而 TEXT 只能存储纯文本。

任务3.3　理解存储引擎

存储引擎是数据库底层的组件,是数据库的核心。使用存储引擎可以创建、查询、更新和删除数据库。存储引擎可以理解为数据库的操作系统,不同的存储引擎提供的存储方式、索引机制等也不相同,如 Windows 系统和 Mac 系统。在数据库开发时,为了提高 MySQL 的灵活性和高效性,可以根据实际情况来选择存储引擎。

3.3.1　MySQL 的存储引擎

MySQL 支持多种不同的存储引擎,包括处理事务安全表的引擎和处理非事务安全表的引擎。在 MySQL 中不需要使用同样的引擎,能够根据对数据处理的不同需求而选择合适的存储引擎,这样不仅可以提高数据存储和检索的效率,还可以降低高并发情况下的数据压力。

在系统中可以使用 SHOW ENGINES 语句来查看所支持的引擎类型,具体语句如下:

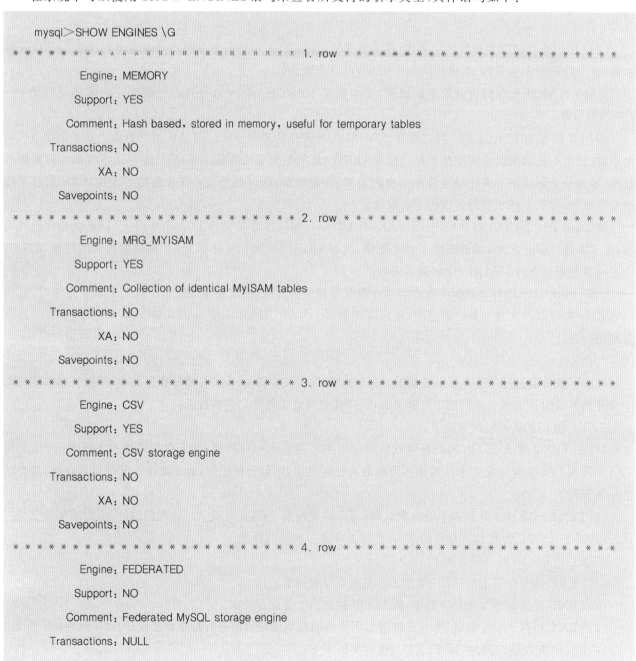

```
mysql>SHOW ENGINES \G
************************ 1. row ************************
        Engine: MEMORY
       Support: YES
       Comment: Hash based, stored in memory, useful for temporary tables
  Transactions: NO
            XA: NO
    Savepoints: NO
************************ 2. row ************************
        Engine: MRG_MYISAM
       Support: YES
       Comment: Collection of identical MyISAM tables
  Transactions: NO
            XA: NO
    Savepoints: NO
************************ 3. row ************************
        Engine: CSV
       Support: YES
       Comment: CSV storage engine
  Transactions: NO
            XA: NO
    Savepoints: NO
************************ 4. row ************************
        Engine: FEDERATED
       Support: NO
       Comment: Federated MySQL storage engine
  Transactions: NULL
```

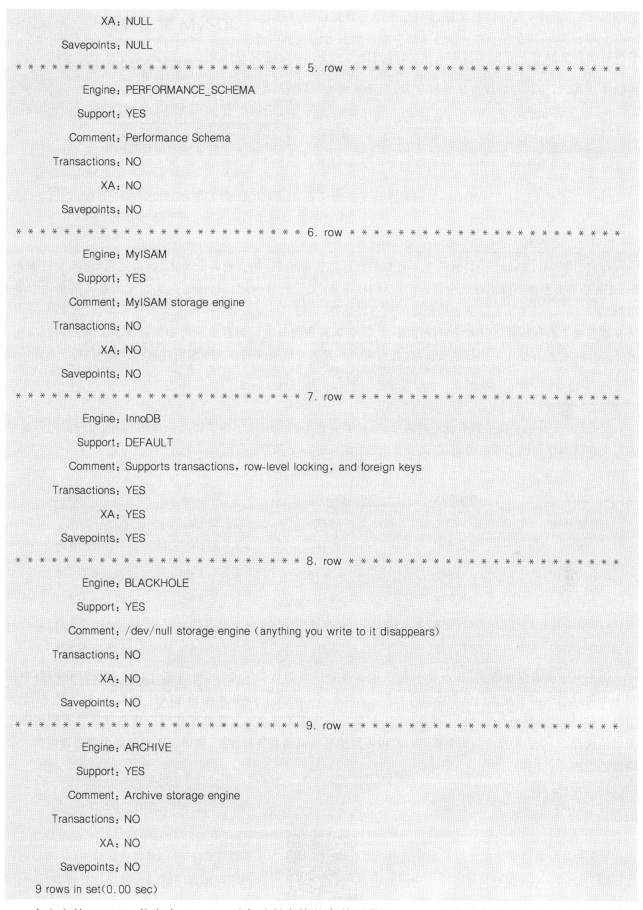

```
              XA：NULL

       Savepoints：NULL
*********************** 5. row ***************************
             Engine：PERFORMANCE_SCHEMA

            Support：YES

            Comment：Performance Schema

       Transactions：NO

              XA：NO

       Savepoints：NO
*********************** 6. row ***************************
             Engine：MyISAM

            Support：YES

            Comment：MyISAM storage engine

       Transactions：NO

              XA：NO

       Savepoints：NO
*********************** 7. row ***************************
             Engine：InnoDB

            Support：DEFAULT

            Comment：Supports transactions，row-level locking，and foreign keys

       Transactions：YES

              XA：YES

       Savepoints：YES
*********************** 8. row ***************************
             Engine：BLACKHOLE

            Support：YES

            Comment：/dev/null storage engine (anything you write to it disappears)

       Transactions：NO

              XA：NO

       Savepoints：NO
*********************** 9. row ***************************
             Engine：ARCHIVE

            Support：YES

            Comment：Archive storage engine

       Transactions：NO

              XA：NO

       Savepoints：NO
9 rows in set(0.00 sec)
```

　　在上方的 MySQL 信息中，Engine 列表示所支持的存储引擎，Support 列表示存储引擎是否可以被使用，其中"YES"表示可以使用，"NO"表示不能使用，"DEFAULT"表示为当前数据库默认的存储引擎。

3.3.2 MyISAM 和 InnoDB 的区别

在实际生产环境中,常见的 MySQL 存储引擎是 MyISAM 和 InnoDB,二者的区别如表 3-6 所示。

表 3-6 MyISAM 和 InnoDB 的区别

类型	MyISAM	InnoDB
MVCC	不支持	支持
事务	不支持	支持
外键	不支持	支持
表锁差异	只支持表级锁	支持行级锁
全文索引	支持	不支持

存储引擎 MyISAM 是 MySQL 5.0 之前的默认数据库引擎,拥有较高的插入、查询速度,但不支持事务;InnoDB 是事务型数据库的首选引擎,支持 ACID 事务,支持行级锁定,MySQL 5.5 起成为默认数据库引擎;BDB 源自 Berkeley DB,是事务型数据库的另一种选择,支持 Commit 和 Rollback 等其他事务特性;Memory 是所有数据置于内存的存储引擎,拥有极高的插入、更新和查询效率。但是会占用和数据量成正比的内存空间。另外,MySQL 的存储引擎接口定义良好,有兴趣的开发者可以通过阅读文档编写自己的存储引擎。

3.3.3 存储引擎的选择

MySQL 支持的存储引擎有着不同的特点,能够满足不同的需求。为了做出正确的选择,用户首先需要考虑每个存储引擎提供了哪些功能,存储引擎功能比较如表 3-7 所示。

表 3-7 存储引擎功能比较

功能	**MyISAM**	**InnoDB**	**Memory**	**Archive**
存储限制	256TB	64TB	RAM	无
事务	不支持	支持	不支持	不支持
全文索引	支持	不支持	不支持	不支持
外键	不支持	支持	不支持	不支持
哈希索引	不支持	不支持	支持	不支持
数据缓存	不支持	支持	N/A	不支持

如果只是临时存放数据,数据量不大并且不需要较高的数据安全性,可以选择将数据保存在内存中的 Memory。MySQL 使用该引擎作为临时表存放查询的中间结果。如果只有 SELECT 操作,可以选择 Archive 引擎。Archive 支持高并发的插入操作,但是本身并不是事务安全的。具体使用哪一种引擎需要根据实际需求灵活选择,一个数据库中的多个表可以使用不同的引擎以满足各种性能,使用合适的存储引擎将提高整个数据库的性能。

拓展阅读

MySQL 常用图形化管理工具 Navicat

单元自测

知识自测

一、填空题

1. 在 MySQL 数据库中,存储的小数都是使用_____和定点数来表示的。

2. 在 MySQL 数据库的整数类型中,占用字节数最大的类型是_____。

3. 在 MySQL 数据库命令中用于切换到 test 数据库的命令是_____。

4. 在 MySQL 数据库命令中,用于退出 MySQL 服务的命令有 quit、_____和\q。

5. 在 MySQL 数据库中,提供了表示日期和时间的数据类型,分别是 YEAR、DATE、TIME、_____和 TIMESTAMP。

二、单选题

1. 下列不属于数值类型的是(　　)。
   A. TINYINT　　　　　　B. ENUM　　　　　　C. BIGINT　　　　　　D. FLOAT

2. 下列不属于字符串类型的是(　　)。
   A. REAL　　　　　　　B. CHAR　　　　　　C. BLOB　　　　　　D. VARCHAR

3. 下面不属于日期类型的是(　　)。
   A. DATE　　　　　　　B. YEAR　　　　　　C. NUMBERIC　　　　D. TIMESTAMP

4. 下面语句中,可以删除数据库和删除表的是(　　)。
   A. CREATE 语句　　　　　　　　　　B. ALTER 语句
   C. DROP 语句　　　　　　　　　　　D. SELECT 语句

5. 下列选项中,(　　)用于定义数据库和数据表。
   A. DDL　　　　　　　B. DML　　　　　　C. DQL　　　　　　D. DCL

6. 下面关于 SQL 全称的说法中,正确的是(　　)。
   A. 结构化查询语言　　　　　　　　　B. 标准的查询语言
   C. 可扩展查询语言　　　　　　　　　D. 分层化查询语言

7. 下面语句中,用于给用户增加权限的是(　　)。
   A. GRANT 语句　　　　　　　　　　B. ALTER 语句
   C. REVOKE 语句　　　　　　　　　　D. SELECT 语句

8. 下面语句中,可以修改数据表的是(　　)。
   A. CREATE 语句　　　　　　　　　　B. ALTER 语句
   C. DROP 语句　　　　　　　　　　　D. SELECT 语句

9. 下面语句中,属于 DQL 语句的是(　　)。
   A. UPDATE 语句　　　　　　　　　　B. ALTER 语句
   C. INSERT 语句　　　　　　　　　　D. SELECT 语句

10. 下面选项中,可以存储整数数值并且占用 4 个字节的是(　　)。
    A. BIGINT　　　　　B. SMALLINT　　　　C. INT　　　　　　D. TINYINT

三、多选题

1. 下列选项中,可以嵌入 SQL 语句的语言有(　　)。
   A. JAVA　　　　　　　　　　　　　B. C#
   C. PHP　　　　　　　　　　　　　　D. 以上选项都不正确

2. 下列关于 MySQL 数据库中表示日期和时间的数据类型的描述,正确的是(　　)。
   A. YEAR 是 MySQL 数据库中表示日期和时间的数据类型之一

B. 每种日期和时间类型的取值范围都是不同的

C. DATE 类型对应的零值是"00：00：00"

D. 插入的数值不合法时，系统会自动将对应的零值插入数据库中

3. 下面语句中，属于 DML 语句的是（　　）。

A. CREATE 语句   B. INSERT 语句

C. DROP 语句   D. UPDATE 语句

4. 下面选项中，属于 DDL 常用语句的是（　　）。

A. CREATE 语句   B. ALTER 语句

C. DROP 语句   D. SELECT 语句

5. 下面关于 char(4) 与 varchar(4) 的说法中，正确的是（　　）。

A. char(4) 是可变长度的

B. varchar(4) 是可变长度的

C. 使用 char(4) 存字符串 'ab'，将占两个长度

D. 使用 varchar(4) 存字符串 'ab'，将占两个长度

四、简答题

1. 简述 SQL 语言由哪几部分组成？

2. 什么是 MySQL 产生乱码的根本原因？

技能自测

从官方网站下载安装 Navicat 并配置完成。

学习成果达成与测评

单元 3　学习成果达成与测评表单

任务清单	知识点	技能点	综合素质测评	分　值
任务 3.1				⑤④③②①
任务 3.2				⑤④③②①
任务 3.3				⑤④③②①
拓展阅读				⑤④③②①

单元4

数据库和数据表操作

单元导读

　　创建数据库实际上是在数据库系统中划分出一部分空间,用来存储和区分不同的数据。创建数据库是进行表操作的基础,也是进行数据管理的基础。MySQL 数据库的管理主要包括创建数据库、打开当前数据库、显示数据库结构和删除数据库等操作。数据表的操作主要包括数据表的创建、使用、修改、删除和表约束等操作。

知识与技能目标

　　(1)理解数据库的概念,掌握数据库的基本操作。

　　(2)理解数据表的概念,掌握数据表的基本操作。

　　(3)理解表的约束,会运用建表的约束。

　　(4)掌握数据表的高级操作。

素质目标

　　(1)通过数据库和数据表的操作体会数据库管理员工作的责任和使命。

　　(2)增强法治意识,树立社会责任意识和主人翁意识。

单元结构

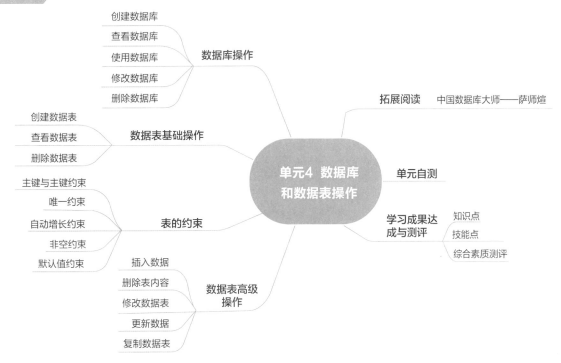

敬畏"数据" 增强法治意识

2018 年 6 月,链家公司数据库管理员因不满工作调整,将公司 9TB 数据进行删除,犯破坏计算机系统罪,最终被判处有期徒刑七年。2018 年 9 月,顺丰公司运维人员因操作不严谨,导致 OMCS 运营监控管控系统发生故障,对业务产生了严重的负面影响。2020 年 2 月,微盟公司研发中心运维部一位核心运维员工因为自身的情感问题人为破坏了 SaaS 业务数据,导致巨额损失。通过这些删除数据库事件造成的后果,警示数据的管理者,应具有严谨求实的态度和精益求精的精神。此外,数据管理人员要严格遵守数据隐私保护规范并自觉践行,树立尊重、保护国家及个人数据和维护信息安全的"数据伦理意识",遵守职业道德和法律法规,对于任何可能涉嫌违法的事件,都要保持一颗敬畏之心,在面对挫折或诱惑时,要保持"法治意识",严守底线。

任务 4.1 数据库操作

MySQL 安装完成后,要想将数据存储到数据库的表中,首先要创建一个数据库,为编写的应用系统提供数据库支撑。创建数据库实际上是在数据库系统中划分出一部分空间,用来存储和区分不同的数据。

4.1.1 创建数据库

在 MySQL 中,创建数据库的基本语法格式如下:

```
CREATE DATABASE <数据库名称>;
```

在上述语法格式中,"CREATE DATABASE"是固定的 SQL 语句,专门用来创建数据库。

(1)数据库名称是唯一的,不可重复出现,且区分大小写。

(2)数据库名称可以由字母、数字、下划线、@、♯、$ 组成。

(3)关键字不能用来命名。

(4)不能单独使用数字。

(5)最长 128 位。

Latin1 编码是单字节编码,而汉字需要双字节来存储,所以这个编码格式不支持汉字,而 UTF-8 编码支持中文显示。常见的字符集有 GBK、UTF-8、Latin1。

例 4-1 创建一个名为 firstdatabase 的数据库,指定默认的字符编码为 GBK,排序规则为 utf8_general_ci。

```
mysql>CREATE DATABASE firstdatabase DELAULT CHARACTER SET utf8 COLLATE utf8_general_ci;
```

执行结果如下:

```
Query OK, 1 row affected, 2 warnings(0.02 sec)
```

如果看到上述运行结果,就说明 SQL 语句执行成功了。

而如果在创建数据库 seconddatabase 时,指定默认的字符编码为 GBK,排序规则为 gbk_chinese_ci。SQL 语句如下:

```
mysql>CREATE DATABASE seconddatabase DEFAULT CHARACTER SET gbk COLLATE gbk_chinese_ci;
```

执行结果如下:

```
Query OK, 1 row affected, 2 warnings(0.02 sec)
```

如果看到上述运行结果,就说明 SQL 语句执行成功了。

4.1.2 查看数据库

为了验证数据库系统中是否创建了名称为 firstdatabase 的数据库,可以用 SHOW DATABASES 命令查看创建的数据库是否存在。

例 4-2　使用 SHOW 语句查看已经存在的数据库。

```
mysql>SHOW DATABASES;
    Database
    firstdatabase
    information_schema
    mysql
    performance_schema
4 rows in set(0.00 sec)
```

从上述查询结果可以看出,数据库系统中存在四个数据库。其中,除了在例 4-1 中创建的 firstdatabase 数据库外,其他的数据库都是在 MySQL 安装完成后自动创建的。

创建好数据库之后,要想查看某个已经创建的数据库信息,可以通过 SHOW CREATE DATABASE 语句查看,具体语法格式如下:

```
SHOW CREATE DATABASE <数据库名称>;
```

例 4-3　查看创建好的数据库 firstdatabase 的信息。

```
mysql>SHOW CREATE DATABASE firstdatabase;
Database       Create Database

firstdatabase  CREATE DATABASE 'firstdatabase' /*! 40100 DEFAULT CHARACTER SET utf8 */ /*! 80016
               DEFAULT ENCRYPTION = 'N' */

1 row in set(0.00 sec)
```

上述查询结果显示出了数据库 firstdatabase 的创建信息,如数据库 firstdatabase 的编码方式为 utf8。

4.1.3　使用数据库

使用数据库需要通过 SQL 语句 USE 实现,其语法形式如下:

```
USE 数据库名称;
```

例 4-4　使用创建好的数据库 firstdatabase。

```
mysql>USE firstdatabase;
Database changed
```

如果看到上述运行结果,就表明 SQL 语句执行成功了。

4.1.4　修改数据库

MySQL 数据库一旦安装成功,创建的数据库编码也就确定了。但如果想要修改数据库的编码,可以使用 ALTER DATABASE 语句实现,修改数据库编码的基本语法格式如下:

```
ALTER DATABASE <数据库名称> DEFAULT CHARACTER SET <编码方式> COLLATE <编码方式_bin>;
```

在上述格式中,"数据库名称"指的是要修改的数据库名称,"编码方式"指的是修改后的数据库编码。

例 4-5　将数据库 firstdatabase 的编码修改为 gbk。

```
mysql>ALTER DATABASE firstdatabase DEFAULT CHARACTER SET gbk COLLATE gbk_bin;
Query OK, 1 row affected(0.01 sec)
```

为了验证数据库的编码是否修改成功,下面使用 SHOW CREATE DATABASE 语句查看修改后的数据库,SQL 语句及查询结果如下:

mysql>SHOW CREATE DATABASE firstdatabase;

Database	Create Database
firstdatabase	CREATE DATABASE 'firstdatabase' /*! 40100 DEFAULT CHARACTER SET gbk COLLATE gbk_bin */ /*! 80016 DEFAULT ENCRYPTION = 'N' */

从上述查询结果可以看出,数据库 firstdatabase 的编码为 gbk,说明 firstdatabase 数据库的编码方式修改成功了。

4.1.5 删除数据库

删除数据库是将数据库系统中已经存在的数据库删除。成功删除数据库后,数据库中的所有数据都将被清除,原来分配的空间也将被回收。在 MySQL 数据库中,删除数据库的基本语法格式如下:

DROP DATABASE <数据库名称>;

在上述语法格式中,DROP DATABASE 是删除数据库的 SQL 语句,"数据库名称"是要删除的数据库名称。需要注意的是,如果要删除的数据库不存在,则删除操作失败。

例 4-6 删除名称为 firstdatabase 的数据库。

mysql>DROP DATABASE firstdatabase;
Query OK, 0 rows affected(0.01 sec)

为了验证删除数据库的操作是否成功,接下来,使用 SHOW DATABASES 语句查看已经存在的数据库,SQL 语句及查询结果如下:

mysql>SHOW DATABASES;

Database
information_schema
mysql
performance_schema

3 rows in set (0.00 sec)

从上述查询结果可以看出,数据库系统中已经不存在名为 firstdatabase 的数据库,说明 firstdatabase 数据库被成功删除了。

任务4.2 数据表基础操作

表是数据库存储数据的基本单位,在表中可以存储不同的字段和数据记录。表的基本操作包括创建表、修改表和删除表。创建表的过程是规定数据列属性的过程,同时也是实现数据库数据完整性和约束性的过程。

4.2.1 创建数据表

1.创建数据表的 SQL 语句
创建数据表的 SQL 语句格式如下:

```
CREATE TABLE 表名(
    字段名 1 数据类型,
    字段名 2 数据类型,
    …
    字段名 n 数据类型,
)表选项;
```

创建表格式关键字说明如表 4-1 所示。

表 4-1　创建表格式关键字说明

关键字	说明
表名	表示需要创建的表的名称
字段名	表示数据列的名字
数据类型	指的是每列参数对应的数值类型,可以为 int、char、varchar 等
表选项	表示在创建表时可以单独指定使用的存储引擎和默认的字符编码,例如:ENGINE＝InnoDB DEFAULT CHARSET＝utf8

⚠技巧提示

在创建表之前需要使用"USE 数据库名"来切换到要操作的数据库。

2. 创建表指定默认值

在表中设置列属性时,列可以指定默认值。在表中插入数据时如果未主动设置,则该列会自动添加默认值,基本用法如下:

```
CREATE TABLE t1(
    id int NOT NULL,
    age int NOT NULL DEFAULT 20
);
```

在上方代码中 NULL 表示为空值;而 NOT NULL 表示不为空值,在添加数据时必须赋值。而 age 字段不仅不能为空,而且默认值应设置为"20"。

3. 创建表指定自增

如果设置某列为自增列,插入数据时无需设置此列的值,默认此列的数值自增。需要注意的是,一个表中只能存在一个自增列。其使用方法如下:

```
CREATE TABLE t2(
    id int AUTO_INCREMENT PRIMARY KEY
);
```

其中 AUTO_INCREMENT 表示自增,PRIMARY KEY 表示主键约束,自动增长约束将在本单元 4.3.3 中详细介绍。

例 4-7 根据表 4-2 所示的学生信息，在名为"unit4"的数据库中，创建一个名为"student"的学生表。

表 4-2 学生信息

字段名称	数据类型	备注说明	默认值
sid	int(10)	学生学号	主键，自增
sname	varchar(30)	学生姓名	NOT NULL
sex	varchar(5)	性别	
age	int(10)	年龄	
score	float(5,2)	入学成绩	0.00
picture	varchar(100)	照片	无

操作过程语句如下：

```
mysql>SHOW DATABASES;

Database

information_schema

mysql

performance_schema

unit4

4 rows in set(0.00 sec)
```

首先，查看数据库 unit4 是否存在。如果不存在则需要先创建数据库，SQL 语句如下：

```
mysql>CREATE DATABASE unit4;
```

如果存在，则执行打开数据库 unit4，SQL 语句如下：

```
mysql>USE unit4;
Database changed
```

出现"Database changed"表示已经成功切换到数据库 unit4。接下来要在数据库里创建数据表——学生表 student，SQL 语句如下：

```
mysql>CREATE TABLE student(
    sid int(10) auto_increment PRIMARY KEY,      //指定数值类型、自增、主键约束
    sname varchar(30) NOT NULL,
    sex varchar(5),
    age int(10),
    score float(5,2) DEFAULT 0.00,               //指定默认值
    picture varchar(100) DEFAULT '无'            //指定默认值
)ENGINE = InnoDB DEFAULT CHARSET = utf8;         //指定存储引擎和字符编码
Query OK, 0 rows affected, 4 warnings(0.10 sec)
```

此时学生表 student 显示创建成功。

4.2.2 查看数据表

1.简单查看数据表

在创建数据表后，可以使用 SHOW TABLES 语句查看已创建的数据表，其 SQL 语句如下：

```
mysql>SHOW TABLES;
+----------------+
| Tables_in_unit4 |
+----------------+
| student        |
| t1             |
| t2             |
+----------------+
3 rows in set(0.00 sec)
```

从以上查询结果可以看到，数据库 unit4 中有 3 个表，恰为本任务中创建的 3 个表，分别是 t1，t2，student。

2. 详细查看数据表

数据表创建完成后，可以使用 SHOW CREATE TABLE 命令详细查看数据表的各项属性，其 SQL 语法格式如下：

```
SHOW CREATE TABLE 表名;
```

例如，想查看数据库 unit 4 中学生表 student 里包含的所有创建信息，可以使用如下语句(学生表 student 的查询结果见图 4-1)：

```
mysql>SHOW CREATE TABLE student;
```

```
mysql> SHOW CREATE TABLE student;

| Table   | Create Table

| student | CREATE TABLE `student` (
  `sid` int DEFAULT NULL,
  `sname` char(20) COLLATE gbk_bin DEFAULT NULL,
  `sex` char(4) COLLATE gbk_bin DEFAULT NULL,
  `age` int DEFAULT NULL,
  `score` float(5,2) DEFAULT NULL,
  `pic` varchar(100) COLLATE gbk_bin DEFAULT '无'
) ENGINE=InnoDB DEFAULT CHARSET=gbk COLLATE=gbk_bin |

1 row in set (0.02 sec)

mysql>
```

图 4-1　学生表 student 的查询结果

从上方查询结果中可以看出，SHOW CREATE TABLE 不仅可以查看表中的列，还可以查看表的字符编码等信息，但是显示格式很不规范，可以在查询语句后加上参数“\G”进行格式化，其 SQL 语句如下(格式化后的查询结果见图4-2)：

```
mysql> SHOW CREATE TABLE student\G;
```

```
mysql> SHOW CREATE TABLE student\G;
*************************** 1. row ***************************
       Table: student
Create Table: CREATE TABLE `student` (
  `sid` int DEFAULT NULL,
  `sname` char(20) COLLATE gbk_bin DEFAULT NULL,
  `sex` char(4) COLLATE gbk_bin DEFAULT NULL,
  `age` int DEFAULT NULL,
  `score` float(5,2) DEFAULT NULL,
  `pic` varchar(100) COLLATE gbk_bin DEFAULT '无'
) ENGINE=InnoDB DEFAULT CHARSET=gbk COLLATE=gbk_bin
1 row in set (0.00 sec)

ERROR:
No query specified

mysql>
```

图 4-2　格式化后的查询结果

查询结果中,显示的格式明显比之前的整齐很多。

3.显示表结构

另外,如果只想查看表中列的相关信息,可以用 DESCRIBE 语句,其 SQL 语法格式如下:

DESCRIBE 表名;

例 4-8 在名为"unit4"的数据库中,查询名为"student"的学生表的详细信息。

mysql＞DESCRIBE student;

或者还可以使用 DESCRIBE 的简写形式 DESC 进行查询,其 SQL 语句如下:

mysql＞DESC student;

Field	Type	Null	Key	Default	Extra
sid	int	NO	PRI	NULL	AUTO_INCREMENT
sname	varchar(30)	NO		NULL	
sex	varchar(5)	YES		NULL	
age	int	YES		NULL	
score	float(5,2)	YES		0.00	
picture	varchar(100)	YES		无	

6 rows in set(0.00 sec)

以上两种查询方式的结果是一样的,因此一般使用简写的方式来查询。

4.2.3 删除数据表

在 MySQL 数据库中,使用 DROP TABLE 语句删除数据表中的内容和表结构,这里可以理解为彻底删除表,其 SQL 语法格式如下:

DROP TABLE 表名;

例 4-9 删除数据库 unit4 中的 t1 表。

mysql＞DROP TABLE t1;
Query OK, 0 rows affected(0.03 sec)
mysql＞SHOW TABLES;

Tables_in_unit4

student

t2

2 rows in set(0.00 sec)

从上方的执行结果可以看出,t1 表已被删除。在实际工作中,删除数据表之前需要核对无误后再执行删除数据表操作,避免数据丢失,或造成不可挽回的损失。

任务 4.3 表的约束

4.3.1 主键与主键约束

主键是用于唯一确定表中每一行数据的标识符,是表中某一列或者多列的组合,多个列组成的主键称为复合主键。主键约束是对主键的约束规则,特征如下。

(1)唯一性:每个表中只能存在一个主键,且主键的值能唯一标识表中的每一行,就像每个人的身份证号码是不同的,能唯一标识每一个人。

(2)非空性:主键可以由多个字段组成,且不受数据类型的限制。另外,字段所在的列中不能存在空值(NULL)。需要注意的是,主键表示的是一个实体,而主键约束是针对这个实体所设定的规则或属性。

在 MySQL 数据库中使用 PRIMARY KEY 字段来定义数据表中的主键。在创建表时可以为字段添加主键约束,具体的语法格式如下:

```
CREATE TABLE 表名(
    字段名 数据类型 PRIMARY KEY
);
```

以上语法格式中,"字段名"表示需要设置为主键的列名,"数据类型"为该列的数据类型。PRIMARY KEY 表示主键。

例 4-10　在数据库 unit4 中,创建 hw_studentinfo 表,其结构如表 4-3 所示。

表 4-3　hw_studentinfo 表

字段	字段类型	约束	说明
stu_no	int(8)	NOT NULL PRIMARY KEY AUTO_INCREMENT	学号
stu_name	varchar(10)	NOT NULL	姓名
gender	char(1)		性别
age	int		年龄
birthday	date		出生日期
class	varchar(10)		班级
course	varchar(10)		课程
score	float		成绩

(1)查询已存在数据库列表,其 SQL 语句如下:

```
mysql>SHOW DATABASES;
```

查看数据库 unit4 是否存在。如果存在可以忽略以下语句,如果不存在则需要先创建数据库 unit4,其 SQL 语句如下:

```
mysql>CREATE DATABASE IF NOT EXISTS unit4;
```

(2)打开数据库 unit4,其 SQL 语句如下:

```
mysql>USE unit4;
Database changed
```

(3)根据表 4-3 中的信息创建 hw_studentinfo 表,具体的 SQL 语句如下:

```
mysql>CREATE TABLE hw_studentinfo(
    stu_no int(8),
    stu_name varchar(10),
```

```
    gender char(1),
    age int,
    birthday date,
    class varchar(10),
    course varchar(10),
    score float
);
Query OK, 0 rows affected, 1 warning(0.07 sec)
```

（4）表创建完成后，向其中插入两条 stu_no 字段相同的记录，其 SQL 语句如下：

```
mysql>INSERT INTO hw_studentinfo VALUES("1","王五","男",10,"2010-05-05","JJA2001","Java",70);
Query OK, 1 row affected(0.03 sec)
mysql>INSERT INTO hw_studentinfo VALUES(1,"李四","女",25,"1997-01-05","JPH2001","php",null);
Query OK, 1 row affected(0.01 sec)
```

（5）将 hw_studentinfo 表中的 stu_no 设置为主键，其 SQL 语句如下：

```
mysql>ALTER TABLE hw_studentinfo ADD PRIMARY KEY(stu_no);
ERROR 1062 (23000): Duplicate entry '1' for key 'hw_studentinfo.PRIMARY'
```

从以上执行结果可以看出，添加主键失败。这是因为数据表中存在两条 stu_no 字段相同的记录，这与主键约束规则冲突。

（6）删除其中一条数据，其 SQL 语句如下：

```
mysql>DELETE FROM hw_studentinfo WHERE stu_name="李四";
Query OK, 1 row affected(0.01 sec)
```

（7）重新将 hw_studentinfo 表中的 stu_no 设置为主键，其 SQL 语句如下：

```
mysql>ALTER TABLE hw_studentinfo ADD PRIMARY KEY(stu_no);
Query OK, 0 rows affected(0.11 sec)
Records: 0   Duplicates: 0   Warnings: 0
```

从上方的执行结果可以看出主键设置成功。为了进一步验证主键约束的规则，在表 hw_studentinfo 中插入一个空值（null），具体的 SQL 语句如下：

```
mysql>INSERT INTO hw_studentinfo VALUES(null,"张三","男",30,null,null,"php",null);\
ERROR 1048 (23000): Column 'stu_no' cannot be null
```

从上方的执行结果可以看出，向 hw_studentinfo 表插入空值失败，这也证明了数据库中主键不为空的规则。

（8）在实际的开发中，也可以删除表中的主键，具体的语法格式如下：

```
ALTER TABLE 表名 DROP PRIMARY KEY;
```

删除 hw_studentinfo 表中的主键，其 SQL 语句如下：

```
mysql> ALTER TABLE hw_studentinfo DROP PRIMARY KEY;
```

4.3.2 唯一约束

唯一约束用于限制不受主键约束的其余列上数据的唯一性，与主键约束不同的是，唯一约束可以为空值且一个表中可以放置多个唯一约束。MySQL 数据库中可以使用 UNIQUE 关键字添加唯一约束。

在创建表时为某个字段添加唯一约束的具体语法格式如下：

```
CREATE TABLE 表名(
    字段名 数据类型 UNIQUE,
    ...
);
```

以上语法格式中，"字段名"表示需要添加唯一约束的列名，"数据类型"和 UNIQUE 关键字之间需要使用空格隔开。另外，也可以使用 ALTER 命令将唯一约束添加到已经创建完成的表中，具体语法格式如下：

```
ALTER TABLE 表名 ADD UNIQUE(列名);
```

例 4-11　在例 4-10 基础上，以 hw_studentinfo 表为例，将 birthday 字段设置为唯一约束，并验证唯一约束规则。

(1)将 birthday 字段设置为唯一约束，其 SQL 语句如下：

```
mysql>ALTER TABLE hw_studentinfo ADD UNIQUE(birthday);
Query OK，0 rows affected(0.04 sec)
Records：0  Duplicates：0  Warnings：0
```

(2)查看唯一约束的创建是否成功，其查询结果如下：

```
mysql>DESC hw_studentinfo;
```

Field	Type	Null	Key	Default	Extra
stu_no	int	NO	PRI	NULL	
stu_name	varchar(10)	YES		NULL	
gender	char(1)	YES		NULL	
age	int	YES		NULL	
birthday	date	YES	UNI	NULL	
class	varchar(10)	YES		NULL	
course	varchar(10)	YES		NULL	
score	float	YES		NULL	

```
8 rows in set(0.01 sec)
```

```
mysql>SELECT  *  FROM hw_studentinfo;
```

stu_no	stu_name	gender	age	birthday	class	course	score
1	王五	男	10	2010-05-05	JJA2001	Java	70

```
1 row in set(0.00 sec)
```

从以上结果可以看到，birthday 字段的键显示信息为"UNI"，表示唯一约束创建成功。

(3)为了进一步验证唯一约束规则，分别向 hw_studentinfo 表中插入两条不同的数据，具体 SQL 语句如下：

```
mysql>INSERT INTO hw_studentinfo VALUES(2,"李四","女",25,"2010-05-05","JPH2001","php",null);
ERROR 1062 (23000): Duplicate entry '2010-05-05' for key 'hw_studentinfo.birthday'
```

从以上的执行结果可以看出,插入的第一条命令中 birthday 字段的值与 hw_studentinfo 表中 birthday 字段的值相同,导致数据插入失败。第二条插入命令将 birthday 字段设置为 NULL,插入语句如下:

```
mysql>INSERT INTO hw_studentinfo VALUES(2,"李四","女",25,null,"JPH2001","php",null);
Query OK,1 row affected(0.01 sec)
```

可以看到,birthday 字段为 NULL 后插入成功。查询表 hw_studentifo 中的数据,结果如下:

```
mysql>SELECT * FROM hw_studentinfo;
```

stu_no	stu_name	gender	age	birthday	class	course	score
1	王五	男	10	2010-05-05	JJA2001	Java	70
2	李四	女	25	NULL	JPH2001	php	NULL

2 rows in set(0.00 sec)

(4)在实际项目开发中,也可以使用 SQL 语句删除表中的唯一约束,具体的语法格式如下:

```
DROP INDEX INDEX_NAME ON 表名;
```

或者:

```
ALTER TABLE 表名 DROP INDEX INDEX_NAME;
```

本实例中可以删除 birthday 字段创建的唯一约束,具体的 SQL 语句如下:

```
mysql>DROP INDEX birthday ON hw_studentinfo;
Query OK,0 rows affected(0.02 sec)
Records:0  Duplicates:0  Warnings:0
mysql>DESC hw_studentinfo;
```

Field	Type	Null	Key	Default	Extra
stu_no	int	NO	PRI	NULL	
stu_name	varchar(10)	YES		NULL	
gender	char(1)	YES		NULL	
age	int	YES		NULL	
birthday	date	YES		NULL	
class	varchar(10)	YES		NULL	
course	varchar(10)	YES		NULL	
score	float	YES		NULL	

8 rows in set (0.01 sec)

4.3.3 自动增长约束

在创建表时,表中 id 字段的值一般从 1 开始,当需要插入大量的数据时,逐个插入这种做法不仅比较繁琐,而且容易出错。因此,可以将字段的值设置为自动增长。MySQL 数据库中可以使用 AUTO_INCREMENT 关键字设置表中字段值的自动增长,在创建表时将某个字段设置为自动增长列的语法格式如下:

```
CREATE TABLE 表名(
    字段名 数据类型 AUTO_INCREMENT,
    ...
);
```

以上语法格式中,"字段名"表示需要设置字段值自动增长的列名,"数据类型"和 AUTO_INCREMENT
关键字之间需要使用空格隔开。另外,也可以将已经创建完成的表中的字段设置成自动增长列,具体语法格式
如下:

ALTER TABLE 表名 MODIFY 字段名 数据类型 AUTO_INCREMENT;

例 4-12 以例 4-10 建立的 hw_studentinfo 表为例,将 stu_no 字段设置为自动增长列。

```
mysql>ALTER TABLE hw_studentinfo MODIFY stu_no int AUTO_INCREMENT;
    Query OK, 2 rows affected(0.15 sec)
    Records:2  Duplicates:0  Warnings:0
mysql>DESC hw_studentinfo;
```

Field	Type	Null	Key	Default	Extra
stu_no	int	NO	PRI	NULL	auto_increment
stu_name	varchar(10)	YES		NULL	
gender	char(1)	YES		NULL	
age	int	YES		NULL	
birthday	date	YES		NULL	
class	varchar(10)	YES		NULL	
course	varchar(10)	YES		NULL	
score	float	YES		NULL	

8 rows in set (0.01 sec)

从查询结果可以看出,hw_studentinfo 表中 stu_no 字段已被设置为自动增长列。

4.3.4 非空约束

非空约束用于保证数据表中的某个字段的值不为 NULL,在 MySQL 数据库中可以使用 NOT NULL 关
键字为列添加非空约束。在创建表时,为某个字段添加非空约束的具体语法格式如下:

```
CREATE TABLE 表名(
    字段名 数据类型 NOT NULL,
    ...
);
```

以上语法格式中,"字段名"表示需要添加非空约束的列名,"数据类型"和 NOT NULL 关键字之间需要使
用空格隔开。另外,非空约束也可以添加到已经创建完成的表中,具体语法格式如下:

ALTER TABLE 表名 MODIFY 字段名 数据类型 NOT NULL;

例 4-13 以例 4-10 建立的 hw_studentinfo 表为例,将 age 字段设置为非空约束,其 SQL 语句如下:

```
mysql>ALTER TABLE hw_studentinfo MODIFY age int NOT NULL;
Query OK, 0 rows affected(0.24 sec)
Records:0  Duplicates:0  Warnings:0
mysql>DESC hw_studentinfo;
```

Field	Type	Null	Key	Default	Extra
stu_no	int	NO	PRI	NULL	auto_increment
stu_name	varchar(10)	YES		NULL	
gender	char(1)	YES		NULL	
age	int	NO		NULL	
birthday	date	YES		NULL	
class	varchar(10)	YES		NULL	
course	varchar(10)	YES		NULL	
score	float	YES		NULL	

8 rows in set(0.01 sec)

从以上执行结果可以看出,已经成功为表 hw_studentinfo 中的 age 字段添加非空约束。

4.3.5 默认值约束

默认值约束用于为数据表中的某个字段设置默认值。例如,开具电子发票时,如果不进行手动填写,就默认是当前时间。在 MySQL 数据库中使用 DEFAULT 关键字设置默认值约束,创建表时,为某个字段添加默认值约束的具体语法如下:

```
CREATE TABLE 表名(
    字段名 数据类型 DEFAULT 默认值,
    ...
);
```

以上语法格式中,"字段名"表示需要添加默认值约束的列名,"数据类型"和 DEFAULT 关键字之间需要使用空格隔开。另外,默认值约束也可以添加到已经创建完成的表中,其语法格式如下:

```
ALTER TABLE 表名 MODIFY 字段名 数据类型 DEFAULT 默认值;
```

例 4-14 以例 4-10 建立的 hw_studentinfo 表为例,为 class 字段设置默认值,值为"JA2001"。

```
mysql>ALTER TABLE hw_studentinfo MODIFY class varchar(10) DEFAULT "JA2001";
Query OK, 0 rows affected(0.01 sec)
Records: 0  Duplicates: 0  Warnings: 0
mysql>DESC hw_studentinfo;
```

Field	Type	Null	Key	Default	Extra
stu_no	int	NO	PRI	NULL	auto_increment
stu_name	varchar(10)	YES		NULL	
gender	char(1)	YES		NULL	
age	int	NO		NULL	
birthday	date	YES		NULL	
class	varchar(10)	YES		JA2001	
course	varchar(10)	YES		NULL	
score	float	YES		NULL	

8 rows in set(0.01 sec)

从以上执行结果可以看出,已经成功将表 hw_studentinfo 中的 class 字段设置为默认值,值为"JA2001"。

任务 4.4　数据表高级操作

通过任务 4.1 和任务 4.2,对数据库和数据表的基本操作进行了介绍,但要想操作数据库中的数据,必须通过 MySQL 提供的数据库操作语言实现,包括插入数据的 INSERT 语句、更新数据的 UPDATE 语句和删除数据的 DELETE 语句,本节将针对这些操作进行详细讲解。

4.4.1　插入数据

若要操作数据表中的数据,首先要保证数据表中存在数据。MySQL 数据库使用 INSERT 语句向数据表中添加数据,并且根据添加方式的不同分为三种,分别是为表中所有字段添加数据、为表的指定字段添加数据和同时添加多条记录。下面针对这三种添加数据的方式进行详细介绍。

1.为表中所有字段添加数据

通常情况下,关系型数据库在操作数据时需要保持数据的一致性,在数据表中插入数据需要保持字段与值的一一对应,即一个字段对应一个值。向数据表中添加的新记录应该包含表的所有字段,即为该表中的所有字段添加数据。为表中所有字段添加数据的 INSERT 语句有两种。

(1)在 INSERT 语句中指定所有字段名。

向表中添加新记录时,可以在 INSERT 语句中列出表的所有字段名,其语法格式如下:

```
INSERT INTO 表名(字段名 1,字段名 2,…) VALUES(值 1,值 2,…);
```

在上述语法格式中,"字段名 1,字段名 2,…"表示数据表中的字段名称,此处必须列出表中所有字段的名称;"值 1,值 2,…"表示每个字段的值,每个值的顺序、类型必须与对应的字段相匹配。

例 4-15　向学生表 student 中添加一条新记录,记录中各字段值,如表 4-4 所示。

表 4-4　向学生表 student 中添加的新记录

学生学号	学生姓名	性别	年龄	入学成绩	照片
1	孔子	男	2572	100.00	无

①在添加新记录之前需要先创建一个数据库 unit4,其 SQL 语句如下:

```
mysql>CREATE DATABASE unit4;
```

②使用数据库 unit4,其 SQL 语句如下:

```
mysql>USE unit4;
```

③在数据库中创建一个学生表 student,用于存储学生信息,其 SQL 语句如下:

```
mysql>CREATE TABLE student(
    sid int(10) auto_increment primary key,      //指定字段数值类型、自增、主键约束
    sname varchar(30) not null,
    sex varchar(5),
    age int(10),
    score float(5,2) default 0.00,               //指定默认值
    picture varchar(100) default '无'            //指定默认值
)ENGINE = InnoDB DEFAULT CHARSET = utf8;         //指定字符编码和存储引擎
```

④使用 INSERT 语句向学生表 student 中插入第一条数据记录,其 SQL 语句如下:

```
mysql>INSERT INTO student(sid,sname,sex,age,score,picture) VALUES(1,'孔子','男',2572,100.00,'无');
```

当上述 SQL 语句执行成功后,会在学生表 student 中添加一条数据。

⑤为了验证数据是否添加成功,使用 SELECT 语句查看学生表 student 中的数据,其 SQL 语句如下:

```
mysql> SELECT * FROM student;
```

sid	sname	sex	age	score	picture
1	孔子	男	2572	100.00	无

1 row in set(0.00 sec)

⑥从查询结果可以看出,student 表中成功地添加了一条记录。"1 row in set"表示查询出了一条记录。

关于 SELECT 查询语句的相关知识,将在第五单元中进行详细讲解,这里有大致印象即可。需要注意的是,使用 INSERT 语句添加记录时,表名后的字段顺序可以与其在表中定义的顺序不一致,它们只需要与 VALUES 中值的顺序一致即可。

例 4-16 ▶ 向学生表 student 中添加第二条记录,如表 4-5 所示。

表 4-5　向学生表 student 中添加的第二条记录

学生学号	学生姓名	性别	年龄	入学成绩	照片
1	孔子	男	2572	100.00	无
2	武则天	女	1397	98.00	无

添加第二条记录的 SQL 语句如下:

```
mysql>INSERT INTO student(sname,score,sex,sid,age,picture) VALUES('武则天',98.00,'女',2,1397,'无');
Query OK, 1 row affected(0.01 sec)
```

从执行结果可以看到,字段的顺序虽然进行了调换,但只要保证同时 VALUES 后面值的顺序也做了相应的调换,那么 INSERT 语句同样可以执行成功。

接下来通过查询语句查看数据是否成功添加,查询结果如下:

```
mysql>SELECT * FROM student;
```

sid	sname	sex	age	score	picture
1	孔子	男	2572	100.00	无
2	武则天	女	1397	98.00	无

2 rows in set(0.00 sec)

从查询结果可以看出,student 表中成功地添加了第二条记录。

(2)在 INSERT 语句中不指定字段名。

在 MySQL 数据库中,可以通过不指定字段名的方式添加记录,其基本的语法格式如下:

```
INSERT INTO 表名 VALUES(值1,值2,…);
```

在上述格式中,"值1,值2,…"用于指定要添加的数据。需要注意的是,由于 INSERT 语句中没有指定字段名,添加的值的顺序必须和字段在表中定义的顺序相同。

例 4-17 ▶ 向学生表 student 中添加的第三条记录,如表 4-6 所示。

表 4-6　向学生表 student 中添加的第三条记录

学生学号	学生姓名	性别	年龄	入学成绩	照片
1	孔子	男	2572	100.00	无
2	武则天	女	1397	98.00	无
3	李白	男	1320	97.00	无

添加第三条记录的 SQL 语句如下:

```
mysql> INSERT INTO student VALUES(3,'李白','男',1320,97.00,'无');
Query OK，1 row affected(0.01 sec)
```

SQL 语句执行成功后，同样会在 student 表中添加第三条新的记录。

为了验证数据是否添加成功，使用 SELECT 语句查看 student 表中的数据，查询结果如下：

```
mysql> SELECT * FROM student；
```

sid	sname	sex	age	score	picture
1	孔子	男	2572	100.00	无
2	武则天	女	1397	98.00	无
3	李白	男	1320	97.00	无

```
3 rows in set(0.00 sec)
```

从上述结果可以看出，student 表中成功地添加了第三条记录。由此可见，INSERT 语句中不指定字段名同样可以成功地添加数据。

2．为表的指定字段添加数据

为表的指定字段添加数据，就是在 INSERT 语句中只向部分字段中添加值，而其他字段的值为表定义时的默认值。为表的指定字段添加数据的基本语法格式如下：

```
INSERT INTO 表名(字段 1,字段 3,…) VALUES(值 1,值 3,…);
```

在上述语法格式中，"字段 1,字段 3,…"表示数据表中的字段名称，此次只指定表中部分字段的名称。"值 1,值 3,…"表示指定字段的值，每个值的顺序、类型必须与对应的字段相匹配。

例 4-18 向学生表 student 中添加的第四条新记录，如表 4-7 所示。

表 4-7 向学生表 student 中添加的第四条记录

学生学号	学生姓名	性别	年龄	入学成绩	照片
1	孔子	男	2572	100.00	无
2	武则天	女	1397	98.00	无
3	李白	男	1320	97.00	无
4	杜甫			96.00	

添加第四条记录的 SQL 语句如下：

```
mysql> INSERT INTO student(sid,sname,score) VALUES(4,'杜甫',96.00);
Query OK，1 row affected(0.01 sec)
```

上述 SQL 语句执行成功后，会向 student 表中添加第四条新的数据。

为了验证数据是否添加成功，使用 SELECT 语句查询 student，结果如下：

```
mysql>SELECT * FROM student；
```

sid	sname	sex	age	score	picture
1	孔子	男	2572	100.00	无
2	武则天	女	1397	98.00	无
3	李白	男	1320	97.00	无
4	杜甫	NULL	NULL	96.00	无

```
4 rows in set(0.00 sec)
```

从查询结果可以看出,新字段添加成功,但是 sex、age 字段的值为 NULL。这是因为在添加新记录时,如果没有为某个字段赋值,系统会自动为该字段赋值 NULL 或者是数据表定义时的默认值。通过 SQL 语句 "SHOW CREATE TABLE student \G;"可以查看 student 表的详细结构,查询结果如下:

```
* * * * * * * * * * * * * * * * * * * * * 1. row * * * * * * * * * * * * * * * * * * * * *
             Table：student
    Create Table：CREATE TABLE 'student'(
    'sid' int NOT NULL AUTO_INCREMENT,
    'sname' varchar(30) NOT NULL,
    'sex' varchar(5) DEFAULT NULL,
    'age' int DEFAULT NULL,
    'score' float(5,2) DEFAULT '0.00',
    'picture' varchar(100) DEFAULT ' 无 ',
    PRIMARY KEY ('sid')
) ENGINE = InnoDB AUTO_INCREMENT = 12 DEFAULT CHARSET = utf8
1 row in set(0.00 sec)
```

⚠ 提示技巧

如果某个字段在定义时添加了非空约束,但没有添加 default 约束,那么在插入新记录时就必须为该字段赋值,否则数据库系统会提示错误。

INSERT 语句还有一种语法格式,可以为表中指定的字段或者全部字段添加数据,其格式如下:

```
INSERT INTO 表名 SET 字段名 1 = 值 1[,字段名 2 = 值 2,…];
```

在上面的语法格式中,"字段名 1""字段名 2"是指需要添加数据的字段名称,"值 1""值 2"表示添加的数据。如果在 SET 关键字后面指定了多对"字段名=值",每对"字段名=值"之间使用逗号分隔,最后一个"字段名=值"之后加分号。接下来通过一个案例来演示使用这种语法格式向 student 中添加第五条记录。

例 4-19 向学生表 student 中添加的第五条新记录,如表 4-8 所示。

表 4-8 向学生表 student 中添加的第五条记录

学生学号	学生姓名	性别	年龄	入学成绩	照片
1	孔子	男	2572	100.00	无
2	武则天	女	1397	98.00	无
3	李白	男	1320	97.00	无
4	杜甫			96.00	
5	刘备	男	1860	95.00	

添加第五条记录的 SQL 语句如下:

```
mysql> INSERT INTO student SET sid = 5,sname = ' 刘备 ',sex = ' 男 ',age = 1860,score = 95.00;
Query OK, 1 row affected(0.01 sec)
```

从执行结果可以看到,INSERT 语句执行成功。

接下来通过查询语句查看数据是否成功添加,其查询结果如下:

```
mysql>SELECT * FROM student;
```

sid	sname	sex	age	score	picture
1	孔子	男	2572	100.00	无
2	武则天	女	1397	98.00	无
3	李白	男	1320	97.00	无
4	杜甫	NULL	NULL	96.00	无
5	刘备	男	1860	95.00	无

```
5 rows in set(0.00 sec)
```

从查询结果可以看出,student 表中第五条新记录添加成功。

3.同时添加多条记录

有时候,需要一次向表中添加多条记录,当然,可以使用上文学习的两种方式逐条添加记录,但是这样做需要输入多条 INSERT 语句,比较麻烦。其实,在 MySQL 数据库中提供了使用一条 INSERT 语句同时添加多条记录的功能,其语法格式如下:

```
INSERT INTO 表名[(字段名 1,字段名 2,…)] VALUES(值 1,值 2,…),(值 1,值 2,…),…(值 1,值 2,…);
```

在上述语法格式中,"(字段名 1,字段名 2,…)"是可选的,用于指定插入的字段名,"(值 1,值 2,…)"表示要插入的记录,该记录可以有多条,并且每条记录之间用逗号隔开。

例 4-20 向学生表 student 中一次性添加 3 条记录,如表 4-9 所示。

表 4-9   向学生表 student 中添加的第 6—8 条记录

学生学号	学生姓名	性别	年龄	入学成绩	照片
1	孔子	男	2572	100.00	无
2	武则天	女	1397	98.00	无
3	李白	男	1320	97.00	无
4	杜甫			96.00	
5	刘备	男	1860	95.00	
6	张飞	男	1855	94.00	无
7	孙二娘	女	1552	93.00	无
8	诸葛亮	男	1840	92.00	无

INSERT 语句与执行执果如下:

```
mysql>INSERT INTO student VALUES(6,'张飞','男',1855,94.00,'无'),(7,'孙二娘','女',1552,93.00,'无'),
(8,'诸葛亮','男',1840,92.00,'无');
Query OK, 3 rows affected(0.01 sec)
Records:3  Duplicates:0  Warnings:0
```

从执行结果可以看出,INSERT 语句执行成功。其中"Records:3"表示添加 3 条记录,"Duplications:0"表示添加的 3 条记录没有重复,"Warning:0"表示记录时没有警告。在添加多条记录时,可以不指定字段列表,只需要保证 VALUES 后面跟随的值依照字段在表中定义的顺序即可。

接下来通过查询语句查看数据是否添加成功,查询结果如下:

```
mysql>SELECT * FROM student；
```

sid	sname	sex	age	score	picture
1	孔子	男	2572	100.00	无
2	武则天	女	1397	98.00	无
3	李白	男	1320	97.00	无
4	杜甫	NULL	NULL	96.00	无
5	刘备	男	1860	95.00	无
6	张飞	男	1855	94.00	无
7	孙二娘	女	1552	93.00	无
8	诸葛亮	男	1840	92.00	无

```
8 rows in set(0.00 sec)
```

从查询结果可以看到，学生表 student 添加了 3 条新的记录。

⚠ 提示技巧

同添加单条记录一样，如果不指定字段名，就必须为每个字段添加数据；如果指定了字段名，就只需要为指定的字段添加数据。

例 4-21 向学生表 student 中添加 3 条记录，记录中只为 sid 和 sname 字段添加值。

```
mysql> INSERT INTO student(sid,sname) VALUES(9,'李商隐'),(10,'杜牧'),(11,'李清照')；
Query OK，3 rows affected(0.01 sec)
Records：3  Duplicates：0  Warnings：0
```

执行 INSERT 语句向 student 表中添加数据，然后通过查询语句查看数据是否成功添加，其查询结果如下：

```
mysql>SELECT * FROM student；
```

sid	sname	sex	age	score	picture
1	孔子	男	2572	100.00	无
2	武则天	女	1397	98.00	无
3	李白	男	1320	97.00	无
4	杜甫	NULL	NULL	96.00	无
5	刘备	男	1860	95.00	无
6	张飞	男	1855	94.00	无
7	孙二娘	女	1552	93.00	无
8	诸葛亮	男	1840	92.00	无
9	李商隐	NULL	NULL	0.00	无
10	杜牧	NULL	NULL	0.00	无
11	李清照	NULL	NULL	0.00	无

```
11 rows in set(0.00 sec)
```

通过查询结果可以看出，student 表中添加了 3 条记录，由于 INSERT 语句中没有为 sex、age 字段添加值，系统自动为其添加默认值 NULL，而 score 字段为其设置默认值 0.00，picture 字段为其设置默认值"无"。

4.4.2　删除表内容

删除表内容是指对表中存在的记录进行删除，这是数据库中的常见操作。例如，一个学生转学了，就需要在 student 表将其信息记录删除。MySQL 数据库中使用 DELETE 语句来删除表中的记录，其语法格式如下：

```
DELETE FROM 表名［WHERE 条件表达式］；
```

在上面的语法格式中,"表名"指要执行删除操作的表,[WHERE 条件表达式]为可选参数,用于指定删除的条件,满足条件的记录会被删除。DELETE 语句可以删除表中的部分数据和全部数据,下面就对这两种情况进行讲解。

1.删除部分数据

删除部分数据是指根据指定条件删除表中的某一条或者某几条记录,需要使用 WHERE 子句来指定删除记录的条件。

例 4-22　在 student 表中,删除 sid 字段值为 7 的记录。

(1)在删除数据之前,查询表 student 中的所有记录,查看 sid 字段值为 7 的记录是否存在,其查询结果如下:

```
mysql>SELECT * FROM student;
```

sid	sname	sex	age	score	picture
1	孔子	男	2572	100.00	无
2	武则天	女	1397	98.00	无
3	李白	男	1320	97.00	无
4	杜甫	NULL	NULL	96.00	无
5	刘备	男	1860	95.00	无
6	张飞	男	1855	94.00	无
7	孙二娘	女	1552	93.00	无
8	诸葛亮	男	1840	92.00	无
9	李商隐	NULL	NULL	0.00	无
10	杜牧	NULL	NULL	0.00	无
11	李清照	NULL	NULL	0.00	无

```
11 rows in set(0.01 sec)
```

从查询结果可以看到,student 表中有 11 条记录。sid 字段值为 7 的记录存在。

(2)使用 DELETE 命令删除 sid 字段值为 7 的记录,具体的 SQL 语句如下:

```
mysql>DELETE FROM student WHERE sid=7;
Query OK, 1 row affected(0.01 sec)
```

从执行结果可以看出,DELETE 语句执行成功。

(3)再次通过查询语句查看 sid 字段值为 7 的记录是否存在,其查询结果如下:

```
mysql>SELECT * FROM student;
```

sid	sname	sex	age	score	picture
1	孔子	男	2572	100.00	无
2	武则天	女	1397	98.00	无
3	李白	男	1320	97.00	无
4	杜甫	NULL	NULL	96.00	无
5	刘备	男	1860	95.00	无
6	张飞	男	1855	94.00	无
8	诸葛亮	男	1840	92.00	无
9	李商隐	NULL	NULL	0.00	无
10	杜牧	NULL	NULL	0.00	无
11	李清照	NULL	NULL	0.00	无

```
10 rows in set(0.01 sec)
```

从查询结果可以看到 sid 字段值为 7 的记录被成功删除。

例 4-23 在 student 表中,删除 sid 字段值大于 5 的所有记录。

(1)在删除数据之前,查询 student 表中的所有记录,其查询结果如下:

```
mysql>SELECT * FROM student;
```

sid	sname	sex	age	score	picture
1	孔子	男	2572	100.00	无
2	武则天	女	1397	98.00	无
3	李白	男	1320	97.00	无
4	杜甫	NULL	NULL	96.00	无
5	刘备	男	1860	95.00	无
6	张飞	男	1855	94.00	无
8	诸葛亮	男	1840	92.00	无
9	李商隐	NULL	NULL	0.00	无
10	杜牧	NULL	NULL	0.00	无
11	李清照	NULL	NULL	0.00	无

```
10 rows in set(0.01 sec)
```

从查询结果可以看到,student 表中有 10 条记录。sid 字段值大于 5 的记录有 5 条。

(2)使用 DELETE 命令删除 sid 字段值大于 5 的所有记录,其 SQL 语句如下:

```
mysql>DELETE FROM student WHERE sid>5;
Query OK, 5 rows affected(0.01 sec)
```

从执行结果可以看出,DELETE 语句执行成功。

(3)再次通过查询语句查看 sid 字段值大于 5 的记录是否存在,其查询结果如下:

```
mysql>SELECT * FROM student;
```

sid	sname	sex	age	score	picture
1	孔子	男	2572	100.00	无
2	武则天	女	1397	98.00	无
3	李白	男	1320	97.00	无
4	杜甫	NULL	NULL	96.00	无
5	刘备	男	1860	95.00	无

```
5 rows in set(0.01 sec)
```

从查询结果可以看到,sid 字段值大于 5 的记录不存在,被成功删除。在执行删除操作的 student 表中,如果有多条记录满足 WHERE 子句的条件表达式,则满足条件的记录就会被删除。

2. 删除全部数据

若在 DELETE 语句中没有使用 WHERE 子句,则会将表中的所有记录都删除。

例 4-24 删除 student 表中的所有记录。

(1)查询 student 表中的所有记录。

```
mysql>SELECT * FROM student;
```

sid	sname	sex	age	score	picture
1	孔子	男	2572	100.00	无
2	武则天	女	1397	98.00	无
3	李白	男	1320	97.00	无
4	杜甫	NULL	NULL	96.00	无
5	刘备	男	1860	95.00	无

```
5 rows in set(0.01 sec)
```

从查询结果可以看出,student 表中还有 5 条记录。

(2)使用 DELETE 语句将这 5 条记录全部删除,DELETE 语句如下:

```
mysql>DELETE FROM student；
Query OK，0 rows affected(0.01 sec)
```

(3)再次通过查询语句查看 student 表中的记录,其查询结果如下:

```
mysql>SELECT * FROM student；
Empty set(0.00 sec)
```

从查询结果可以看到,记录为空,说明表中所有的记录被成功删除。

3. 关键字 TRUNCATE 删除表中数据

在 MySQL 数据库中,还有一种方式可以用来删除表中所有的记录,这种方式需要用到一个关键字 TRUNCATE,其语法格式如下:

```
TRUNCATE [TABLE] 表名；
```

TRUNCATE 的语法格式很简单,只需要通过"表名"指定要执行删除操作的表即可。下面通过一个案例来介绍 TRUNCATE 的用法。

例 4-25 在原 student 表中,重新插入记录,再用 TRUNCATE 语句删除表中所有记录。

(1)重新为 student 表插入如下记录并查询。

```
mysql>SELECT * FROM student；
```

sid	sname	sex	age	score	picture
1	孔子	男	2572	100.00	无
2	武则天	女	1397	98.00	无
3	李白	男	1320	97.00	无
4	杜甫	NULL	NULL	96.00	无
5	刘备	男	1860	95.00	无

```
5 rows in set(0.00 sec)
```

(2)利用 TRUNCATE 关键字将 student 表中所有数据删除,其 SQL 语句如下:

```
mysql>TRUNCATE TABLE student；
    Query OK，0 rows affected(0.06 sec)
```

(3)使用查询语句,查看 student 表中是否还存在数据,其查询结果如下:

```
mysql>SELECT * FROM student;
    Empty set(0.00 sec)
```

从查询结果可以看到,student 表中 r 全部数据被成功删除。

TRUNCATE 和 DELETE 语句异同点(见表 4-10)

表 4-10　TRUNCATE 和 DELETE 语句异同点

	TRUNCATE 语句	**DELETE 语句**
相同点	都能实现删除表中的所有数据的功能	
不同点	DDL 语句	DML 语句
	删除表中的所有记录	后面可以跟 WHERE 子句,只删除满足条件的部分记录
	删除表中的数据后,再次向表中添加记录时,自动增加字段的默认初始值重新由 1 开始	删除表中所有记录后,再次向表中添加记录时,自动增加字段的值为删除时该字段的最大值加 1
	不会在日志中记录删除的内容,执行效率会高	每删除一条记录都会在日志中记录,执行效率低

4.4.3　修改数据表

在实际项目开发中,数据表创建完成后,可能会对数据表的表名、表中的字段名及字段类型等进行修改。

1.修改表名

在 MySQL 数据库中,修改表名的语法格式如下:

```
ALTER TABLE 原表名 RENAME [TO] 新表名;
```

关键字 TO 是可选的,一般忽略不写,接下来通过实例讲解。

例 4-26　在数据库 unit4 中修改数据表 t2 为 table2。

(1)查看数据库中存在的表,其查询结果如下:

```
mysql>SHOW TABLES;
    Tables_in_unit4
    hw_studentinfo
    student
    t2
3 rows in set(0.01 sec)
```

(2)修改表名为 t2 的数据表为 table2,修改语句如下:

```
mysql>ALTER TABLE t2 RENAME table2;
    Query OK, 0 rows affected(0.04 sec)
```

(3)再次查看数据库中存在的表,其查询结果如下:

```
mysql> SHOW TABLES;
```

Tables_in_unit4
hw_studentinfo
student
table2

3 rows in set(0.01 sec)

从以上查询结果可以看出,表名修改成功。

2. 修改字段名

数据表中的字段名有时需要重新命名,修改字段名的 SQL 语法格式如下:

```
ALTER TABLE 表名 CHANGE 原字段名 新字段名 新数据类型;
```

例 4-27　在数据库 unit4 中将表 hw_studentinfo 中的 birthday 字段修改为 telephone 字段,数据类型为 varchar(20)。

(1)查看数据库中存在的表,其查询结果如下:

```
mysql> SHOW TABLES;
```

Tables_in_unit4
hw_studentinfo
student
Table2

3 rows in set(0.01 sec)

(2)详细显示表 hw_studentinfo 的信息,查询到的信息如下:

```
mysql>DESC hw_studentinfo;
```

Field	Type	Null	Key	Default	Extra
stu_no	int	NO	PRI	NULL	auto_increment
stu_nme	varchar(10)	YES		NULL	
gender	char(1)	YES		NULL	
age	int	NO		NULL	
birthday	date	YES		NULL	
class	varchar(10)	YES		JA2001	
course	varchar(10)	YES		NULL	
score	float	YES		NULL	

8 rows in set(0.00 sec)

(3)将 birthday 字段修改为 telephone 字段,修改语句如下:

```
mysql>ALTER TABLE hw_studentinfo CHANGE birthday telephone VARCHAR(20);
Query OK, 2 rows affected(0.09 sec)
Records: 2  Duplicates: 0  Warnings: 0
```

(4)再次查看数据库中存在的表,其查询结果如下:

```
mysql>DESC hw_studentinfo；
```

Field	Type	Null	Key	Default	Extra
stu_no	int	NO	PRI	NULL	auto_increment
stu_nme	varchar(10)	YES		NULL	
gender	char(1)	YES		NULL	
age	int	NO		NULL	
telephone	Varchar(20)	YES		NULL	
class	varchar(10)	YES		JA2001	
course	varchar(10)	YES		NULL	
score	float	YES		NULL	

8 rows in set(0.00 sec)

从以上查询结果可以看出,表 hw_studentinfo 中字段名修改成功。

3. 修改字段类型

上面讲解了如何修改表中的字段名,但有时并不需要修改字段名,只需修改字段的数据类型。修改表中字段数据类型的 SQL 语法格式如下:

```
ALTER TABLE 表名 MODIFY 字段名 数据类型；
```

例 4-28 在数据库 unit4 中修改表 hw_studentinfo 中 gender 字段数据类型为 varchar(20)。

```
mysql>ALTER TABLE hw_studentinfo MODIFY gender VARCHAR(20)；
Query OK，2 rows affected(0.08 sec)
Records：2  Duplicates：0  Warnings：0
```

为了验证修改成功,可以通过 DESC 查看表,其查询结果如下:

```
mysql>DESC hw_studentinfo；
```

Field	Type	Null	Key	Default	Extra
stu_no	int	NO	PRI	NULL	auto_increment
stu_nme	varchar(10)	YES		NULL	
gender	varchar(20)	YES		NULL	
age	int	NO		NULL	
telephone	Varchar(20)	YES		NULL	
class	varchar(10)	YES		JA2001	
course	varchar(10)	YES		NULL	
score	float	YES		NULL	

8 rows in set(0.00 sec)

从以上查询结果可以看出,表 hw_studentifo 中的字段类型修改成功。

4. 增加字段

在实际开发过程中,表中可能需要增加字段,其 SQL 语法格式如下:

```
ALTER TABLE 表名 ADD 新字段名 数据类型；
```

66666666

例 4-29　在数据库 unit4 的表 hw_studentinfo 中增加 address 字段,数据类型为 varchar(200)。

```
mysql>ALTER TABLE hw_studentinfo ADD address VARCHAR(200);
Query OK, 0 rows affected(0.03 sec)
Records：0　Duplicates：0　Warnings：0
```

为了验证修改成功,可以通过 DESC 查看表,其查询结果如下:

```
mysql>DESC hw_studentinfo;
```

Field	Type	Null	Key	Default	Extra
stu_no	int	NO	PRI	NULL	auto_increment
stu_nme	varchar(10)	YES		NULL	
gender	varchar(20)	YES		NULL	
age	int	NO		NULL	
telephone	Varchar(20)	YES		NULL	
class	varchar(10)	YES		JA2001	
course	varchar(10)	YES		NULL	
score	float	YES		NULL	
address.	varchar(200)	YES		NULL	

```
9 rows in set(0.00 sec)
```

从以上查询结果可以看出,表 hw_studentinfo 中新增加了字段 address,并且该字段的数据类型为 varchar(200)。

5.删除字段

删除表中某一字段也是修改表操作的一项需求,其 SQL 语法格式如下:

```
ALTER TABLE 表名 DROP 字段名;
```

例 4-30　在数据库 unit4 的表 hw_studentinfo 中删除 class 字段。

```
mysql>ALTER TABLE hw_studentinfo DROP class;
Query OK, 0 rows affected(0.23 sec)
Records：0　Duplicates：0　Warnings：0
```

以上执行结果证明字段删除成功。为了进一步验证,可以使用 DESC 命令查看表,其 SQL 语句如下:

```
mysql>DESC hw_studentinfo;
```

Field	Type	Null	Key	Default	Extra
stu_no	int	NO	PRI	NULL	auto_increment
stu_nme	varchar(10)	YES		NULL	
gender	varchar(20)	YES		NULL	
age	int	NO		NULL	
telephone	Varchar(20)	YES		NULL	
course	varchar(10)	YES		NULL	
score	float	YES		NULL	
address.	varchar(200)	YES		NULL	

```
8 rows in set (0.00 sec)
```

从以上查询结果可以看出,表 hw_studentinfo 中删除了 class 字段。

6.修改字段的排列顺序

在创建表时,表中字段的排列顺序就已经确定了,依据建表时字段的先后顺序而排列,如果想改变已建表中字段的排列顺序,可以使用如下 SQL 语句修改。

ALTER TABLE 表名 MODIFY 字段名 1 数据类型 FIRST|AFTER 字段名 2;

"AFTER 字段名 2"表示将字段名 1 插入到字段名 2 的后面。

例 4-31 在数据库 unit4 中表 hw_studentinfo 里将 gender 字段放在 age 字段的后面。

(1)查看修改前表中字段排列顺序,其查询结果如下:

mysql>DESC hw_studentinfo;

Field	Type	Null	Key	Default	Extra
stu_no	int	NO	PRI	NULL	auto_increment
stu_nme	varchar(10)	YES		NULL	
gender	varchar(20)	YES		NULL	
age	int	NO		NULL	
telephone	Varchar(20)	YES		NULL	
course	varchar(10)	YES		NULL	
score	float	YES		NULL	
address.	varchar(200)	YES		NULL	

(2)修改表中字段排列顺序,修改语句如下:

mysql>ALTER TABLE hw_studentinfo MODIFY gender VARCHAR(20) AFTER age;
Query OK，0 rows affected(0.10 sec)
Records：0　Duplicates：0　Warnings：0

(3)查看表的字段顺序,其查询结果如下:

mysql>DESC hw_studentinfo;

Field	Type	Null	Key	Default	Extra
stu_no	int	NO	PRI	NULL	auto_increment
stu_nme	varchar(10)	YES		NULL	
age	int	NO		NULL	
gender	varchar(20)	YES		NULL	
telephone	Varchar(20)	YES		NULL	
course	varchar(10)	YES		NULL	
score	float	YES		NULL	
address.	varchar(200)	YES		NULL	

8 rows in set(0.00 sec)

从以上查询结果可以看出,表 hw_studentinfo 中已经成功地将 gender 字段放在 age 字段的后面。

4.4.4　更新数据

更新数据是指对表中已经存在的记录进行修改,这是数据库常见的操作。例如,某个学生改了名字,就需要对其记录信息中的 name 字段值进行修改。MySQL 中使用 UPDATE 语句来更新表中的记录,其基本的语法格式如下:

```
UPDATE 表名 SET 字段名 1=值 1[,字段名 2=值 2,…][WHERE 条件表达式]
```

在上述语法格式中,"字段名 1""字段名 2"用于指定要更新的字段名,"值 1""值 2"用于表示字段更新的数据。"WHERE 条件表达式"是可选的,用于指定更新数据需要满足的条件。UPDATE 语句可以更新表中的部分数据和全部数据,下面就对这两种情况进行介绍。

1.更新部分数据

更新部分数据是指根据指定条件更新表中的某一条或者某几条记录,需要使用 WHERE 子句来指定更新记录的条件。

例 4-32　更新 student 表中的 sid 字段值为 5 的记录,将记录中的 sname 字段的值更改为"刘玄德"。

(1)在更新数据之前,首先使用 SQL 查询语句查看 sid 字段值为 5 的记录,其 SQL 语句及查询结果如下:

```
mysql>SELECT * FROM student;
```

sid	sname	sex	age	score	picture
1	孔子	男	2572	100.00	无
2	武则天	女	1397	98.00	无
3	李白	男	1320	97.00	无
4	杜甫	NULL	NULL	96.00	无
5	刘备	男	1860	95.00	无
6	张飞	男	1855	94.00	无
7	孙二娘	女	1552	93.00	无
8	诸葛亮	男	1840	92.00	无
9	李商隐	NULL	NULL	0.00	无
10	杜牧	NULL	NULL	0.00	无
11	李清照	NULL	NULL	0.00	无

```
11 rows in set(0.00 sec)
```

从查询结果可以看到,sid 字段为 5 的记录只有 1 条,记录中 sname 字段的值为"刘备"。

(2)使用 UPDATE 语句更新这条记录,其 SQL 语句如下:

```
mysql>UPDATE student SET sname="刘玄德" WHERE sid=5;
Query OK，1 row affected(0.01 sec)
Rows matched：1  Changed：1  Warnings：0
```

上述 SQL 语句执行成功后,会将 sid 字段值为 5 的数据进行更新。

(3)查看更新后的数据。为了验证数据是否更新成功,可以使用 SELECT 语句查看数据库 student 表中的 sid 字段值为 5 的记录,其 SQL 语句如下:

mysql>SELECT * FROM student;

sid	sname	sex	age	score	picture
1	孔子	男	2572	100.00	无
2	武则天	女	1397	98.00	无
3	李白	男	1320	97.00	无
4	杜甫	NULL	NULL	96.00	无
5	刘玄德	男	1860	95.00	无
6	张飞	男	1855	94.00	无
7	孙二娘	女	1552	93.00	无
8	诸葛亮	男	1840	92.00	无
9	李商隐	NULL	NULL	0.00	无
10	杜牧	NULL	NULL	0.00	无
11	李清照	NULL	NULL	0.00	无

从以上查询结果可以看到,sid 字段值为 5 的记录发生了更新,记录中 sname 字段的值变为"刘玄德"。如果表中有多条记录满足 WHERE 子句中的条件表达式,则满足条件的记录都会发生更新。

例 4-33 更新 student 表中 sid 字段值为 9—11 的记录,将这些记录的 score 字段值都更新为 100。

(1)在更新数据之前,首先使用 SQL 查询语句查看 sid 字段值为 9—11 的记录,其 SQL 语句如下:

mysql>SELECT * FROM student;

sid	sname	sex	age	score	picture
1	孔子	男	2572	100.00	无
2	武则天	女	1397	98.00	无
3	李白	男	1320	97.00	无
4	杜甫	NULL	NULL	96.00	无
5	刘玄德	男	1860	95.00	无
6	张飞	男	1855	94.00	无
7	孙二娘	女	1552	93.00	无
8	诸葛亮	男	1840	92.00	无
9	李商隐	NULL	NULL	0.00	无
10	杜牧	NULL	NULL	0.00	无
11	李清照	NULL	NULL	0.00	无

11 rows in set(0.00 sec)

从以上查询结果可以看到,sid 字段值的记录共有 11 条,他们的 score 字段值各不相同。

(2)使用 UPDATE 语句更新这三条记录,其 SQL 语句如下:

mysql>UPDATE student SET score = 100 WHERE sid BETWEEN 9 AND 11;
Query OK, 3 rows affected(0.01 sec)
Rows matched: 3   Changed: 3   Warnings: 0

(3)查看更新后的数据。为了验证数据是否更新成功,可以使用 SELECT 语句查看数据库 student 表中的

sid 为 9—11 的记录,其查询结果如下:

```
mysql>SELECT * FROM student;
```

sid	sname	sex	age	score	picture
1	孔子	男	2572	100.00	无
2	武则天	女	1397	98.00	无
3	李白	男	1320	97.00	无
4	杜甫	NULL	NULL	96.00	无
5	刘玄德	男	1860	95.00	无
6	张飞	男	1855	94.00	无
7	潘金莲	女	1552	93.00	无
8	诸葛亮	男	1840	92.00	无
9	李商隐	NULL	NULL	100.00	无
10	杜牧	NULL	NULL	100.00	无
11	李清照	NULL	NULL	100.00	无

```
11 rows in set(0.00 sec)
```

从以上查询结果可以看到,在 sid 字段值为 9—11 的记录中,其 score 字段值都更新为 100,这说明满足 WHERE 子句中条件表达式的记录都更新成功。

2.更新全部数据

在 UPDATE 语句中如果没有使用 WHERE 子句,就会将表中所有记录的指定字段都进行更新。

例 4-34 更新 student 表中全部记录,将 score 字段值都更新为 80。

```
mysql>UPDATE student SET score=80;
Query OK,11 rows affected(0.01 sec)
Rows matched:11  Changed:11  Warnings:0
mysql>SELECT * FROM student;
```

sid	sname	sex	age	score	picture
1	孔子	男	2572	80.00	无
2	武则天	女	1397	80.00	无
3	李白	男	1320	80.00	无
4	杜甫	NULL	NULL	80.00	无
5	刘玄德	男	1860	80.00	无
6	张飞	男	1855	80.00	无
7	潘金莲	女	1552	80.00	无
8	诸葛亮	男	1840	80.00	无
9	李商隐	NULL	NULL	80.00	无
10	杜牧	NULL	NULL	80.00	无
11	李清照	NULL	NULL	80.00	无

```
11 rows in set(0.00 sec)
```

从以上查询结果可以看出,student 表中所有记录的 score 字段都变为 80,数据更新成功。

例 4-35 更新 student 表中的全部记录,将所有男性的 age 字段值都在原有基础上增加 8。

```
mysql>UPDATE student SET age＝age＋8 WHERE sex＝"男";
Query OK，5 rows affected(0.01 sec)
Rows matched：5  Changed：5  Warnings：0
mysql>SELECT  *  FROM student;
```

sid	sname	sex	age	score	picture
1	孔子	男	2580	80.00	无
2	武则天	女	1397	80.00	无
3	李白	男	1328	80.00	无
4	杜甫	NULL	NULL	80.00	无
5	刘玄德	男	1868	80.00	无
6	张飞	男	1863	80.00	无
7	潘金莲	女	1552	80.00	无
8	诸葛亮	男	1848	80.00	无
9	李商隐	NULL	NULL	80.00	无
10	杜牧	NULL	NULL	80.00	无
11	李清照	NULL	NULL	80.00	无

```
11 rows in set(0.00 sec)
```

4.4.5 复制数据表

在项目开发中,若需要创建一个与已有数据表相同结构的数据表,可以通过 CREATE TABLE 命令完成表结构的复制,其基本语法格式如下:

```
CREATE TABLE 表名 [LIKE 原表名] | [AS (SELECT 查询语句)];
```

在上述语法中,仅能从"原表名"中复制表结构,但不会复制表中保存的数据。"|"表示或的意思,可以使用"LIKE 原表名"或"AS(SELECT 查询语句)"中任意一种语法格式。

1. 复制全部字段

例 4-36 复制 student 表并命名为 stu_copy1。

```
mysql>CREATE TABLE stu_copy1 LIKE student;
Query OK，0 rows affected，1 warning(0.06 sec)
mysql>DESC stu_copy1;
```

Field	Type	Null	Key	Default	Extra
sid	int	NO	PRI	NULL	auto_increment
sname	varchar(30)	NO		NULL	
sex	varchar(5)	YES		NULL	
age	int	YES		NULL	
score	float(5,2)	YES		0.00	
picture	varchar(100)	YES		无	

```
6 rows in set(0.01 sec)
```

2.复制部分字段

例 4-37　把 student 表中的 sid、sname、score 三个字段复制到新表 stu_copy2。

```
mysql>CREATE TABLE stu_copy2 AS SELECT sid,sname,score FROM student;
Query OK, 11 rows affected, 1 warning(0.05 sec)
Records: 11  Duplicates: 0  Warnings: 1
mysql>DESC stu_copy2;
```

Field	Type	Null	Key	Default	Extra
sid	int	NO	PRI	NULL	auto_increment
sname	varchar(30)	NO		NULL	
score	float(5,2)	YES		0.00	

```
3 rows in set(0.01 sec)
```

从上述结果可以看出,只需要一条语句,就可以依据已有的表创建出与其相同结构的表。另外,也可以复制表中部分字段,读者可自行验证。

拓展阅读

中国数据库大师——萨师煊

单元自测

知识自测

一、填空题

1.在 MySQL 数据库中,浮点数的类型有两种,分别是单精度浮点数和_____。

2.在 MySQL 数据库中,主键约束是通过_____定义的,它可以唯一标识表中的记录。

3.用于查看数据库中所有表的 SQL 语句是_____。

4.在 MySQL 数据库的整数类型中,int 类型占用的字节数是_____个。

5.在 MySQL 数据库中,SHOW CREATE TABLE 语句不仅可以查看创建表时的定义语句,还可以查看表的

_____。

二、单选题

1.下列不属于数值类型的是(　　)。

A. tinyint　　　　　　B. enum　　　　　　C. bigint　　　　　　D. float

2.下面不属于字符串类型的是(　　)。

A. real　　　　　　　B. char　　　　　　C. blob　　　　　　D. varchar

3.下列创建数据库的操作正确的是(　　)。

A. CREATE qinqiao　　　　　　　　　　B. CREATE DATABASE qinqiao

C. DATABASE qinqiao　　　　　　　　　D. CREATE DATA qinqiao

4. 创建表的关键字有（　　　　）

    A. CREATE TABLE   B. SHOW CREATE TABLE

    C. DESCRIBE   D. ALTER TABLE

5. 不属于日期和时间类型的是（　　　　）。

    A. DATE   B. YEAR   C. NUMBERIC   D. TIMESTAMP

6. 下面选项中，适合存储文章内容或评论的数据类型是（　　　　）。

    A. char   B. varchar   C. text   D. varbinary

7. 下列关于设置表的字段值为自动增长的语法格式中，正确的是（　　　　）。

    A. 字段名 数据类型 AUTO；

    B. 字段名 数据类型 INCREMENT；

    C. 字段名 数据类型 AUTO_INCREMENT；

    D. 字段名 数据类型 INCREMENT_ AUTO；

8. 下面选项中，适合存储高清电影的数据类型是（　　　　）。

    A. char   B. varchar   C. text   D. blob

9. 下列 SQL 语句中，可以删除数据表 grade 的是（　　　　）。

    A. DELETE FROM grade；   B. DROP TABLE grade；

    C. DELETE grade；   D. ALTER TABLE grade DROP grade；

10. 下面选项中，可以将数据库 itcast 的编码修改为 utf-8 的 SQL 语句是（　　　　）。

    A. ALTER DATABASE itcast DEFAULT CHARACTER SET utf8 COLLATE utf8_bin；

    B. ALTER DATABASE itcast CHARACTER SET utf8 COLLATE utf8_bin；

    C. CREATE DATABASE itcast DEFAULT CHARACTER SET utf8 COLLATE utf8_bin；

    D. ALTER DATABASE itcast DEFAULT CHARACTER SET＝ utf8 COLLATE utf8_bin；

三、多选题

1. 下面关于 SET 类型语法结构的描述中，正确的是（　　　　）。

    A. SET('值 1', '值 2', '值 3'……'值 n')

    B. SET('值:1', '值:2', '值 3'……'值:n')

    C. SET 列表中的每个值都有一个顺序编号

    D. 数据库存入的是列表的值，而不是顺序号

2. 下面关于 Time 类型表示形式的说法中，正确的是（　　　　）。

    A. 以'D HH:MM:SS'字符串格式表示

    B. 以'HHMMSS'字符格式或者 HHMMSS 数字格式表示

    C. 使用 CURRENT_TIME 或 NOW()输入当前系统时间

    D. 以上写法都不对

3. 下列关于创建数据库的描述中，正确的是（　　　　）。

    A. 创建数据库就是在数据库系统中划分一块存储数据的空间

    B. CREATE TABLE 关键字用于创建数据库

    C. 创建数据库时"数据库名称"是唯一的，不可重复出现

D. 使用 CREATE DATABASE 关键字一次可以创建多个数据库

4. 下列关于主键的描述中,正确的是(　　　)。

　A. 为了快速查找表中的某条信息,可以通过设置主键来实现

　B. 键约束是通过 PRIMARY KEY 定义的,它可以唯一标识表中的记录

　C. 一个数据表中可以有多个主键约束

　D. 定义为 PRIMARY KEY 的字段不能有重复值且不能为 NULL

5. 下列语法格式中,可以查看数据表和表字段的是(　　　)。

　A. DESCRIBE 数据库名　　　　　　　　B. DESCRIBE 表名

　C. DESC 表名　　　　　　　　　　　　D. SHOW CREATE TABLE 表名

四、判断题

1. 在操作数据表之前,应该使用"USE 数据库名"指定操作是在哪个数据库中进行,否则会抛出"No database selected"错误。(　　　)

2. 在删除数据表的同时,数据表中的数据也将被删除。(　　　)

3. 在 MySQL 数据库中,查看数据表的方式有两种,分别是 SHOW CREATE TABLE 语句和 DESCRIBE 语句。(　　　)

4. 在 MySQL 数据库的整数类型中,不同类型所占用的字节数和取值范围都是不同的。(　　　)

5. 多字段主键的语法格式是 PRIMARY KEY (字段名 1,字段名 2,……字段名 n),其中"字段名 1,字段名 2,……字段名 n"指的是构成主键的多个字段的名称。(　　　)

6. 创建好的数据库可以使用"ALTER DATABASE 数据库名称 DEFAULT CHARACTER SET 编码方式 COLLATE 编码方式_bin"语句来修改数据库的字符编码。(　　　)

7. 在 MySQL 数据库中,"SHOW DATABASES;"命令可以查看已经创建好的数据库信息。(　　　)

8. 在 MySQL 数据库中,每个表只能定义一个 UNIQUE 约束。(　　　)

9. 在 MySQL 数据库中,插入日期类型时,'0'和 0 所代表的含义是一样的。(　　　)

五、简答题

1. 简述 MySQL 数据库中 char 和 varchar 数据类型的异同。

2. 简述主键的作用及其特征?

技能自测

请按照要求创建一个表,要求表名为 tb_grade,字段信息如表 4-11 所示,请写出创建表的 SQL 语句。

表 4-11　tb_grade 的字段信息

字段名称	数据类型	备注说明
sid	int(11)	学生学号
sname	varchar(25)	学生姓名
score	float	学生成绩

学习成果达成与测评

单元 4　学习成果达成与测评表单

任务清单	知识点	技能点	综合素质测评	分　值
任务 4.1				⑤④③②①
任务 4.2				⑤④③②①
任务 4.3				⑤④③②①
任务 4.4				⑤④③②①
拓展阅读				⑤④③②①

单元5

单表查询

单元导读

在数据库系统开发设计中,数据表建好并录入数据后,就可以进行数据库的各种操作了。在数据库应用中,最常用的数据操作就是查询,当然也可以理解为查询是数据库其他操作(统计、插入、修改、删除)的基础性操作。在 MySQL 数据库中,使用 SELECT 语句可以实现数据查询。用户通过 SELECT 查询语句可以从数据库中查找需要的数据,也可以进行数据的统计汇总并将结果返回给用户。本单元主要介绍利用 SELECT 语句对数据库进行查询的方法。

知识与技能目标

(1)掌握使用 SQL 语句对数据库进行基础查询的方法。

(2)掌握 SQL 语句中不同条件的表达方式。

(3)熟练使用高级查询的方式对数据进行查询分析。

素质目标

(1)领会工匠精神对加快中国现代化建设的重要作用,树立责任意识。

(2)强化科技强国信念,提高创新意识。

单元结构

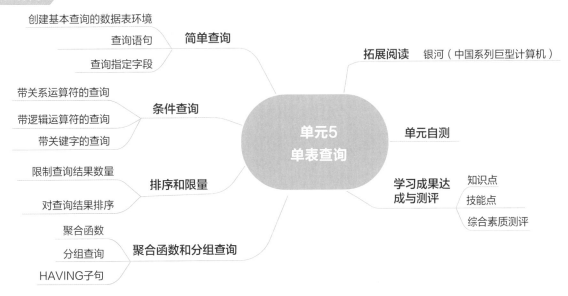

工匠精神

截至 2023 年，工匠精神连续七年被写入政府工作报告。在追求美好生活、提升发展质量和效益的当下，坚持精益求精的工匠精神愈发成为社会和企业的共识。改革开放至今，物质生活得到极大丰富，人们提出了对美好生活的更高期许，而这引发了对"工匠型企业"的追求。践行工匠精神，意味着企业需要保持一颗匠心，为满足人们日益增长的对美好生活的需求，而对产品品质保持极致的追求。2017 年政府工作报告就强调，"质量之魂，存于匠心"，要求全社会大力弘扬工匠精神，打造更多享誉世界的"中国品牌"，推动中国经济发展进入高质量发展时代。

中国的观天巨眼 FAST 望远镜是一个复杂的航天航空设计工程，其索网体系是世界上第一个采用变位工作方式的索网体系，技术难度不言而喻，需要攻克的技术难题贯穿索网的设计、制造及安装全过程。上万个零部件正确的构型，设计图样精确的绘制，保证了整个工程达到极高的技术质量。参与该项工程设计技术人员所具备的一丝不苟、技术精湛的工匠精神，是我们应该具备的基本素养。

任务 5.1 简单查询

5.1.1 创建基本查询的数据表环境

在讲解查询语句前，首先新建一个数据库 unit5，并在数据库中创建四个数据表，分别为学生表 student、课程表 course、成绩表 score 和教师表 teacher，并插入数据，用于后面例子的演示。

创建并转到数据库 unit5，具体 SQL 语句如下：

```
mysql＞CRETE DATABASE unit5；
Query OK，1 row affected(0.01 sec)
mysql＞USE unit5；
Database changed
```

其中学生表 student 的结构如表 5-1 所示。

表 5-1 学生表 student 的结构

字段	字段类型	约束条件	备注
sid	int(11)	PRIMARY KEY NOT NULL	学生学号
sname	char(25)	NOT NULL	学生姓名
age	int(11)	NOT NULL	学生年龄
sex	char(2)	NOT NULL	学生性别
department	char(40)		所在系部
address	char(200)		住址
birthplace	varchar(256)		籍贯

根据表 5-1 提供的表结构在数据库 unit5 中创建学生表 student，具体 SQL 语句如下：

```
mysql＞ CREATE TABLE student(
    sid int(11) PRIMARY KEY NOT NULL,
    sname CHAR(25) NOT NULL,
    age INT(11) NOT NULL,
    sex CHAR(2) NOT NULL,
```

```
department CHAR(40),
address CHAR(200),
birthplace VARCHAR(256)
);
```

学生表 student 创建完成后，接下来便可以将数据插入表中。此处可以根据表 5-2 所示的数据内容进行操作，也可以自定义表中的数据。

表 5-2　学生表 student 的数据内容

sid	sname	age	sex	department	address	birthplace
3108001	王明	21	f	computer-tec	中山路	江苏
3108002	吉杜	20	m	english	中山路	福建
3108003	王青	19	f	computer-tec	中山路	江苏
3108004	刘鑫	23	f	chinese	中山路	上海
3108005	李谷	22	f	computer-tec	中山路	江苏
3108006	宋佳	19	m	english	中山路	江苏
3108007	华茂	20	f	chinese	中山路	上海
3108008	朱娇	21	f	english	中山路	江苏
3108009	武邑	23	m	computer-tec	中山路	江苏
3108010	吉莲	18	f	chinese	中山路	湖南
3108011	林雨彪	22	m	computer-tec	中山路	辽宁
3108012	毛捆	21	m	english	中山路	安徽
3108013	荣驷	23	m	computer-tec	中山路	江苏
3108014	桑梓	20	f	chinese	中山路	北京
3108015	苏芮	16	f	computer-tec	中山路	安徽
3108016	刘少卿	24	m	english	中山路	山东

根据表 5-2 提供的信息，将相关数据插入表中，使用 INSERT 语句向学生表 student 中插入 16 条记录，具体 SQL 语句如下：

```
mysql>DELETE FROM student;
mysql>INSERT INTO student VALUES
('3108001','王明',21,'f','computer-tec','中山路','江苏'),('3108002','吉杜',20,'m','english','中山路','福建'),
('3108003','王青',19,'f','computer-tec','中山路','江苏'),('3108004','刘鑫',23,'f','chinese','中山路','上海'),
('3108005','李谷',22,'f','computer-tec','中山路','江苏'),('3108006','宋佳',19,'m','english','中山路','江苏'),
('3108007','华茂',20,'f','chinese','中山路','上海'),('3108008','朱娇',21,'f','english','中山路','江苏'),
('3108009','武邑',23,'m','computer-tec','中山路','江苏'),('3108010','吉莲',18,'f','chinese','中山路','湖南'),
('3108011','林雨彪',22,'m','computer-tec','中山路','辽宁'),('3108012','毛捆',21,'m','english','中山路','安徽'),
('3108013','荣驷',23,'m','computer-tec','中山路','江苏'),('3108014','桑梓',20,'f','chinese','中山路','北京'),
('3108015','苏芮',16,'f','computer-tec','中山路','安徽'),('3108016','刘少卿',24,'m','english','中山路','山东');
```

学生表 student 创建完成后，接下来创建课程表 course，其结构如表 5-3 所示。

表 5-3　课程表 course 的结构

字段	字段类型	约束条件	备注
cid	int(11)	PRIMARY KEY NOT NULL	课程编号
cname	char(40)		课程名
tid	int(11)		教工号

具体 SQL 语句如下：

```
mysql>CREATE TABLE course(
    cid INT(11) NOT NULL PRIMARY KEY DEFAULT 4,
    cname CHAR(40),
    tid INT(11)
);
```

课程表 course 创建完成后，使用 INSERT 语句向其中插入 10 条课程记录（见表 5-4）。

表 5-4　课程表 course 的数据内容

cid	cname	tid
8108001	math	601
8108002	english	602
8108003	computer	602
8108004	web	603
8108005	java	604
8108006	C languge	605
8108007	python	606
8108008	testing	607
8108009	linux	609
8108010	shell	608

具体 SQL 语句如下：

```
mysql>INSERT INTO course VALUES
    ('8108001','math',0601),('8108002','english',0602),
    ('8108003','computer',0602),('8108004','web',0603),
    ('8108005','java',0604),('8108006','C languge',0605),
    ('8108007','python',0606),('8108008','testing',0607),
    ('8108009','linux',0609),('8108010','shell',0608);
```

课程表 course 创建完成后，接下来创建成绩表 score，其结构如表 5-5 所示，内容如表 5-6 所示。

表 5-5　成绩表 score 的结构

字段	字段类型	约束条件	备注
sid	int(11)		学生学号
cid	int(11)	PRIMARY KEY NOT NULL	课程编号
grade	int(11)		成绩

表 5-6　成绩表 score 的数据内容

sid	cid	grade
3108001	8108010	90

续表

sid	cid	grade
3108001	8108003	67
3108002	8108003	54
3108002	8108010	84
3108003	8108003	78
3108004	8108004	89
3108005	8108006	56
3108006	8108005	60
3108007	8108004	79
3108008	8108008	89
3108009	8108002	46
3108010	8108003	87
3108011	8108001	85
3108011	8108002	81
3108012	8108001	97
3108012	8108002	55
3108013	8108002	86
3108013	8108001	71
3108014	8108002	69
3108014	8108001	78
3108015	8108002	67
3108016	8108001	85
3108016	8108003	85
3108016	8108002	85
3108016	8108004	85
3108016	8108005	85
3108016	8108006	80
3108016	8108007	79
3108016	8108009	36
3108016	8108010	78
3108016	8108008	88
3108016	8108021	83
3108015	8108001	85
3108015	8108003	85
3108015	8108004	85
3108015	8108005	85
3108015	8108006	80
3108015	8108007	79
3108015	8108009	36
3108015	8108010	78
3108015	8108008	88
3108015	8108021	83

根据表 5-5 提供的表结构在数据库 unit5 中创建成绩表 score,然后根据表 5-6 提供的数据内容,使用 INSERT 语句向 score 表中插入 42 条记录,具体 SQL 语句如下:

```
mysql>CREATE TABLE score(
    sid INT(11) NOT NULL,
    cid INT(11) NOT NULL,
    grade INT(11)
    );
mysql>INSERT INTO score VALUES
    ('3108001','8108010','90'),('3108001','8108003','67'),('3108002','8108003','54'),
    ('3108002','8108010','84'),('3108003','8108003','78'),('3108004','8108004','89'),
    ('3108005','8108006','56'),('3108006','8108005','60'),('3108007','8108004','79'),
    ('3108008','8108008','89'),('3108009','8108002','46'),('3108010','8108003','87'),
    ('3108011','8108001','85'),('3108011','8108002','81'),('3108012','8108001','97'),
    ('3108012','8108002','55'),('3108013','8108002','86'),('3108013','8108001','71'),
    ('3108014','8108002','69'),('3108014','8108001','78'),('3108015','8108002','67'),
    ('3108016','8108001','85'),('3108016','8108003','85'),('3108016','8108002','85'),
    ('3108016','8108004','85'),('3108016','8108005','85'),('3108016','8108006','80'),
    ('3108016','8108007','79'),('3108016','8108009','36'),('3108016','8108010','78'),
    ('3108016','8108008','88'),('3108016','8108021','83'),('3108015','8108001','85'),
    ('3108015','8108003','85'),('3108015','8108004','85'),('3108015','8108005','85'),
    ('3108015','8108006','80'),('3108015','8108007','79'),('3108015','8108009','36'),
    ('3108015','8108010','78'),('3108015','8108008','88'),('3108015','8108021','83');
```

最后创建教师表 teacher,其结构如表 5-7 所示,内容如表 5-8 所示。

表 5-7 教师表 teacher 的结构

字段	字段类型	约束条件	备注
tid	int(11)	PRIMARY KEY NOT NULL	教工号
tname	varchar(40)		教工姓名

表 5-8 教师表 teacher 的数据内容

tid	tname
601	Sandy
602	Sherry
603	Dan
604	Pandy
605	Doris
606	luris
607	Nike
608	liu
609	linux
610	shell

根据表 5-7 提供的表结构在数据库 unit5 中创建教师表 teacher,然后根据表 5-8 提供的数据内容,使用 INSERT 语句向 teacher 表中插入 10 条记录,具体 SQL 语句如下:

```
mysql>CREATE TABLE teacher(
    tid INT(11) NOT NULL PRIMARY KEY,
    tname CHAR(40)
    );
mysql>INSERT INTO TEACHER teacher VALUES
    ('0601','Sandy'),('0602','Sherry'),('0603','Dan'),
    ('0604','Pandy'),('0605','Doris'),('0606','Iuris'),
    ('0607','Nike'),('0608','liu'),('0609','linux'),('0610','shell');
```

数据插入成功后,使用 SHOW 命令查看已创建完成的表,其 SQL 语句如下:

```
mysql>SHOW TABLES;
```

Tables_in_unit5
course
score
student
teacher

4 rows in set(0.03 sec)

5.1.2　查询语句

1. SELECT 语句

在 MySQL 数据库中可以通过 SELECT 语句从数据表中查询数据。SELECT 语句可以根据自己对数据的需求,而使用不同的查询条件,SELECT 语句的基本语法格式如下:

```
SELECT[DISTINCT] * |字段名 1,字段名 2,…
FROM 表名
[WHERE [条件表达式 1]]
[GROUP BY 字段名 [HAVING 条件表达式 2]]
[ORDER BY 字段名 [ASC|DESC]]
[LIMIT [OFFSET]记录数];
```

从上述语法格式可以看出,一个 SELECT 语句可以由多个子句组成,其各子句的含义如下。

SELECT[DISTINCT] * |字段名 1,字段名 2,…:输入指定的字段名表示从表中查询指定字段,星号(*)通配符表示查询表中所有字段,二者为互斥关系,任选其一。"[　]"必须成对出现,"[DISTINCT]"是可选参数,用于剔除查询结果中重复的数据。

FROM 表名:表示从指定的表中查询数据。

WHERE [条件表达式 1]:"WHERE"是可选参数,用于指定查询条件。

GROUP BY 字段名 [HAVING 条件表达式 2]:"GROUP BY"是可选参数,用于将查询结果按照指定字段进行分组;"HAVING"也是可选参数,用于对分组后的结果进行过滤。

ORDER BY 字段名 [ASC|DESC]:"ORDER BY"是可选参数,用于将查询结果按照指定字段进行排序。如果不指定参数,默认为升序排序。排序方式也可以通过参数 ASC 或 DESC 来控制,其中 ASC 表示按升序进行排序,DESC 表示按降序进行排序。

LIMIT [OFFSET]记录数:"LIMIT"是可选参数,用于限制查询结果的数量。LIMIT 后面可以跟两个参数,第一个参数"OFFSET"表示偏移量,如果偏移量为 0,则从查询结果的第一条记录开始;如果偏移量为 1,则从查询结果中的第二条记录开始,以此类推。OFFSET 为可选值,如果不指定其默认值为 0。第二个参数"记录数"表示返回查询记录的条数。

SELECT 语句相对来说比较复杂,对于初学者目前可能无法完全理解,在本单元中将通过具体的案例对 SELECT 语句的各个部分进行逐一介绍。

2.查询所有字段

查询所有字段是指查询表中所有字段的数据,在 MySQL 数据库中有两种方式可以查询表中所有字段,接下来将对这两种方式进行详细的讲解。

(1)在 SELECT 语句中指定所有字段,其语法格式如下:

```
SELECT 字段名 1,字段名 2,… FROM 表名;
```

在以上语法格式中,"字段名 1,字段名 2,…"表示要查询的字段名,这里需要列出表中所有的字段名。

例 5-1 查询 student 表中所有字段的数据,并将查询结果按照与数据表中的字段顺序相反的顺序显示。

通过 SELECT 语句查询 student 表中的记录,其 SQL 语句如下:

```
mysql>SELECT birthplace,address,department,sex,age,sname,sid FROM student;
```

birthplace	address	department	sex	age	sname	sid
江苏	中山路	computer-tec	f	21	王明	3108001
福建	中山路	english	m	20	吉杜	3108002
江苏	中山路	computer-tec	f	19	王青	3108003
上海	中山路	chinese	f	23	刘鑫	3108004
江苏	中山路	computer-tec	f	22	李谷	3108005
江苏	中山路	english	m	19	宋佳	3108006
上海	中山路	chinese	f	20	华茂	3108007
江苏	中山路	english	f	21	朱娇	3108008
江苏	中山路	computer-tec	m	23	武邑	3108009
湖南	中山路	chinese	f	18	吉莲	3108010
辽宁	中山路	computer-tec	m	22	林雨彪	3108011
安徽	中山路	english	f	21	毛捆	3108012
江苏	中山路	computer-tec	m	23	荣驵	3108013
北京	中山路	chinese	f	20	桑梓	3108014
安徽	中山路	computer-tec	f	16	苏芮	3108015
山东	中山路	english	m	24	刘少卿	3108016

16 rows in set(0.00 sec)

从以上查询结果可以看出,SELECT 语句成功地查出了 student 表中所有字段的数据,并将查询结果按照与数据表中的字段顺序相反的顺序显示。需要注意的是,在 SELECT 语句的查询字段列表中,字段的顺序是可以改变的,无须按照其表中定义的顺序进行排列。

（2）在 SELECT 语句中使用星号（"＊"）通配符代替所有字段进行查询，其语法格式如下：

SELECT ＊ FROM 表名；

例 5-2　在 SELECT 语句中使用星号（"＊"）通配符查询 student 表中的所有字段。

mysql＞SELECT ＊ FROM student；

sid	sname	age	sex	department	address	birthplace
3108001	王明	21	f	computer-tec	中山路	江苏
3108002	吉杜	20	m	english	中山路	福建
3108003	王青	19	f	computer-tec	中山路	江苏
3108004	刘鑫	23	f	chinese	中山路	上海
3108005	李谷	22	f	computer-tec	中山路	江苏
3108006	宋佳	19	m	english	中山路	江苏
3108007	华茂	20	f	chinese	中山路	上海
3108008	朱娇	21	f	english	中山路	江苏
3108009	武邑	23	m	computer-tec	中山路	江苏
3108010	吉莲	18	f	chinese	中山路	湖南
3108011	林雨彪	22	m	computer-tec	中山路	辽宁
3108012	毛掴	21	m	english	中山路	安徽
3108013	荣驷	23	m	computer-tec	中山路	江苏
3108014	桑梓	20	f	chinese	中山路	北京
3108015	苏芮	16	f	computer-tec	中山路	安徽
3108016	刘少卿	24	m	english	中山路	山东

16 rows in set(0.00 sec)

从以上查询结果可以看出，使用星号（"＊"）通配符同样可以查出表中所有字段的数据，这种方式比较简单，但查询结果只能按照字段在表中定义的顺序显示。

⚠提示技巧

一般情况下，除非需要使用表中所有字段的数据，否则最好不要使用星号通配符，使用星号通配符虽然可以节省输入查询语句的时间，但获取的数据过多会降低查询的效率。

5.1.3　查询指定字段

查询数据时，可以在 SELECT 语句的字段列表中指定要查询的字段，这种方式只针对部分字段进行查询，不会查询所有字段，其语法格式如下：

SELECT 字段名 1，字段名 2，… FROM 表名；

在上面的语法格式中"字段名 1，字段名 2，…"表示表中的字段名称，这里只需指定的表中部分字段的名称即可。

例 5-3 使用 SELECT 语句查询 student 表中 name 字段和 birthplace 字段的数据。

```
mysql>SELECT sname,birthplace FROM student;
```

sname	birthplace
王明	江苏
吉杜	福建
王青	江苏
刘鑫	上海
李谷	江苏
宋佳	江苏
华茂	上海
朱娇	江苏

武邑	江苏
吉莲	湖南
林雨彪	辽宁
毛掴	安徽
荣驲	江苏
桑梓	北京
苏芮	安徽
刘少卿	山东

16 rows in set(0.00 sec)

从以上查询结果可以看到,只显示了 sname 字段和 birthplace 字段的数据,证明查询指定字段成功。

如果在 SELECT 语句中改变查询字段的顺序,那么查询结果中字段显示的顺序也会做相应改变。从查询结果也可以看出,字段显示的顺序和其在 SELECT 语句中指定的顺序一致。

任务 5.2 条件查询

MySQL 数据库支持通过在查询语句中加入条件选项来查询指定数据,如某个年龄段的学生、分数在某个区间的学生等。接下来将详细介绍条件查询。

5.2.1 带关系运算符的查询

在 SELECT 语句中,最常见的是使用 WHERE 子句指定查询条件对数据进行过滤,其语法格式如下:

SELECT 字段名 1,字段名 2,… FROM 表名 WHERE 条件表达式;

以上语法格式中,"条件表达式"是指 SELECT 语句的查询条件。在 MySQL 数据库中,提供了一系列的关系运算符。WHERE 子句里可以使用关系运算符连接操作数作为查询条件对数据进行过滤,常见的关系运算符如表 5-9 所示。

表 5-9 常见的关系运算符

关系运算符	说明	关系运算符	说明
=	等于	<=	小于等于
<>或!=	不等于	>	大于
<	小于	>=	大于等于

表 5-9 中的关系运算符使用得比较频繁,需要说明的是,"<>"运算符和"!="都表示不等于,但由于有些关系型数据库不支持"!=",因此在 MySQL 数据库中建议使用"<>"运算符表示"不等于"。接下来以表 5-9 中的"=""> "运算符为例,将它们作为查询条件对数据进行过滤。其他运算符的使用可自行借鉴学习。

例 5-4 查询 student 表中 sid 值为 3108006 的学生姓名。

```
mysql>SELECT sid,sname FROM student WHERE sid=3108006;
```

sid	sname
3108006	宋佳

1 row in set(0.00 sec)

在 SELECT 语句中使用"＝"运算符来获取 sid 值为 3108006 的数据,从以上查询结果可以看到,sid＝3108006 的学生姓名为"宋佳",其他均不满足查询条件。

 **例 5-5** 使用 SELECT 语句查询 sex 为"f"的学生姓名。

mysql＞SELECT sname,sex FROM student WHERE sex = 'f';

sname	sex
王明	f
王青	f
刘鑫	f
李谷	f
华茂	f

朱娇	f
吉莲	f
桑梓	f
苏芮	f

9 rows in set(0.00 sec)

从以上查询结果可以看到,sex 为"f"的学生记录有 9 条。

例 5-6 查询 score 表中 grade 大于 80 的学生学号。

mysql＞SELECT sid,grade FROM score WHERE grade＞80;

在 SELECT 语句中使用"＞"运算符获取 grade 值大于 80 的数据,执行 SELECT 语句,其查询结果如下:

sid	grade
3108001	90
3108002	84
3108004	89
3108008	89
3108010	87
3108011	85
3108011	81

3108012	97
3108013	86
3108016	85
3108016	85
3108016	85
3108016	85
3108016	88

3108016	83
3108015	85
3108015	85
3108015	85
3108015	85
3108015	88
3108015	83

22 rows in set(0.00 sec)

从以上查询结果可以看到,显示的所有记录中的 grade 字段值均大于 80,而小于或等于 80 的记录将不会被显示。

除了验证查询语句,通过以上三个实例也可以看出,在查询条件中,如果字段的类型为整型,则直接书写内容;如果字段类型为字符串,则需要在字符串上使用一对英文单引号。

5.2.2　带逻辑运算符的查询

1. AND 关键字

在使用 SELECT 语句查询数据时,有时为了使查询结果更加精确,可以使用多个查询条件。在 MySQL 数据库中,提供了 AND 关键字可以连接两个或者多个查询条件,只有满足所有条件的记录才会被返回,其语法格式如下:

SELECT 字段名 1,字段名 2,…,字段名 n,　FROM 表名 WHERE 条件表达式 1 AND 条件表达式 2［… AND 条件表达式 n］;

从以上语法格式可以看到,在 WHERE 关键字后面跟了多个条件表达式,每两个条件表达式之间需要用 AND 关键字分隔。

例 5-7 查询 student 表中性别是"f"并且姓名为"苏芮"的学生籍贯信息。

```
mysql>SELECT sex,sname,birthplace FROM student WHERE sex = 'f' AND sname = ' 苏芮 ';
```

sex	sname	birthplace
f	苏芮	安徽

1 row in set(0.00 sec)

从以上查询结果可以看到,数据库中只有 1 条记录恰好符合条件,也可以试着查询性别是"m"并且姓名为"苏芮"的学生籍贯信息在数据库中是否存在。

2. OR 关键字

在使用 SELECT 语句查询数据时,也可以使用 OR 关键字连接多个查询条件。与 AND 关键字不同,在使用 OR 关键字时,只要记录满足任意一个条件就会被查询出来,其语法格式如下:

SELECT * | 字段名 1,字段名 2,… FROM 表名 WHERE 条件表达式 1 OR 条件表达式 2[… OR 条件表达式 n];

从以上语法格式可以看到,在 WHERE 关键字后面跟了多个条件表达式,每两个条件表达式之间用 OR 关键字分隔。

例 5-8 查询 student 表中性别是"m"或者姓名为"苏芮"的学生籍贯信息。

```
mysql>SELECT sex,sname,birthplace FROM student WHERE sex = 'm' OR sname = ' 苏芮 ';
```

sex	sname	birthplace				
m	吉杜	福建		m	毛掴	安徽
m	宋佳	江苏		m	荣驸	江苏
m	武邑	江苏		f	苏芮	安徽
m	林雨彪	辽宁		m	刘少卿	山东

8 rows in set(0.00 sec)

从以上查询结果可以看到,数据库中符合条件的记录有 8 条。记录包含所有性别是"m"或者姓名为"苏芮"的学生籍贯信息,返回的 8 条记录中至少要满足 OR 关键字连接的两个条件之一。

⚠ 多学一招

OR 关键字和 AND 关键字可以一起使用,需要注意的是,AND 的优先级高于 OR,因此当两者在一起使用时,应该先运算 AND 两边的条件表达式,再运算 OR 两边的条件表达式。

3. NOT 关键字

WHERE 子句中的 NOT 关键字有且只有一个功能,那就是否定它之后所跟的任何条件。

例 5-9 查询 student 表中性别不是"m"的学生姓名、学生性别及学生籍贯信息。

```
mysql>SELECT sname,sex,birthplace FROM student WHERE NOT sex = 'm';
```

sname	sex	birthplace				
王明	f	江苏		朱娇	f	江苏
王青	f	江苏		吉莲	f	湖南
刘鑫	f	上海		桑梓	f	北京
李谷	f	江苏		苏芮	f	安徽
华茂	f	上海				

9 rows in set(0.00 sec)

从以上查询结果可以看到,数据库中符合条件的记录有 9 条,其中包含所有性别不是"m"的学生信息。

5.2.3　带关键字的查询

数据库中包含大量的数据,很多时候需要根据需求获取指定的数据,或者对查询的数据重新进行排列组合,这时就需要在 SELECT 语句中指定查询条件对查询结果进行过滤,本节将对在 SELECT 语句中使用关键字查询进行详细的讲解。

1.带 IN 关键字的查询

MySQL 数据库提供了 IN 关键字和 NOT IN 关键字,用于判断某个字段的值是否在指定集合中,如果该字段的值在集合中,则满足条件,该字段所在的记录将被查询出来;如果不满足条件,数据则会被过滤掉,其语法格式如下:

```
SELECT *|字段名 1,字段名 2,… FROM 表名 WHERE [NOT] IN(元素 1,元素 2,…);
```

在以上语法格式中,"元素 1,元素 2，…"表示集合中的元素,即指定的条件范围。NOT 是可选参数,使用 NOT 能够查询不在 IN 关键字指定集合范围内的记录。

例 5-10　查询 student 表中 sid 为 3108001,3108002,3108003 的记录。

```
mysql>SELECT sid,sname,sex FROM student WHERE sid IN(3108001, 3108002, 3108003);
```

sid	sname	sex
3108001	王明	f
3108002	吉杜	m
3108003	王青	f

3 rows in set(0.00 sec)

相反,在关键字 IN 前使用 NOT 关键字可以查询不在指定集合范围内的记录。

例 5-11　查询 student 表中 sid 值不为 3108001,3108002,3108003 的记录。

```
mysql>SELECT sid,sname,sex FROM student WHERE sid NOT IN(3108001, 3108002, 3108003);
```

sid	sname	sex	sid	sname	sex
3108004	刘鑫	f	3108011	林雨彪	m
3108005	李谷	f	3108012	毛掴	m
3108006	宋佳	m	3108013	荣驰	m
3108007	华茂	f	3108014	桑梓	f
3108008	朱娇	f	3108015	苏芮	f
3108009	武邑	m	3108016	刘少卿	m
3108010	吉莲	f			

13 rows in set(0.00 sec)

从以上查询结果可以看到,在 IN 关键字前使用了 NOT 关键字,查询的结果与例 5-10 中的查询结果正好相反,查出了 sid 值不为 3108001,3108002,3108003 的所有记录。

2.带 BETWEEN AND 关键字的查询

BETWEEN AND 关键字用于判断某个字段的值是否在指定的范围之内,如果查询的值在指定范围内,则满足条件,该字段所在的记录将被查询出来,反之则不会被查询出来,其语法格式如下:

```
SELECT *|字段名 1,字段名 2,… FROM 表名 WHERE 字段名 [NOT] BETWEEN 值 1 AND 值 2;
```

在以上语法格式中,"值 1"表示范围条件的起始值,"值 2"表示范围条件的结束值。NOT 是可选参数,使用 NOT 表示查询指定范围之外的记录,通常情况下"值 1"小于"值 2",否则查询不到任何结果。

例 5-12 查询 student 表中 sid 值在 3108002～3108005 之间的学生姓名。

mysql>SELECT sid,sname FROM student WHERE sid BETWEEN 3108002 AND 3108005;

sid	sname
3108002	吉杜
3108003	王青
3108004	刘鑫
3108005	李谷

4 rows in set(0.00 sec)

从以上查询结果可以看到,查出了 sid 值在 3108002～3108005 之间的所有记录,并且起始值 3108002 和结束值 3108005 也包括在内。

BETWEEN AND 关键字之间可以使用 NOT 关键字,用来查询指定范围之外的记录。

例 5-13 查询 student 表中 sid 值不在 3108002～3108005 之间的学生姓名。

mysql>SELECT sid,sname FROM student WHERE sid NOT BETWEEN 3108002 AND 3108005;

sid	sname	sid	sname
3108001	王明	3108011	林雨彪
3108006	宋佳	3108012	毛掴
3108007	华茂	3108013	荣驷
3108008	朱娇	3108014	桑梓
3108009	武邑	3108015	苏芮
3108010	吉莲	3108016	刘少卿

12 rows in set(0.00 sec)

从以上查询结果可以看到,查出记录中的 sid 字段值均小于 3108002 或者大于 3108005。

3. 带 IS NULL 或 IS NOT NULL 关键字的查询

在数据表中,某些列的值可能为空值(NULL),空值不等同于 0,也不等同于空字符串。在 MySQL 数据库中,可使用 IS NULL 关键字来判断字段的值是否为空值,其语法格式如下:

SELECT * | 字段名 1,字段名 2,… FROM 表名 WHERE 字段名 IS [NOT] NULL;

以上语法格式中,NOT 是可选参数,使用 NOT 关键字可用于判断字段不是空值。

例 5-14 查询 student 表中 sex 为空值的记录。

mysql>SELECT sid,sname,sex FROM student WHERE sex IS NULL;
    Empty set(0.00 sec)

从以上查询结果可以看到,student 表中是没有 sex 字段为空值的记录。

在关键字 IS 和 NULL 之间可以使用 NOT 关键字,用来查询字段不为空值的记录,接下来通过具体的案例来演示。

例 5-15 查询 student 表中 sex 不为空值的记录。

mysql>SELECT sid,sname,sex FROM student WHERE sex IS NOT NULL;

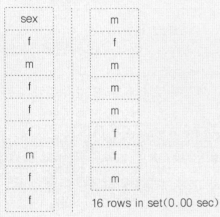

sid	sname	sex
3108001	王明	f
3108002	吉杜	m
3108003	王青	f
3108004	刘鑫	f
3108005	李谷	f
3108006	宋佳	m
3108007	华茂	f
3108008	朱娇	f
3108009	武邑	m
3108010	吉莲	f
3108011	林雨彪	m
3108012	毛掴	m
3108013	荣驲	m
3108014	桑梓	f
3108015	苏芮	f
3108016	刘少卿	m

16 rows in set(0.00 sec)

从查询结果可以看到,所有记录的 sex 字段都不为空值。

4. 带 DISTINCT 关键字的查询

在很多表中某些字段的数据会存在重复的值。例如,使用 SELECT 语句查询 student 表中的 sex 字段,执行结果如下:

mysql>SELECT sex FROM student;

sex
f
m
f
f
f
f
m
f
f
m
f
m
m
m
f
f
m

16 rows in set(0.00 sec)

从以上查询结果可以看到,查到的 16 条记录中有 7 条记录的 sex 字段值为"m",9 条记录的 sex 字段值为"f"。有时候,出于对数据的分析需求,需要过滤掉查询记录中重复的值。在 SELECT 语句中,可以使用 DISTINCT 关键字来实现这种功能,其语法格式如下:

SELECT DISTINCT 字段名 FROM 表名;

以上语法格式中,"字段名"表示要过滤重复记录的字段。

例 5-16 查询 student 表中 sex 字段的值,查询记录不能重复。

mysql>SELECT DISTINCT sex FROM student;

sex
f
m

2 rows in set(0.00 sec)

从以上查询记录中可以看到,这次查询只返回了 2 条记录,其 sex 字段值分别为"m"和"f",不再有重复值。DISTINCT 关键字可以作用于多个字段,其语法格式如下:

SELECT DISTINCT 字段名 1,字段名 2,… FROM 表名;

在以上语法格式中,只有 DISTINCT 关键字后指定的多个字段的值都相同,才会被认作是重复记录。

例 5-17 查询 student 表中 sex 和 name 字段,并使用 DISTINCT 关键字作用于这两个字段。

```
mysql>SELECT DISTINCT sex,sname FROM student;
```

sex	sname
f	王明
m	吉杜
f	王青
f	刘鑫
f	李谷
m	宋佳
f	华茂
f	朱娇

m	武邑
f	吉莲
m	林雨彪
m	毛掴
m	荣驷
f	桑梓
f	苏芮
m	刘少卿

16 rows in set(0.00 sec)

从以上查询结果可以看到,记录中 sex 字段仍然出现了重复值,这是因为 DISTINCT 关键字作用于 sex 和 sname 两个字段,只有这两个字段的值都相同才被认为是重复记录。在 sex 字段值重复的记录中,他们的 sname 字段值并不相同。为了能够演示过滤多个字段重复的效果,向 student 表中添加五条新记录,其 SQL 语句如下:

```
INSERT INTO student VALUES
('3108017','王苏翊鸣',17,'','','',''),
('3108018','苏翊鸣',17,'','','',''),
('3108019','翊鸣',17,'N','computer-tec','吉林路','吉林'),
('3108020','谷爱凌',18,'','','',''),
('3108021','刘少卿',18,'m','PE','北京路','北京');
```

执行完 INSERT 语句后,使用 SELECT 语句查询 student 表中的所有记录,其查询结果如下:

sid	sname	age	sex	department	address	birthplace
3108001	王明	21	f	computer-tec	中山路	江苏
3108002	吉杜	20	m	english	中山路	福建
3108003	王青	19	f	computer-tec	中山路	江苏
3108004	刘鑫	23	f	chinese	中山路	上海
3108005	李谷	22	f	computer-tec	中山路	江苏
3108006	宋佳	19	m	english	中山路	江苏
3108007	华茂	20	f	chinese	中山路	上海
3108008	朱娇	21	f	english	中山路	江苏
3108009	武邑	23	m	computer-tec	中山路	江苏
3108010	吉莲	18	f	chinese	中山路	湖南
3108011	林雨彪	22	m	computer-tec	中山路	辽宁
3108012	毛掴	21	m	english	中山路	安徽
3108013	荣驷	23	m	computer-tec	中山路	江苏
3108014	桑梓	20	f	chinese	中山路	北京
3108015	苏芮	16	f	computer-tec	中山路	安徽

续表

3108016	刘少卿	24	m	english	中山路	山东
3108017	王苏翊鸣	17				
3108018	苏翊鸣	17				
3108019	翊鸣	17	N	computer-tec	吉林路	吉林
3108020	谷爱凌	18				
3108021	刘少卿	18	m	PE	北京路	北京

21 rows in set(0.00 sec)

从以上查询结果可以看到,student 表中一共有 21 条记录,并且第 16 条记录和第 21 条记录的 name 字段和 sex 字段相等,分别为"刘少卿"和"m"。接下来再次查询 sex 和 sname 字段,并使用 DISTINCT 关键字作用于这两个字段,SQL 语句及查询结果如下:

```
mysql>SELECT DISTINCT sex,sname FROM student;
```

sex	sname		m	林雨彪
f	王明		m	毛掴
m	吉杜		m	荣驲
f	王青		f	桑梓
f	刘鑫		f	苏芮
f	李谷		m	刘少卿
m	宋佳			
f	华茂			
f	朱娇		N	翊鸣
m	武邑			
f	吉莲			

20 rows in set(0.00 sec)

从以上查询结果可以看到,只查出了 20 条记录,并且 sex 字段值为"m",sname 字段值为"刘少卿"的记录只有 1 条,这说明 DISTINCT 关键字过滤掉了重复的记录。

5. 带 LIKE 关键字的查询

前面的章节中讲过,使用关系运算符"="可以判断两个字符串是否相等,但有时候需要对字符串进行模糊查询。例如,查询 student 表中 sname 字段值以字符"刘"开头的记录。为了实现这种功能,MySQL 数据库提供了 LIKE 关键字,LIKE 关键字可以判断两个字符串是否相匹配。其语法格式如下:

```
SELECT * |字段名 1,字段名 2,… FROM 表名 WHERE 字段名 [NOT] LIKE '匹配字符串';
```

在以上语法格式中,NOT 是可选参数,使用 NOT 表示查询与指定字符串不匹配的记录。"匹配字符串"用来指定匹配的字符串,其值可以是一个普通的字符串,也可以是包含百分号(%)和下划线(_)的通配字符串。

百分号和下划线统称为通配符,它们在通配字符串中有特殊含义,两者的作用如下。

(1)百分号(%)通配符可以匹配任意长度的字符串,包括空字符串。例如,字符串"c%"表示匹配以字符 c 开始,任意长度的字符串,如"ct""cut""current""car"等字符串。

例 5-18 查询 student 表中 sname 字段以字符"刘"开头的学生的 sid 值。

```
mysql>SELECT sid,sname FROM student WHERE sname LIKE "刘%";
```

sid	sname
3108004	刘鑫
3108016	刘少卿
3108021	刘少卿

3 rows in set(0.00 sec)

从以上查询结果可以看到,返回的记录中 sname 字段值均以字符"刘"开头,"刘"后面可以跟任意长度的字符。

(2)百分号通配符可以出现在通配字符串中的任意位置。

例 5-19 查询 student 表中 sname 字段以字符"林"开始,以字符"彪"结束的学生的 sid 值。

```
mysql>SELECT sid,sname FROM student WHERE sname LIKE "林%彪";
```

sid	sname
3108011	林雨彪

1 row in set(0.00 sec)

从以上查询结果可以看到,字符"林"和"彪"之间的百分号通配符能够匹配两个字符之间任意长度的字符串。

(3)在通配字符串中可以出现多个百分号通配符。

例 5-20 查询学生表 student 中 sname 字段包含字符"翊"的学生的 sid 值。

```
mysql>SELECT sid,sname FROM student WHERE sname LIKE "%翊%";
```

sid	sname
3108017	王苏翊鸣
3108018	苏翊鸣
3108019	翊鸣

3 rows in set(0.00 sec)

从以上查询结果可以看到,通配字符串中的字符"翊"前后各有一个百分号通配符,它匹配包含"翊"的字符串,无论"翊"在字符串中的什么位置。

⚠ 提示技巧

LIKE 之前可以使用 NOT 关键字,用来查询与指定通配字符串不匹配的记录。

例 5-21 查询 student 表中 sname 字段值不包含字符"翊"的学生的 sid 值。

```
mysql>SELECT sid,sname FROM student WHERE sname NOT LIKE "%翊%";
```

sid	sname	sid	sname
3108001	王明	3108010	吉莲
3108002	吉杜	3108011	林雨彪
3108003	王青	3108012	毛捆
3108004	刘鑫	3108013	荣驯
3108005	李谷	3108014	桑梓
3108006	宋佳	3108015	苏芮
3108007	华茂	3108016	刘少卿
3108008	朱娇	3108020	谷爱凌
3108009	武邑	3108021	刘少卿

18 rows in set(0.00 sec)

从以上查询结果可以看出,返回的记录中 sname 字段值都不包含字符"翊",恰好与例 5-20 的查询结果相反。

（4）下划线通配符与百分号通配符在使用中有些不同,卜划线通配符只匹配单个字符,如果要匹配多个字符,需要使用多个下划线通配符。例如,字符串"cu_"匹配以字符串"cu"开始长度为 3 的字符串,如"cut""cup"字符串;字符串"c__l"匹配在字符"c"和"l"之间包含两个字符的字符串,如"cool""coal"等字符串。需要注意的是,如果使用多个下划线匹配多个连续的字符,下划线之间不能有空格。例如,通配字符串"M__QL"只能匹配字符串"MySQL",而不能匹配字符串"My SQL"。向 student 表中添加新的记录,其 SQL 语句如下:

```
INSERT INTO student VALUES
('3108022',' 翊鸣 ',17,'','english',' 中山路 ',' 安徽 '),
('3108023',' 苏一鸣 ',17,'','chinese',' 北京路 ',' 安徽 '),
('3108024',' 谷美凌 ',19,'N','computer-tec',' 北京路 ',' 哈尔滨 ');
```

例 5-22 查询 student 表中 sname 字段值以字符串"谷"开始,以字符串"凌"结束,并且两个字符串之间只有一个字符的记录。

```
mysql＞SELECT sid,sname FROM student WHERE sname LIKE "谷_凌";
```

sid	sname
3108020	谷爱凌
3108024	谷美凌

2 row in set(0.02 sec)

从以上查询结果可以看出,有 2 条记录,sname 字段值分别为"谷爱凌"和"谷美凌"。通配字符串"谷_凌"中一个下划线只能匹配了一个字符。对上述的 SQL 语句进行修改,添加 2 个匹配字符串,修改为"谷__凌"。再次执行查询语句,执行结果如下:

```
mysql＞SELECT sid,sname FROM student WHERE sname LIKE "谷__凌";
Empty set（0.00 sec）
```

从以上查询结果可以看出,返回记录为空,这是因为要匹配的字符串中有 2 个下划线通配符,表中记录没有与之匹配的字符串。

例 5-23 查询 student 表中 sname 字段值至少包含 2 个汉字,并且以字符串"翊鸣"结束的记录。

```
mysql＞SELECT ＊ FROM student WHERE sname LIKE "%翊鸣";
```

sid	sname	age	sex	department	address	birthplace
3108017	王苏翊鸣	17		computer-tec	吉林路	吉林
3108018	苏翊鸣	17		computer-tec	吉林路	吉林
3108019	翊鸣	17	N	computer-tec	吉林路	吉林

3 rows in set(0.02 sec)

从以上查询结果可以看出,在通配字符串中使用％通配符,它可以匹配 sname 字段值中后面有"翊鸣"的任意长度的字符串。

⚠**提示技巧**

百分号和下划线是通配符,它们在通配字符串中有特殊含义,因此,如果要匹配字符串中有百分号和下划线的字符,就需要在通配字符串中使用右斜线（"\"）对百分号和下划线进行转义。例如,"\％"表示匹配有百分号的字段值,"_"表示匹配有下划线的字段值。

任务 5.3 排序和限量

5.3.1 限制查询结果数量

LIMIT 是用来限制查询结果数量的子句,可以指定查询结果从那条记录开始显示,还可以指定一共显示多少条记录。LIMIT 可以指定初始位置,也可以不指定初始位置。

例 5-24 查询 student 表中的学号、姓名、出生日期和电话,按照 age 进行升序排列,并显示前 3 条记录。

```
mysql>SELECT sid,sname,birthplace,age FROM student ORDER BY age asc LIMIT 3;
```

sid	sname	birthplace	age
3108003	王青	江苏	19
3108002	吉杜	福建	20
3108001	王明	江苏	21

```
3 rows in set(0.00 sec)
```

使用 LIMIT 还可以从查询结果的中间部分取值。首先要定义两个参数,参数 1 是开始读取的第 1 条记录的编号(在总查询结果中,如果不指定参数 1,则第 1 条记录编号为 0);参数 2 是要查询记录的个数。

例 5-25 查询 score 表中期末成绩 grade 高于 80 分的记录,按照 sid 进行升序排列,从编号 3 开始查询 6 条记录。

```
mysql>SELECT * FROM score WHERE grade>80 ORDER BY sid ASC LIMIT 3,6;
```

sid	cid	grade
3108004	8108004	89
3108008	8108008	89
3108010	8108003	87
3108011	8108001	85
3108011	8108002	81
3108012	8108001	97

```
6 rows in set(0.00 sec)
```

5.3.2 对查询结果排序

从表中查询出来的数据可能是无序的,或者其排列顺序不是用户期望的。为了使查询结果满足用户的要求,可以使用 ORDER BY 对查询结果进行排序,其语法格式如下:

```
SELECT 字段名 1,字段名 2… FROM 表名 ORDER BY 字段名 1[ASC|DESC],字段名 2[ASC|DESC];
```

在上面的语法格式中,指定的"字段名 1""字段名 2"等是对查询结果排序的依据。参数 ASC 表示按照升序进行排序,DESC 表示按照降序进行排序。默认情况下,按照 ASC 方式进行排序。

例 5-26 查出 score 表中的所有记录，并按照 grade 字段进行排序。

```
mysql>SELECT * FROM score ORDER BY grade;
```

sid	cid	grade
3108016	8108009	36
3108015	8108009	36
3108009	8108002	46
3108002	8108003	54
3108002	8108003	54
3108012	8108002	55
3108005	8108006	56
3108006	8108005	60
3108001	8108003	67
3108015	8108002	67
3108001	8108003	67
3108014	8108002	69
3108013	8108001	71
3108003	8108003	78
3108015	8108010	78
3108014	8108001	78
3108016	8108010	78
3108016	8108007	79
3108007	8108004	79
3108015	8108007	79
3108016	8108006	80
3108015	8108006	80
3108011	8108002	81

sid	cid	grade
3108016	8108021	83
3108015	8108021	83
3108002	8108010	84
3108016	8108004	85
3108016	8108005	85
3108016	8108003	85
3108016	8108001	85
3108015	8108001	85
3108015	8108003	85
3108015	8108005	85
3108016	8108002	85
3108011	8108001	85
3108015	8108004	85
3108013	8108002	86
3108010	8108003	87
3108016	8108008	88
3108015	8108008	88
3108008	8108008	89
3108004	8108004	89
3108001	8108010	90
3108001	8108010	90
3108012	8108001	97

45 rows in set(0.00 sec)

从以上查询结果可以看到，所有学生 grade 字段是按照默认方式升序来排列的。

任务 5.4 聚合函数和分组查询

5.4.1 聚合函数

在项目开发过程中，有时需要对数据进行一些统计操作，如求总和、最大值、最小值、平均值等。MySQL 数据库提供了一系列函数来实现数据统计的功能，其函数被称为聚合函数，具体功能如表 5-10 所示。

表 5-10   聚合函数具体功能

函数名称	作用	函数名称	作用
COUNT()	返回某列的行数	MAX()	返回某列的最大值
SUM()	返回某列值的和	MIN()	返回某列的最小值
AVG()	返回某列的平均值		

表 5-10 中的函数用于对一组值进行统计，并返回唯一值，下面将详细讲解聚合函数的用法。

1. COUNT() 函数

COUNT() 函数用来统计记录的数量，其语法格式如下：

```
SELECT COUNT( * ) FROM 表名；
```

例 5-27 查询 student 表中一共有多少条记录。

```
mysql>SELECT COUNT( * ) FROM student；
```

COUNT(*)
25

1 row in set(0.00 sec)

从以上查询结果可以看出，student 表中一共有 25 条记录。

2. SUM()函数

SUM()是求和函数，用于求出表中某个字段所有值的和，其语法格式如下：

```
SELECT SUM（字段名）FROM 表名；
```

例 5-28 求出 score 表中 grade 字段值的总和。

```
mysql>SELECT SUM(grade) FROM score；
```

SUM(grade)
3432

1 row in set(0.00 sec)

从以上执行结果可以看出，所有学生 grade 字段值的总和为 3432。

3. AVG()函数

AVG()函数用于求出某个字段所有值的平均值，其语法格式如下：

```
SELECT AVG（字段名）FROM 表名；
```

例 5-29 求出 score 表中 grade 字段的平均值。

```
mysql>SELECT AVG（grade）FROM score；
```

AVG（grade）
76.2667

1 row in set(0.00 sec)

从以上执行结果可以看出，所有学生 grade 字段的平均值为 76.2667。

4. MAX()函数

MAX()函数是求最大值的函数，用于求出某个字段的最大值，其语法格式如下：

```
SELECT MAX（字段名）FROM 表名；
```

例 5-30 查出 score 表中 grade 字段的最大值。

```
mysql>SELECT MAX(grade) FROM score；
```

MAX(grade)
97

1 row in set(0.00 sec)

从以上执行结果可以看出，所有学生 grade 字段的最大值为 97。

5. MIN()函数

MIN()函数是求最小值的函数,用于求出某个字段的最小值,其语法格式如下:

```
SELECT MIN(字段) FROM 表名;
```

例 5-31 查出 score 表中 grade 字段的最小值。

```
mysql>SELECT MIN(grade) FROM score;
```

MIN(grade)
36

1 row in set(0.00 sec)

从以上执行结果可以看到,所有学生 grade 字段的最小值为 36。

5.4.2 分组查询

在数据库的操作中经常需要对某些数据进行统计,如统计某个字段的最大值、最小值、平均值等,为此 MySQL 数据库提供了一些函数来实现这些功能。

例 5-32 统计 student 表中男生和女生各有多少。

```
mysql>SELECT sex,COUNT( * ) FROM student GROUP BY sex;
```

sex	count(*)
f	10
m	9

2 rows in set(0.00 sec)

从以上执行结果可看出,student 表中男生的数量为 9,女生的数量为 10。

5.4.3 HAVING 子句

在部分情况下,对复杂的数据进行分组查询后,还需要进行数据过滤。MySQL 数据库提供了 HAVING 关键字,用于在分组后对数据进行过滤。需要注意的是,HAVING 关键字后面可以使用聚合函数,其语法格式如下:

```
SELECT 字段名 1,字段名 2,… FROM 表名
GROUP BY 字段名 1,字段名 2,… [HAVING 条件表达式];
```

例 5-33 查询 score 表中课程人数大于 3 人的课程及课程的具体人数。

```
mysql>SELECT cid,COUNT( * ) FROM score GROUP BY cid HAVING COUNT( * )>3;
```

cid	count(*)
8108010	4
8108003	6
8108004	4
8108002	7
8108001	6

5 rows in set(0.00 sec)

例 5-34 查询 score 表中成绩最低分不低于 60 分的课程和对应的最低分。

```
mysql＞SELECT cid,MIN(grade) FROM score GROUP BY cid HAVING MIN(grade)＞＝60;
```

cid	MIN(grade)
8108010	78
8108004	79
8108005	60
8108008	88
8108001	71
8108007	79
8108021	83

7 rows in set(0.00 sec)

⚠ **提示技巧**

WHERE 和 HAVING 之后都是筛选条件,但还是有区别的:

(1)WHERE 在 GROUP BY 前,HAVING 在 GROUP BY 之后。

(2)聚合函数(AVG、SUM、MAX、MIN、COUNT)不能作为条件放在 WHERE 之后,但可以放在 HAVING 之后。

🔍 **拓展阅读**

银河(中国系列巨型计算机)

单元自测

▶ **知识自测**

一、单选题

1. 在 MySQL 数据库中建议使用(   )运算符表示不等于。
       A. <>　　　　　　　　B. =!　　　　　　　　C. ! =　　　　　　　　D. ≠

2. 在 MySQL 数据库中可以使用(   )关键字对数据进行模糊查询。
       A. AND　　　　　　　B. OR　　　　　　　C. LIKE　　　　　　　D. IN

3. 在 MySQL 数据库中可以使用(   )关键字进行去重查询。
       A. DISTINCT　　　　B. BETWEEN AND　　　C. ORDER BY　　　D. LIMIT

4. 在 MySQL 数据库中使用(   )关键字判断某个字段的值是否在指定范围内,若不在指定范围内,则会被过滤掉。
       A. HAVING　　　　　B. BETWEEN AND　　　C. ORDER BY　　　D. DISTINCT

5. 查询所有字段可以使用(   )通配符。
       A. *　　　　　　　　B. ALL　　　　　　　C. ～　　　　　　　D. NULL

6. 下面选项中,用于统计 test 表中总记录数的 SQL 语句是(   )。
       A. SELECT SUM(*)FROM TEST;　　　　B. SELECT MAX(*)FROM TEST;
       C. SELECT AVG(*)FROM TEST;　　　　D. SELECT COUNT(*)FROM TEST;

7. 下面选项中,与"SELECT ＊ FROM student WHERE id NOT BETWEEN 2 AND 5;"等效的 SQL 语句是( )。

    A. SELECT ＊ FROM student WHERE id! ＝2,3,4,5;

    B. SELECT ＊ FROM student WHERE id NOT BETWEEN 5 AND 2;

    C. SELECT ＊ FROM student WHERE id NOT IN (2,3,4,5);

    D. SELECT ＊ FROM student WHERE id NOT IN 2,3,4,5;

8. 查询 student 表中 id 字段值小于 5,并且 gender 字段值为"女"的学生姓名,SQL 语句为( )。

    A. SELECT name FROM student WHERE id<5 OR gender='女';

    B. SELECT name FROM student WHERE id<5 AND gender='女';

    C. SELECT name FROM student WHERE id<5 ,gender='女';

    D. SELECT name FROM student WHERE id<5 AND WHERE gender='女';

9. 用户表 user 中存在一个名字字段 username,现查询名字字段中包含"凤"的用户,下列 SQL 语句中,正确的是( )。

    A. SELECT ＊ FROM user WHERE username ＝ '凤';

    B. SELECT ＊ FROM user WHERE username LIKE '％凤％';

    C. SELECT ＊ FROM user WHERE username LIKE '_凤_';

    D. SELECT ＊ FROM user WHERE username LIKE '凤';

10. 下列关于 WHERE 子句"WHERE class NOT BETWEEN 3 AND 5"的描述中,正确的是( )。

    A. 查询结果包括 class 等于 3、4、5 的数据

    B. 查询结果不包括 class 等于 3、4、5 的数据

    C. 查询结果包括 class 等于 3 的数据

    D. 查询结果包括 class 等于 5 的数据

二、多选题

1. 下面选项中,在 SELECT 语句的 WHERE 条件中表示不等于的关系运算符是( )

    A. ! ＝　　　　　　　B. ＞＝　　　　　　　C. ＞＜　　　　　　　D. ＜＞

2. 下列关于统计函数 COUNT (字符串表达式)的叙述中,正确的是( )。

    A. 返回字符表中值的个数,即统计记录的个数

    B. 统计字段应该是数字数据类型

    C. 字符串表达式可以是字段名

    D. 以上都不正确

3. 下面关于 SQL 语句基本语法的描述中,正确的是( )。

    A. 录入数据格式:INSERT INTO 表名[(字段名称,...)] VALUES(字段值,...)

    B. 修改数据格式:UPDATE 表名 SET 字段名称 ＝ 字段值 ,...〔WHERE 字段名称＝字段值〕

    C. 删除数据格式:DELETE FROM 表名〔WHERE 条件〕

    D. 查询数据格式:SELECT 字段,... FROM 表名〔WHERE 条件〕

4. 阅读下面 SQL 代码:

```
CREATE TABLE student(
id int(3) PRIMARY KEY AUTO_INCREMENT,
name varchar(20) NOT NULL,
grade float,
);
```

    下面选项中,用于查询表中所有记录的 SQL 语句是( )。

A. SELECT ＊ FROM student;

B. SELECT id,name FROM student LIMIT 2,3;

C. SELECT id,name,grade FROM student;

D. SELECT id,name FROM student;

5. 下面的 SQL 语句正确的是(   )

A. SELECT ＊ FROM user;　　　　　　B. SELECT id AS '编号' FROM user;

C. SELECT id,username FROM user;　　D. SELECT username AS un FROM user;

三、判断题

1. 在对字符串进行模糊查询中,一个下划线通配符可匹配多个字符。(   )

2. 当 DISTINCT 作用于多个字段时,只有记录的多个字段的值都相同时,才去除重复。(   )

3. HAVING 关键字和 WHERE 关键字后都可以使用聚合函数。(   )

4. 如果要匹配的字符串中有%和_,那么可以在匹配的字符串中使用转义字符("\")对%和_进行转义,如"\%"匹配百分号字段值。(   )

5. 在 WHERE 子句"WHERE id BETWEEN 2 AND 5"中,查询结果不包括 id 等于 2 和 5 的数据。(   )

6. 在数据表中,某些列的值可能为空值(NULL),空值不同于 0,也不同于空字符串。(   )

7. 若不结合聚合函数,单独使用 GROUP BY 关键字,查询的是每个分组中的所有记录。(   )

8. 表中某些字段的数据存在重复的值时,可用 DISTINCT 来清除重复记录并显示出来。(   )

9. 在 WHERE 子句"WHERE class BETWEEN 3 AND 5"中,查询结果包括 class 等于 3、4、5 的数据。(   )

10. SELECT 语句中的 GROUP BY 子句用于将查询结果按照指定字段进行分组,对于分组查询后的结果再次进行过滤可以采用 WHERE 条件来实现。(   )

四、编程题

1. 已知数据库中有一张 student 表,表中有字段 id、name 和 class,请查询出表中 class 等于 3 的所有信息。

2. 已知有一张 user 表,表中有字段 id、name、age、sex 和 address,请写出两种查询表中所有字段信息的 SQL 语句。

3. 已知数据库中有一张 user 表,表中有字段 id、name,请查询出表中编号不为 2、3、5、7 的用户信息。

4. 已知数据库中有一张商品表,表中有字段分别为商品编号、商品名称、商品类别和仓库,请写出按照商品编号、商品名称的显示顺序查询这两个字段的 SQL 语句。

5. 已知数据库中有一张 student 表,表中有字段 name(姓名)、grade(年级),请查询出表中 1、2、3 年级学生的信息。

技能自测

1. 现有一张学生表,表中字段有学生_ID、系_ID 和性别_ID。

(1)统计每个系中的男女生人数。

(2)统计人数在 10 人以上的系。

2. 请按照以下要求编写相应的 SQL 语句。

(1)创建 student 表,表中包含代表学生编号的字段"id",整型,是主键;还包含代表姓名的字段"name",字符串类型。写出建表的 SQL 语句。

(2)插入 3 条记录,分别为:1,'yuzhun'; 2,'wangheng'; 3,'zhangbi'。

(3)查询 student 表中 id 为 1 的学生姓名。

(4)查询 name 为"wangheng"的学生编号。

学习成果达成与测评

单元 5　学习成果达成与测评表单

任务清单	知识点	技能点	综合素质测评	分　值
任务 5.1				⑤④③②①
任务 5.2				⑤④③②①
任务 5.3				⑤④③②①
任务 5.4				⑤④③②①
知识拓展				⑤④③②①

单元6

多表查询

单元导读

在数据库系统开发设计中,前一单元介绍的所有查询都是针对一个表进行的,但在实际应用中,有时为了提高数据的检索和存储效率,会将一些内容量比较大的表拆分成多个子表,并通过一些特殊的属性将这些表关联起来了。在数据库中将多表连接进行的查询称为多表查询。进行连接操作时,用于连接的字段是非常重要的,要理清表与表之间依靠哪个字段产生联系,就需要用户对数据表的结构及各个数据表之间的连接关系非常熟悉。相关字段的连接查询是关系型数据库中最主要的查询方式,连接查询的目的是通过加载连接字段的条件将多个表连接起来,以便从多个表中检索用户需要的数据。

知识与技能目标

(1)了解数据表之间的关系。

(2)掌握多表查询的方法。

(3)理解多表查询中的连接规则和笛卡尔积。

(4)熟悉数据表之间的嵌套查询。

素质目标

(1)理解 IT 技术建设的光荣使命,让自己的青春大有可为。

(2)领会终身学习的重要性,感悟爱国情怀和工匠精神。

单元结构

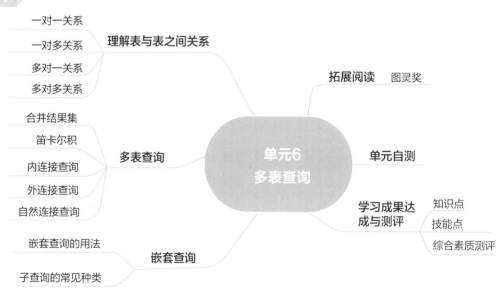

120

党建平台—学习强国

学习强国平台是由中共中央宣传部主管,以习近平新时代中国特色社会主义思想为主要内容,立足全体党员并面向全社会,是当代大学生学习的主阵地之一,具有多样化、自主化和便捷化的学习特点。学习强国平台由 PC 端和手机客户端两大终端组成,PC 端有"学习新思想""学习文化""环球视野"等 17 个版块,180 多个一级栏目,手机客户端有"学习""视频学习"两大板块 38 个频道,聚合了大量可免费阅读的期刊、古籍、公开课、歌曲、戏曲、电影、图书等资料。同学们可查找学习相关资料,并尝试理解该网站的表单设计。

任务 6.1　理解表与表之间的关系

在数据库中,表与表之间需要通过某些相同的属性来建立连接关系,在两个表中至少应该有一列的数据属性是相同的,如图 6-1 所示。

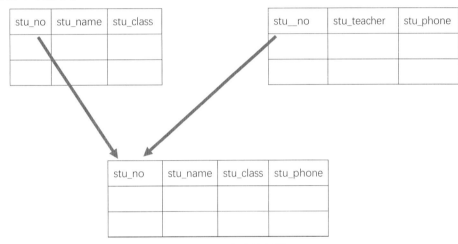

图 6-1　表连接关系

在图 6-1 中,两个表共有的列是 stu_no,针对这一列的属性合并两个表的操作就是连接。数据库的表与表之间可以通过一种或多种方式关联,从而实现分散数据地组合、交换和共享。

表与表之间还有主表和从表的关系。

主表:在数据库中建立的表,其中存在主键(primary key)用于与其他表相关联,并且可作为主表中的唯一性标识。

从表:以主表的主键为外键(foreign key)的表,可以通过外键与主表进行关联查询。

主表与从表的用法:从表数据依赖于主表,一般最后查询数据时会把主表与从表进行关联查询。主表可用于存储主要信息,如客户资料(客户编号、客户名称、客户公司、客户单位等),从表用来存储客户的扩展信息(客户订单信息、客户地址信息、客户联系方式信息等)。

表与表之间的关系包括一对一、一对多、多对一及多对多,接下来对这四种关系进行详细讲解。

6.1.1　一对一关系

数据表的一对一关系如图 6-2 所示。

图 6-2　一对一关系

　　一对一关系可以简单的理解为一张表的一条记录只能与另外一张表的一条记录进行对应,就好像在现实生活中一个人拥有某一本书,而某一本书属于一个人。下面将通过具体的案例演示数据表的一对一关系。

　　创建订单表 order_list,表结构如表 6-1 所示。

表 6-1　订单表 order_list 的结构

字段	字段类型	约束类型	说明
order_id	int	PRIMARY KEY	订单编号
order_name	varchar(20)	无	收货人姓名
order_address	varchar(40)	无	收货人地址
order_phone	int	无	收货人电话

　　创建订单表 order_list 的 SQL 语句如下:

```
mysql>CREATE TABLE order_list(
    order_id int PRIMARY KEY,
    order_name varchar(20),
    order_address varchar(40),
    order_phone int
    );
Qurey OK,0 rows affected(0.07 sec)
```

　　以上执行结果表明,订单表 order_list 创建完成,接着创建备注表 order_text,表结构如表 6-2 所示。

表 6-2　备注表 order_text 的结构

字段	字段类型	约束类型	说明
order_id	int	PRIMARY KEY FOREIGN KEY	订单编号
order_text	varchar(110)		订单备注

　　据此创建备注表 order_text 的 SQL 语句如下:

```
mysql>CREATE TABLE order_text(
    order_id int PRIMARY KEY,
    order_text varchar(110),
    FOREIGN KEY(order_id) REFERENCES order_list(order_id)
    );
Qurey OK,0 rows affected(0.05 sec)
```

　　以上执行结果表明,备注表 order_text 创建完成。

　　order_list 表与 order_text 表符合一对一关系,这种关系经常用在数据库优化中。用户备注字段 order_text 一般情况下会有较多的文字,属于大文本字段,但这个字段又不是每次都会用到,如果将其存放在 order_list 表中,在查询订单信息时会影响表的查询效率。因此将 order_text 字段单独拆分出来并放到从表中,当需要查询 order_text 字段时,用户对两张表进行关联查询即可。

　　在实际的开发中,数据表的一对一关系主要应用于以下几个方面。

　　(1)分割列数较多的表。

　　(2)加强数据安全性而隐藏数据表中的一部分内容。

　　(3)保存临时数据,不需要时可以直接删除从表,减少了操作步骤。

6.1.2　一对多关系

　　在一对多关系中,主键数据表中只允许有一条记录与其关系表中的一条或者多条记录相关联(也可以没有记录与之相关联）。另外,关系表中的一条记录只能对应主键数据表中的一条记录,如图 6-3 所示。

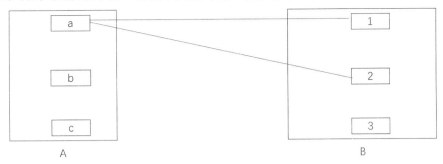

图 6-3　一对多关系

　　一对多关系可以简单的理解为一张表中的一条记录可以对应另外一张表中的一条或者多条记录,也可以没有记录与之关联。但是反过来,另外一张表的一条记录只能对应第一张表的一条记录。这与现实生活中的父子关系很像,主键所在的表可以称为父表,与其对应的关系表可以称为子表。为了使读者可以深入理解,接下来通过具体案例演示数据表的一对多关系。

　　创建学生表 student,表结构如表 6-3 所示。

表 6-3　学生 student 的结构

字段	字段类型	约束类型	说明
stu_no	int	PRIMARY KEY	学生编号
stu_name	varchar(30)		学生姓名

创建学生表 student 的 SQL 语句如下:

```
mysql＞CREATE TABLE student(
    stu_no int PRIMARY KEY,
    stu_name varchar(30)
    );
Qurey OK,0 rows affected(0.01 sec)
```

以上执行结果表明,学生表 student 创建完成。下面创建成绩表 score,表结构如表 6-4 所示。

表 6-4　成绩表 score 的结构

字段	字段类型	约束类型	说明
sco_no	int	PRIMARY KEY	课程编号
score	int		学生分数
stu_no	int	FOREIGN KEY	学生编号

创建成绩表 score 的 SQL 语句如下:

```
mysql＞CREATE TABLE score(
    sco_no int PRIMARY KEY,
    score int,
    stud_no int,
    FOREIGN KEY(stu_no)
    REFERENCES student(stu_no)
    );
Qurey OK,0 rows affected(0.03 sec)
```

以上执行结果表明,成绩表 score 创建完成。student 表为父表,score 表为子表。每个学生可能有多个成绩,但是一个成绩只能属于一个学生,这就是一对多关系。

6.1.3　多对一关系

多对一关系与一对多关系本质相同,只是从不同的角度来看问题。在图 6-3 中如果从 B 表的角度来看,多个数字可以属于一个字母,一个字母不能属于多个数字,这种关系就是多对一关系。

6.1.4　多对多关系

在多对多关系中,两个数据表中的数据通过"中间人"实现数据的连接,每条记录都可以和另一个数据表里任意数量的记录相关联。这种关系和现实生活中老师与班级的关系很像。一个老师可以负责多个班级,而一个班级也可以有多个老师。多对多关系如图 6-4 所示。

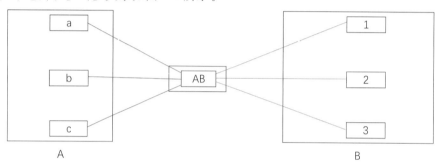

图 6-4　多对多关系

为了让读者加深理解,接下来通过具体的案例演示多对多关系。

创建教师表 teacher,表结构如表 6-5 所示。

表 6-5　教师表 teacher 的结构

字段	字段类型	约束类型	说明
teacher_no	int	PRIMARY KEY	教师编号
teacher_name	vrachar(20)		教师姓名

据此创建教师表 teacher 的 SQL 语句如下:

```
mysql>CREATE TABLE teacher(
    teacher_no int PRIMARY KEY,
    teacher_name varchar(20)
    );
Qurey OK,0 rows affected(0.05 sec)
```

以上执行结果表明,教师表 teacher 创建完成。下面创建班级表 class 表,表结构如表 6-6 所示。

表 6-6　班级表 class 的结构

字段	字段类型	约束类型	说明
class_no	int	PRIMARY KEY	班级编号
class_name	vrachar(20)		班级姓名

创建班级表 class 的 SQL 语句如下:

```
mysql>CREATE TABLE class(
    class_no int PRIMARY KEY,
    class_name VARCHAR(20)
    );
Qurey OK,0 rows affected(0.07 sec)
```

以上执行结果表明班级表 class 创建完成。为了维护实体关系,还需要创建一张关系表 teacher_class,用于映射多对多的关系,表结构如表 6-7 所示。

表 6-7　关系表 teacher_class 的结构

字段	字段类型	约束类型	说明
teacher_no	int	FOREIGN KEY	教师编号
class_no	int	FOREIGN KEY	班级编号

据此创建关系表 teacher_class 的 SQL 语句如下:

```
mysql>CREATE TABLE teacher_class(
    teacher_no int,
    class_no int,
    FOREIGN KEY(teacher_no)
    references teacher(teacher_no),
    FORRIGN KEY(class_no)
    references class(class_no)
    );
Qurey OK,0 rows affected(0.07 sec)
```

以上执行结果表明关系表 teacher_class 创建完成。teacher 表和 class 表都与关系表 teacher_class 关联,且都是一对多的关系,因此 teacher 表与 class 表是多对多的关系,即一位老师可以负责多个班级,一个班级也可以由多位老师负责。

任务 6.2　多表查询

任务 6.1 介绍了表与表之间的关系,在庞大的数据面前,如何实现多表之间的数据查询是一名 IT 从业人员需要面对的问题。本节将详细介绍多表之间数据查询的操作方法。

6.2.1　合并结果集

在进行多表查询时,常会遇到需要将多个表的查询结果合并的情况。MySQL 数据库中使用 UNION 关键字和 UNION ALL 关键字合并查询结果,下面对这两种查询方法进行讲解。

1.使用 UNION 关键字合并

准备工作:创建一个名为 unit6 的数据库,并在库中创建两个表,分别是球员表 player 1 和球员表 player 2。球员表中的字段包括 playerno(球员编号)、name(球员姓名)、sex(性别)、joined(入职时间)、phoneno(电话号码)。创建球员表 player1 和球员表 player2,然后分别向其中插入数据,再使用查询语句将两个表中的数据集合并。球员表 player1 的表结构如表 6-8 所示,球员表 player2 的表结构如表 6-9 所示。

表6-8 球员表 player1 结构

字段	字段类型	约束类型	说明
playerno	int(11)	NOT NULL PRIMARY KEY	球员编号
name	char(15)	NOT NULL	球员姓名
sex	char(1)	NOT NULL	性别
joined	smallint(6)	NOT NULL	入职时间
phoneno	char(13)	DEFAULT NULL	电话号码

表6-9 球员表 player2 结构

字段	字段类型	约束类型	说明
playerno	int(11)	NOT NULL PRIMARY KEY	球员编号
name	char(15)	NOT NULL	球员姓名
sex	char(1)	NOT NULL	性别
joined	smallint(6)	NOT NULL	入职时间
phoneno	char(13)	DEFAULT NULL	电话号码

根据表 6-8 和表 6-9 提供的数据结构创建球员表 player1 和 player2,具体的 SQL 操作代码如下:

```
mysql>CREATE TABLE player1(
    playerno int(11),
    name char(15),
    sex char(1),
    joined smallint(6),
    phoneno char(13),
    PRIMARY KEY (playerno)
    )ENGINE = InnoDB DEFAULT CHARSET = latin1;
Qurey OK,0 rows affected(0.04 sec)

mysql>CREATE TABLE player2(
    playerno int(11),
    name char(15),
    sex char(1),
    joined smallint(6),
    phoneno char(13)
    PRIMARY KEY (playerno)
    )ENGINE = InnoDB DEFAULT CHARSET = latin1;
Qurey OK,0 rows affected(0.04 sec)
```

从以上代码的执行结果可以看出,两张表创建成功。下面向其中插入相关数据,具体代码如下:

```
mysql>INSERT INTO player1 VALUES(1,'Everet','M',1975,'024-2378593');
mysql>INSERT INTO player1 VALUES(2,'Parment','M',1977,'024-4655437');
Qurey OK,0 rows affected(0.08 sec)
Records:2          Duplications:0          Warnings:0
mysql>INSERT INTO player2 VALUES(1,'Everet','M',1975,'024-2378593');
mysql>INSERT INTO player2 VALUES(2,'Polo','F',1997,'025-2355437');
Qurey OK,0 rows affected(0.08 sec)
Records:2          Duplications:0          Warnings:0
```

从上方代码的执行结果可以看出,数据插入成功。

例 6-1 使用 UNION 关键字对已创建的 player1 和 player2 两张表进行合并结果集查询。

```
mysql>SELECT * FROM player1 UNION SELECT * FROM player2;
```

playerno	name	sex	joined	phoneno
1	Everet	M	1975	024-2378593
2	Parment	M	1977	024-4655437
2	Polo	F	1997	025-2355437

```
3 rows in set(0.01sec)
```

从以上语句的执行结果可以看出,UNION 语句将 player1 表和 player2 表中的数据进行了合并。需要注意的是,使用 UNION 关键字合并数据时会去除重复的数据。因为 player1 表和 player2 表中存在相同的数据,所以查询结果只显示三条。

2.使用 UNION ALL 关键字合并

UNION ALL 关键字与 UNION 关键字属性类似,它也可以实现查询结果的合并,但不同的是,UNION ALL 关键字不会去除合并结果中重复的数据。

例 6-2 使用 UNION ALL 关键字将 player1 表和 player2 表中的数据合并。

```
mysql>SELECT * FROM player1 UNION ALL SELECT * FROM player2;
```

playerno	name	sex	joined	phoneno
1	Everet	M	1975	024-2378593
2	Parment	M	1977	024-4655437
1	Everet	M	1975	024-2378593
2	Polo	F	1997	025-2355437

从上方代码执行结果可以看出,使用 UNION ALL 关键字将 player1 表和 player2 表中的数据进行了合并,并且两张表中的相同数据(1,'Everet','M',1975,'024-2378593')并没有被去除。

6.2.2　笛卡尔积

笛卡尔积可以理解为两个集合中所有数组的排列组合。在数据库中,使用这个概念可以表示两个表中的每一行数据的所有组合,如图 6-8 所示。

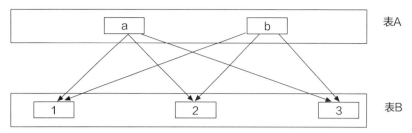

图 6-5　笛卡尔积关系

在图 6-5 中,表 A 中存在数据 a 和 b,使用集合形式表示为 A＝{a,b}。表 B 中存在数据 1、2 和 3,使用集合形式表示为 B＝{1,2,3}。则两个表的笛卡尔积为{(a,1),(a,2),(a,3),(b,1),(b,2),(b,3)}。

MySQL 中使用交叉查询可以实现两个表之间所有数据的组合,语句的基本格式如下:

SELECT 查询字段 FROM 表 1 CROSS JOIN 表 2;

交叉查询语法格式中,CROSS JOIN 关键字用于连接两个要查询的表,从而实现查询两个表中所有数据的组合。接下来通过具体案例演示交叉查询语句的用法。

创建球员表 player 和惩罚表 penalty,球员表 player 结构如表 6-10 所示,惩罚表 penalty 结构如表 6-11 所示。

表 6-10　球员表 player 结构

字段	字段类型	约束类型	说明
playerno	int(11)	NOT NULL PRIMARY KEY	球员编号
name	char(15)	NOT NULL	球员姓名
sex	char(1)	NOT NULL	性别
joined	smallint(6)	NOT NULL	入职时间
phoneno	char(13)	DEFAULT NULL	电话号码

表 6-11　惩罚表 penalty 结构

字段	字段类型	约束类型	说明
paymentno	int(11)	NOT NULL PRIMARY KEY	支付罚单编号
playerno	int(11)	NOT NULL	球员编号
payment_date	date	NOT NULL	罚单日期
amount	decimal(7,2)	NOT NULL	罚单金额

根据相关的表结构分别创建球员表 player 和惩罚表 penalty。具体的 SQL 语句与执行过程如下:

```
mysql>CREATE TABLE player(
    playerno int(11),
    name char(15),
    sex char(1),
    joined smallint(6),
    phoneno char(13),
    PRIMARY KEY (playerno)
    )ENGINE = InnoDB DEFAULT CHARSET = latin1;
Qurey OK,0 rows affected(0.09 sec)
```

```
mysql>CREATE TABLE penalty(
    paymentno int(11),
    playerno int(11),
    payment_date date,
    amount decimal(7,2),
    PRIMARY KEY (paymentno)
    )ENGINE = InnoDB DEFAULT CHARSET = latin1;
Qurey OK,0 rows affected(0.12 sec)
mysql>SHOW TABLES;
```

```
Tables

player

penalty
```

2 rows in set(0.00 sec)

球员表 player 和惩罚表 penalty 创建完成后，分别向两张表中插入数据，具体的 SQL 语句和执行过程如下：

```
mysql>INSERT INTO player VALUES(1,'Everet','M',1975,'024-2378593');
mysql>INSERT INTO player VALUES(2,'Parment','M',1977,'024-4655437');
mysql>INSERT INTO player VALUES(3,'Wise','M', 1981,'024-3454789');
mysql>INSERT INTO player VALUES(4,'NewCast','F',1980,'240-4565858');
mysql>INSERT INTO player VALUES(5,'Collins','F',1983,'023-2346657');
mysql>INSERT INTO player VALUES(6,'Lins','M',1993,'022-6879576');
mysql>INSERT INTO player VALUES(7,'Bishop','M',1980,'010-3938435');
mysql>INSERT INTO player VALUES(8,'Baker','M',1980,'020-3687853');
Records：8  Duplicates：0 Warnings：0
mysql>INSERT INTO penalty VALUES
(11,1,'1980-12-18',100),
(21,2,'1981-05-05',75),
(31,3,'1983-09-10',100),
(41,3,'1984-12-08',50),
(51,4,'1980-12-08',27),
(61,3,'1980-12-28',25),
(71,5,'1982-12-30',30),
(81,6,'1984-11-12',75);
Qurey OK,0 rows affected(0.00 sec)
Records：8  Duplicates：0 Warnings：0
```

从代码的执行结果可以看出，已经成功向球员表 player 和惩罚表 penalty 中插入数据。接下来使用 SELECT 语句查看两张表的详细内容，具体 SQL 语句如下：

```
mysql>SELECT * FROM player;
```

playerno	name	sex	joined	phoneno
1	Everet	M	1975	024-2378593
2	Parment	M	1977	024-4655437
3	Wise	M	1981	024-3454789
4	NewCast	F	1980	240-4565858

5	Collins	F	1983	023-2346657
6	Lins	M	1993	022-6879576
7	Bishop	M	1980	010-3938435
8	Baker	M	1980	020-3687853

8 rows in set(0.00 sec)

mysql＞SELECT ＊ FROM penalty；

paymentno	playerno	payment_date	amount
11	1	1980-12-18	100.00
21	2	1981-05-05	75.00
31	3	1983-09-10	100.00
41	3	1984-12-08	50.00
51	4	1980-12-08	27.00
61	3	1980-12-28	25.00
71	5	1982-12-30	30.00
81	6	1984-11-12	75.00

8 rows in set(0.00 sec)

例 6-3 使用交叉查询的方式查询 player 表和 penalty 表中所有数据的组合，需要注意的是，这里分别为 player 表和 penalty 表定义了别名，player 表别名为 p，penalty 表别名为 pe。

mysql＞SELECT p.playerno,p.name,pe.paymentno,pe.amount FROM player p CROSS JOIN penalty pe；

playerno	name	paymentno	amount
1	Everet	11	100.00
2	Parment	11	100.00
3	Wise	11	100.00
4	NewCast	11	100.00
5	Collins	11	100.00
6	Lins	11	100.00
7	Bishop	11	100.00
8	Baker	11	100.00
1	Everet	21	75.00
2	Parment	21	75.00
3	Wise	21	75.00
4	NewCast	21	75.00
5	Collins	21	75.00
6	Lins	21	75.00
7	Bishop	21	75.00

8	Baker	21	75.00
1	Everet	31	100.00
2	Parment	31	100.00
3	Wise	31	100.00
4	NewCast	31	100.00
5	Collins	31	100.00
6	Lins	31	100.00
7	Bishop	31	100.00
8	Baker	31	100.00
1	Everet	41	50.00
2	Parment	41	50.00
3	Wise	41	50.00
4	NewCast	41	50.00
5	Collins	41	50.00
6	Lins	41	50.00
7	Bishop	41	50.00
8	Baker	41	50.00
1	Everet	51	27.00
2	Parment	51	27.00
3	Wise	51	27.00
4	NewCast	51	27.00
5	Collins	51	27.00
6	Lins	51	27.00
7	Bishop	51	27.00
8	Baker	51	27.00
1	Everet	61	25.00
2	Parment	61	25.00
3	Wise	61	25.00
4	NewCast	61	25.00
5	Collins	61	25.00
6	Lins	61	25.00
7	Bishop	61	25.00
8	Baker	61	25.00
1	Everet	71	30.00
2	Parment	71	30.00
3	Wise	71	30.00

4	NewCast	71	30.00
5	Collins	71	30.00
6	Lins	71	30.00
7	Bishop	71	30.00
8	Baker	71	30.00
1	Everet	81	75.00
2	Parment	81	75.00
3	Wise	81	75.00
4	NewCast	81	75.00
5	Collins	81	75.00
6	Lins	81	75.00
7	Bishop	81	75.00
8	Baker	81	75.00

64 rows in set(0.00 sec)

以上执行结果一共查询出 64 条 player 表和 penalty 表的数据组合。

⚠️ 提示技巧

在实际应用中,通过笛卡尔积得到的数据并不能提供有效的信息。对两张表使用交叉查询时,加入限制条件,所得到的数据才更有实际意义。

查询每名球员及对应信息时加入过滤条件,将不需要的数据过滤掉。

mysql＞SELECT p. playerno,p. name,pe. paymentno,pe. amount FROM player p CROSS JOIN penalty pe WHERE p. playerno＝pe. playerno;

playerno	name	paymentno	amount
1	Everet	11	100.00
2	Parment	21	75.00
3	Wise	31	100.00
3	Wise	41	50.00
4	NewCast	51	27.00
3	Wise	61	25.00
5	Collins	71	30.00
6	Lins	81	75.00

8 rows in set(0.00 sec)

从以上执行结果可以看出,通过使用交叉查询并加入过滤条件,可以成功地查询出所有受过惩罚的球员的信息。

6.2.3 内连接查询

MySQL 数据库的 INNER JOIN 子句可以将一个表中的行与其他表中的行进行匹配,并允许从两个表中查询包含列的行记录,效果与 CROSS JOIN 语句类似,具体的语法格式如下:

```
SELECT 查询字段
FROM 表 1
［INNER］JOIN 表 2 ON 连接条件 1
［INNER］JOIN 表 3 ON 连接条件 2
…
WHERE 查询条件；
```

　　在以上语法格式中,INNER JOIN 用于连接两个表,因为 MySQL 默认的连接方式就是内连接,所以语法格式中的 INNER 可以省略。ON 用来指定连接条件,类似于 WHERE。INNER JOIN 子句的工作原理如图 6-6 所示。

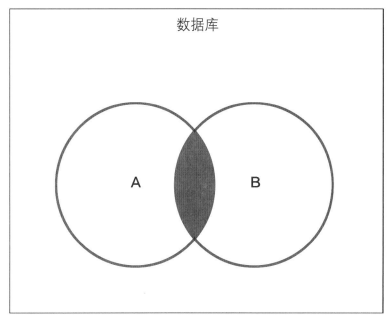

数据库

　　简单地说,INNER JOIN 子句就是将两个表中记录组合,并返回与关联字段相符的记录,也就是返回两个表的交集(阴影)部分。INNER JOIN 子句是 SELECT 语句的可选部分,它出现在 FROM 子句之后。在使用 INNER JOIN 子句时,需要注意以下问题。

　　(1)需要在 FROM 子句中指定主表。

　　(2)从理论上讲,INNER JOIN 子句可以连接多个其他表,但是,为了获得更好的性能,建议连接表的数量不超过 3 个。

　　(3)连接条件需要出现在 INNER JOIN 子句的 ON 关键字之后,连接条件是将主表中的行与其他表中的行进行匹配。

　　为了使读者更加清楚地了解 INNER JOIN 子句的使用方法,下面将用具体的实例进行演示。

例 6-5　使用 INNER JOIN 关键字连接 player 表和 penalty 表。

```
mysql＞SELECT p.playerno,p.name,pe.paymentno,pe.amount FROM player p INNER JOIN penalty pe ON p.playerno
＝pe.playerno；
```

playerno	name	paymentno	amount
1	Everet	11	100.00
2	Parment	21	75.00

3	Wise	31	100.00
3	Wise	41	50.00
4	NewCast	51	27.00
3	Wise	61	25.00
5	Collins	71	30.00
6	Lins	81	75.00

8 rows in set(0.00 sec)

从以上代码的执行结果可以看出，使用 INNER JOIN 子句查询出了所有球员中受过惩罚的球员信息，读者可以与前面使用的 CROSS JOIN 语句进行对比。另外，INNER JOIN 子句后也可以加入查询条件。

例 6-6 查询编号为 1 的球员的惩罚详细信息。

mysql＞SELECT p. playerno, p. name, pe. paymentno, pe. amount FROM player p INNER JOIN penalty pe WHERE p. playerno = 1；

playerno	name	paymentno	amount
1	Everet	11	100.00
1	Everet	21	75.00
1	Everet	31	100.00
1	Everet	41	50.00
1	Everet	51	27.00
1	Everet	61	25.00
1	Everet	71	30.00
1	Everet	81	75.00

8 rows in set(0.00 sec)

从以上代码的执行结果可以看出，成功地查询出了 1 号球员的惩罚详细信息。

6.2.4 外连接查询

外连接查询与内连接查询不同的是，内连接查询的返回结果只包含符合查询条件和连接条件的数据，而外连接查询可以返回没有关联的数据，返回结果不仅包含符合条件的数据，而且包含左表、右表或者两个表中的所有数据。外连接查询主要包括左外连接和右外连接，接下来将进行详细讲解。

1. 左外连接

左外连接是以左表为基准，查询结果中不仅显示满足左表条件的数据，还显示不满足条件的数据（左表的数据全部显示），而右表只保留满足条件的数据，不满足条件的显示为空。左外连接的工作原理如图 6-7 所示。

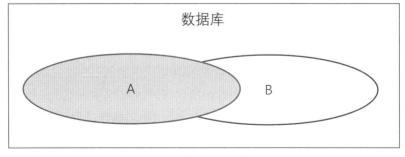

图 6-7 左外连接的工作原理

图 6-7 中的阴影部分表示左外连接的查询结果,左外连接查询的具体语法格式如下:

```
SELECT 查询字段 FROM 表 1 LEFT [OUTER] JOIN 表 2
ON 表 1.关系字段 = 表 2.关系字段
WHERE 查询条件;
```

在以上语法格式中,LEFT JOIN 表示返回左表中的所有记录以及右表中符合连接条件的记录,OUTER 是可以省略的,ON 后面是两张表的连接条件,WHERE 后面可以加查询条件。接下来通过具体案例演示左外连接的使用。

新建课程表 course1_table 和课程表 course2_table,并向其中插入数据,两张表的详细内容如下:

```
mysql>SELECT * FROM course1_table;
```

course_id	course_name
1	JAVA 基础
2	JAVA 框架应用
3	PHP 编程

3 rows in set(0.00 sec)

```
mysql>SELECT * FROM course2_table;
```

course_id	course_name
2	项目管理
3	C++程序设计
4	硬件接口
5	数据结构

3 rows in set(0.00 sec)

例 6-7 使用左外连接查询 course1_table 表和 course2_table 表中的所有信息,其中 course1_table 为左表。

```
mysql>SELECT * FROM course1_table a LEFT JOIN course2_table b ON a.course1_id = b.course2_id;
```

course1_id	course1_name	course2_id	course2_name
1	JAVA 基础	NULL	NULL
2	JAVA 框架应用	2	项目管理
3	PHP 编程	3	C++程序设计

3 rows in set(0.00 sec)

从以上查询结果可以看出,course1_table 表中的所有课程信息都显示了出来,而 course2_table 表中课程编号为 4 和 5 的两门课程的信息并没有显示出来。

2.右外连接

右外连接是以右表为基准,将右表的数据行全部保留,左表保留符合连接条件的行。右外连接的工作原理如图 6-8 所示。

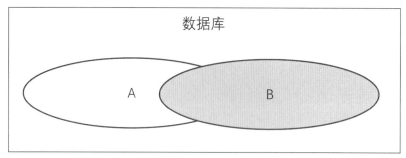

图 6-8 右外连接的工作原理

图 6-8 中的阴影部分表示右外连接的查询结果。右外连接查询的具体语法格式如下：

```
SELECT 查询字段 FROM 表 1 RIGHT [OUTER] JOIN 表 2
ON 表 1.关系字段 = 表 2.关系字段
WHERE 查询条件；
```

右外连接与左外连接一样，语法格式中的 ON 后面是两张表的连接条件。

例 6-8 使用右外连接对课程表 course1_table 和课程表 course2_table 进行查询，并以课程表 course2_table 为右表。

```
mysql>SELECT * FROM course1_table a RIGHT JOIN course2_table b ON a.course1_id = b.course2_id;
```

course1_id	course1_name	course2_id	course2_name
2	JAVA 框架应用	2	项目管理
3	PHP 编程	3	C++ 程序设计
NULL	NULL	4	硬件接口
NULL	NULL	5	数据结构

4 rows in set(0.00 sec)

从以上的查询结果可以看出，课程表 course2_table 的数据全部显示了出来，而课程表 course1_table 中课程编号为 1 的课程信息并没有显示出来。

6.2.5 自然连接查询

前面学习的多表连接查询需要指定表与表之间的连接字段，在 MySQL 数据库中还有一种自然连接，不需要指定连接字段，而是将表与表之间列名和数据类型相同的字段自动匹配，其语法格式如下：

```
SELECT 查询字段 FROM 表 1 [别名] NATURAL JOIN 表 2 [别名]；
```

在以上语法格式中，通过 NATURAL 关键字使两张表进行自然连接，默认按内连接的方式进行查询。

例 6-9 使用自然连接查询 course1_table 表和 course2_table 表的课程信息。

```
mysql>SELECT a.course1_id,a.course1_name,b.course2_id,b.course2_name FROM course1_table a NATURAL
JOIN course2_table b；
```

course1_id	course1_name	course2_id	course2_name
1	JAVA 基础	2	项目管理
2	JAVA 框架应用	2	项目管理
3	PHP 编程	2	项目管理
1	JAVA 基础	3	C++ 程序设计

2	JAVA 框架应用	3	C＋＋程序设计
3	PHP 编程	3	C＋＋程序设计
1	JAVA 基础	4	硬件接口
2	JAVA 框架应用	4	硬件接口
3	PHP 编程	4	硬件接口
1	JAVA 基础	5	数据结构
2	JAVA 框架应用	5	数据结构
3	PHP 编程	5	数据结构

12 rows in set(0.00 sec)

从以上查询结果可以看出,通过自然连接,不需要指定连接字段,就会查询出正确的结果,不会出现重复数据,这是自然连接默认的连接查询方式。自然连接也可以指定使用左连接或右连接的方式进行查询,语法格式如下:

```
SELECT 查询字段 FROM 表 1［别名］NATURAL［LEFT|RIGHT］JOIN 表 2［别名］;
```

在以上语法格式中,若需要指定左连接或右连接,添加 LEFT 关键字或 RIGHT 关键字即可。关于自然连接的左连接查询和右连接查询,可自行探究操作。

任务 6.3　嵌套查询

6.3.1　嵌套查询的用法

嵌套查询是指在一个外层查询中包含另一个内层查询。其中外层查询称为主查询,内层查询称为子查询。SQL 允许多层嵌套,由内而外地进行分析,子查询的结果作为主查询的查询条件。子查询中一般不使用 ORDER BY 子句,它只能对最终的查询结果进行排序。

嵌套查询的语法格式如下:

```
SELECT ＜目标表达式 1＞［,...］
FROM ＜表或视图名 1＞
WHERE［表达式］(SELECT ＜目标表达式 2＞［,...］
FROM ＜表或视图名 2＞)
[GROUP BY ＜分组条件＞
HAVING［＜表达式＞比较运算符］(SELECT ＜目标表达式 2＞［,...］
FROM ＜表或视图名 2＞ )];
```

在一个 SELECT 语句的 WHERE 子句或 HAVING 子句中嵌套另一个 SELECT 语句的查询称为嵌套查询,又称子查询,子查询是 SQL 语句的扩展。子查询可以在 WHERE 关键字后作为查询条件或在 FROM 关键字后作为表来使用。

6.3.2　子查询的常见种类

1.在 WHERE 语句中使用子查询

在复杂查询中,子查询往往作为查询条件来使用,它可以嵌套在一个 SELECT 语句中,并且 SELECT 语句放在 WHERE 关键字之后。执行查询语句时,首先会执行子查询中的语句,然后将返回结果作为外层查询的过滤条件。接下来通过具体的实例来演示子查询作为查询条件的使用。

例 6-10 查询所有处罚金额高于 2 号球员的处罚信息。

```
mysql>SELECT * FROM penalty WHERE amount>(SELECT amount FROM penalty WHERE playerno=2);
```

paymentno	playerno	Payment_date	amount
11	1	1980-12-18	100.00
31	3	1983-09-10	100.00

2 rows in set(0.00 sec)

从以上查询结果可以看出,有 2 名球员的处罚金额高于 2 号球员。SQL 语句中先使用子查询查出了 2 号球员的处罚金额,然后将结果作为查询条件查出了处罚金额高于 2 号球员的处罚信息。

例 6-11 查询与 Baker 同年加入俱乐部的所有球员的信息。

```
mysql>SELECT * FROM player WHERE joined=(SELECT joined FROM player WHERE name='Baker');
```

playerno	name	sex	joined	phoneno
4	NewCast	F	1980	240-4565858
7	Bishop	M	1980	010-3938435
8	Baker	M	1980	020-3687853

3 rows in set(0.00 sec)

从以上查询结果可以看出,有 2 名球员与 Baker 同年加入俱乐部。SQL 语句中使用子查询查出了 Baker 的加入时间,然后将结果作为查询条件查出了与 Baker 同年加入俱乐部的所有球员的信息。

2. 在 FROM 语句中使用子查询

前面讲解了子查询作为查询条件的使用,子查询还可以作为表来使用。SELECT 子句放在 FROM 关键字后,执行查询语句时,首先会执行子查询中的语句,然后将返回结果作为外层查询的数据源使用。接下来通过具体的实例来演示子查询作为表的使用。

例 6-12 查询 2 号球员的编号、名字、入会时间、处罚时间及处罚金额。

```
mysql>SELECT p.playerno,p.name,p.joined,pe.payment_date,pe.amount FROM player p,(SELECT playerno,
payment_date,amount FROM penalty) pe WHERE p.playerno=pe.playerno AND p.playerno=2;
```

playerno	name	joined	payment_date	amount
2	Parment	1977	1981-05-05	75.00

1 rows in set(0.00 sec)

从以上查询结果可以看出,2 号球员是 Parment,查询语句查出了他的球员编号、入会时间、处罚日期及处罚金额。SQL 语句中先使用子查询查出了所有的球员编号、处罚日期和处罚金额,然后将返回结果作为外层查询的数据源使用。

⚠ 提示技巧

当子查询的返回值只有一个时,可以使用比较运算符如=、<>、>=、<=、!=等将父查询和子查询连接起来。

如果子查询的返回值不只一个,而是一个集合时,则不能直接使用比较运算符,可以在比较运算符和子查询之间插入 ANY、SOME 或 ALL 操作符,其中等值关系可以用 IN 操作符,建议课后自行实践探究。

拓展阅读

图灵奖

知识自测

一、填空题

1. 表与表之间的关系包括_____、_____、_____、_____。

2. 左外连接以_____为基准。

3. 右外连接是以_____为主表,右表数据全部保留。

4. 在数据库中,使用_____表示两个表中每一行数据的所有组合。

5. 嵌套查询又被称为_____,其语句特点是_____。

二、单选题

1. 在 SQL 语句中,为了实现在查询中去掉重复数据的功能,需在 SELECT 语句中使用关键字(　　)。

　　A. ALL　　　　　　　B. UNION　　　　　　C. LIKE　　　　　　D. DISTINCT

2. 在聚合函数中,用来统计记录条数的函数是(　　)。

　　A. SUM()　　　　　　B. AVG()　　　　　　C. MAX()　　　　　　D. COUNT()

3. 下面选项中,执行效率更高的关键字是(　　)。

　　A. IN　　　　　　　　B. ON　　　　　　　　C. EXISTS　　　　　　D. NOT IN

4. 已知用户表 user 中存在字段 count,现要查询 count 字段中值为 null 的用户,下面 SQL 语句中正确的是(　　)。

　　A. SELECT ＊ FROM user WHERE count＝NULL;

　　B. SELECT ＊ FROM user WHERE count LINK NULL;

　　C. SELECT ＊ FROM user WHERE count = 'NULL';

　　D. SELECT ＊ FROM user WHERE count IS NULL;

5. SELECT 语句中,用于限制查询结果数量的关键字是(　　)。

　　A. SEELCT　　　　　B. GROUP BY　　　　　C. LIMIT　　　　　　D. ORDER BY

6. 下面能够用来判断表达式的值是否位于表中的关键字是(　　)。

　　A. NOT IN　　　　　B. ON　　　　　　　　C. WHERE　　　　　D. IN

7. 下面选项中,代表匹配单个字符的通配符是(　　)。

　　A. %　　　　　　　　B. ＊　　　　　　　　C. _　　　　　　　　D. ?

8. 查询 student 表中的 gender 字段(gender 代表性别),使其查询记录中不能出现重复值的 SQL 语句是(　　)。

　　A. SELECT gender FROM student;

　　B. SELECT DISTINCT ＊ FROM student;

　　C. SELECT DISTINCT gender FROM student;

　　D. SELECT ＊ FROM student;

9. SELECT 语句中,用于指定查询条件的关键字是(　　)。

　　A. WHILE　　　　　　B. GROUP BY　　　　　C. WHERE　　　　　D. HAVING

10. 下面选项中,用于查询 student 表中 id 值在 1,2,3 范围内的记录的 SQL 语句是(　　)。

　　A. SELECT ＊ FROM student WHERE id＝1,2,3;

B. SELECT ＊ FROM student WHERE (id＝1,id＝2,id＝3)；

C. SELECT ＊ FROM student WHERE id IN (1,2,3)；

D. SELECT ＊ FROM student WHERE id IN 1,2,3；

三、多选题

1. 下面关于交叉连接的说法中,正确的是(   )。

   A. 交叉连接在实际开发中很少使用

   B. 交叉连接在实际开发中经常使用

   C. 交叉连接实质就是对两表进行笛卡尔积操作

   D. 交叉连接使用 INNER JOIN 关键字

2. 下面关于内连接的说法中,描述正确的是(   )。

   A. 内连接使用 INNER JOIN 关键字来进行连接

   B. 内连接使用 CROSS JOIN 关键字来进行连接

   C. 内连接又称简单连接或自然连接

   D. 内连接只有满足条件的记录才能出现在查询结果中

3. 假定 user 表中有一个 username 字段。下面选项中,给 username 字段添加 un 别名的 SQL 语句是(   )。

   A. SELECT username IS un FROM user；   B. SELECT username AS un FROM user；

   C. SELECT username, un FROM user；   D. SELECT username un FROM user；

4. 下列关于统计函数 COUNT (字符串表达式)的叙述中,正确的是(   )。

   A. 返回字符表中值的个数,即统计记录的个数

   B. 统计字段应该是数值类型

   C. 字符串表达式可以是字段名

   D. 以上都不正确

5. 假定 student 表中存在成绩字段 score,班级字段 classes。对于上述数据,下列 SQL 语句和对应的描述正确的是(   )。

   A. SELECT AVG(score) FROM student GROUP BY classes；查询班级的平均成绩,不包含没有参加考试的学生

   B. SELECT SUM(score)/COUNT(＊) FROM student GROUP BY classes；查询班级的平均成绩,包含没有参加考试的学生

   C. SELECT classes, SUM(score)/COUNT(＊) FROM student GROUP BY classes；查询各班的平均成绩(显示班级),含没有参加考试的学生

   D. 以上描述都有问题

四、编程题

1. 请编写一段 SQL 语句,使用交叉连接查询 department(部门表)和 employee(员工表)表中的所有数据。

2. 已知数据库中有一张 user 表,表中有字段 id、name、age 和 address,请查询出表中 age 大于 18 的所有信息。

3. 已知数据库中有一张会员表,表中字段分别为会员编号、姓名、性别和入会时间,请查询表中除会员"小七"以外的所有会员信息。

4. 现有一张 score 表记录所有学生的数学和英语成绩,表中字段分别为学号、姓名、学科和分数,请按照以下要求编写 SQL 语句。

   (1)查询姓名为张三的学生成绩。

   (2)查询英语成绩大于 90 分的同学。

   (3)查询总分大于 180 分的所有同学的学号。

5.已知有一张 user 表,表中有字段 id,name,请按照以下要求编写 SQL 语句。

(1)删除 user 表中 id 为 NULL 的数据。

(2)将 user 表中 name 为 NULL 的 name 值都改为"匿名"。

技能自测

1.已知 student 表中有 id、name、grade 和 gender 四个字段,请按照以下要求设计 SQL 语句。

(1)id 字段值在 1、2、3、4 之中;

(2)name 字段值以字符串"ng"结束;

(3)grade 字段值小于 80。

请写出一个 SQL 语句同时满足上述三个需求。

2.有一张 teacher 表,表中字段有 id 和 name:

(1)查询姓张的所有老师的姓名。

(2)查询名字中含有"国"字的老师。

(3)查询姓张的但姓名只有两个字的老师。

学习成果达成与测评

单元 6　学习成果达成与测评表单

任务清单	知识点	技能点	综合素质测评	分　值
任务 6.1				⑤④③②①
任务 6.2				⑤④③②①
任务 6.3				⑤④③②①
拓展阅读				⑤④③②①

单元7

视图与索引

单元导读

视图是一张存储指定查询语句的虚拟表。视图可以增强数据库系统的安全性,因为使用视图的用户只能访问被允许查看的数据,而不是数据库基础表中的全部数据。视图中的数据来源于定义视图所引用的表,并且能够实现动态引用,即表中数据发生变化,视图中的数据也随之变化。索引是一种将数据库中单列或者多列的值进行排序的结构。在 MySQL 数据库中,索引由数据表中的一列或多列组合而成的一种特殊的数据库结构。创建索引的目的是为了优化数据库的查询速度。索引是影响数据性能的重要因素之一,设计高效且合理的索引可以显著提高数据信息的查询速度和应用程序的性能。

知识与技能目标

(1)掌握视图的创建与管理方法。

(2)熟悉管理视图表数据。

(3)了解索引和分类。

(4)掌握设计索引的原则。

素质目标

(1)结合社会主义核心价值观,树立职业道德,懂得诚信的必要性和深刻内涵。

(2)学习数据的约束和完整性规则,建立规则意识。

单元结构

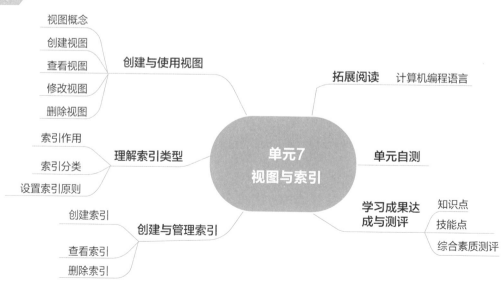

社会主义核心价值观

党的十八大提出，倡导富强、民主、文明、和谐，倡导自由、平等、公正、法治，倡导爱国、敬业、诚信、友善，积极培育和践行社会主义核心价值观。富强、民主、文明、和谐是国家层面的价值目标，自由、平等、公正、法治是社会层面的价值取向，爱国、敬业、诚信、友善是公民个人层面的价值准则。党的二十大再次强调，社会主义核心价值观是凝聚人心、汇聚民力的强大力量，要广泛践行社会主义核心价值观。

培养完整的社会主义核心价值观，必然会规范一个人的意志品质。就像我们的行为会受价值观的影响一样，视图中的数据也依赖于构建视图的基础表。如果基础表发生变化，视图也会改变，如果一个人没有树立正确的价值观，那么其行为也会受此影响。

任务 7.1　创建与使用视图

创建一个名为 unit7 的数据库，并创建 5 个表，分别是教师表、学生表、课程表、班级表和成绩表。接下来将介绍视图和索引的相关操作。

7.1.1　视图概念

视图是从一个单张或多张基础数据表或其他视图中构建出来的虚拟表。同基础表一样，视图中也包含一系列带有名称的列和行数据，但是数据库中只存在视图的定义，也就是动态检索数据的查询语句，而视图中的数据并不存在，这些数据依旧存放于构建视图的基础表中。只有当用户使用视图时才访问数据库来请求相对应的数据，即视图中的数据是在引用视图时动态生成的。因此，视图中的数据依赖于构建视图的基础表，如果基础表中的数据发生了变化，视图中相应的数据也会跟着变化。

视图为数据库用户提供了很多的便利，主要包括以下几个方面。

(1)简化数据的查询和处理。视图可以为用户集中多个表中的数据，简化用户对数据的查询和处理。视图可以使用户将注意力集中在所关心的数据上，而不需要关心数据表的结构或与其他表的关联条件及查询条件等。

数据库中数据的查询有时会非常复杂，如多表查询中的连接查询和子查询等。如果这样的查询需要多次使用时，都需要编写相同的 SQL 语句，这不仅会增加用户的工作量，而且不一定能够保证每次编写的正确性，所以视图的优势就体现出来了。可以将经常使用的复杂查询定义为一个视图，然后每次只需要在此视图上进行一些简单查询即可，从而大大简化用户的操作难度。例如，定义了若干张表连接的视图就可以将表与表之间的连接操作对用户隐藏起来，换句话说，用户所做的只是对一个虚拟表的简单查询，至于这个虚拟表是如何得到的，使用视图的用户无需了解。

(2)为机密数据提供安全保护。有了视图，就可以在设计数据库应用系统时，对不同的用户定义不同的视图，避免机密数据出现在不应该看到这些数据的用户视图上，这样视图就自动提供了对于机密数据的安全保护功能。例如，学生表涉及全校 15 个院系的学生数据，因而可以根据表定义 15 个视图，每个视图只包含一个院系的学生数据，并且只允许每个院系的领导查询和修改本院系的学生视图。

也就是说，通过视图用户只能访问被允许访问的数据。这种对于表中的某些行为或者某些列数据的限制是不能通过对表的权限管理(数据库对用户的权限管理)来实现的，但使用视图却可以轻松实现。

(3)提供了一定程度上的数据逻辑独立性。数据的逻辑独立性是指当数据库中的表结构发生变化时，如增加新的关系或对原有的关系增加新的字段时，用户的应用程序不会受影响。而一旦视图的结构确定后，就可以屏蔽基础表结构变化对用户的影响，即基础表增加字段对视图没有任何影响。当然，视图只能在一定程度上提供数据的逻辑独立性。例如，基础表修改字段时，仍然需要经过修改视图来解决，但不会给用户造成很大的麻烦。

7.1.2　创建视图

1.语法格式

视图是从单张、多张基础数据表或其他视图中构建出来的虚拟表，所以视图的作用类似于对数据表进行筛选。因此除了使用创建视图的关键字 CREATE VIEW 外,还必须使用 SQL 语句中的 SELECT 语句来实现视图的创建。创建视图的 SQL 语法如下:

```
CREATE [or replace] [algorithm = {undefined|merge|temptable}]
VIEW view_name [(column_list)]
AS select_statement
[with[ cascaded|local] check option];
```

说明:

(1)CREATE VIEW:能够创建新的视图,如果给定了[or replace]子句,该语句还能替换已有的视图。

(2)view_name:视图名,视图属于数据库。默认情况下,将在当前数据库中创建视图。如果要在其他给定数据库中创建视图,应将名称指定为 db_name. view_name,视图名不能与表同名。

(3)algorithm={undefined|merge|temptable}:algorithm 为可选项,表示视图选择的执行算法;undefined 表示 MySQL 将自动选择算法;merge 表示将合并视图定义和视图语句,使得视图定义的某一部分取代语句中的对应部分;temptable 表示将视图结果存储到临时表,然后利用临时表执行语句。

(4)select_statement:用来创建视图的 SELECT 语句,它给出了视图的定义。该语句可以从基本表或其他视图进行选择。默认情况下,由 SELECT 语句检索的列名将用作视图列名。如果相应视图列定义另外的名称,可使用 columu_list 子句,列出由逗号隔开的列名称即可。但要注意,columu_list 中的名称数目必须等于 select 语句检索的列数。

(5)cascaded|local:可选参数。cascaded 为默认值,表示更新视图时要满足所有相关视图和表的条件,local 表示更新视图时满足该视图本身的定义即可。

(6)[with check option]:要求具有针对视图的 CREATE VIEW 语句权限,以及针对由 SELECT 语句选择列上的某些权限。对在 SELECT 语句中使用其他来源的列,必须具有 SELECT 语句权限,如果还有[or replace]语句,则必须具有 drop 权限。

在视图定义中命名的表必须已存在,视图必须具有唯一的列名,不得有重复,就像基本表一样,还要有如下限制。

(1)在视图的 FROM 语句中不能使用子查询。

(2)在视图的 SELECT 语句中不能引用系统或用户变量。

(3)在视图的 SELECT 语句中不能引用预处理语句参数。

(4)在视图定义中允许使用 ORDER BY 子句。但是,如果从特定视图进行了选择,而该视图使用了自己的 ORDER BY 子句,则视图定义中的 ORDER BY 子句将被忽略。

(5)在定义中引用的表或视图必须存在,但是创建了视图后,能够舍弃定义中引用的表或视图。要想检查视图定义是否存在这类问题,可使用 check table 语句。

(6)在定义中不能引用临时表,不能创建临时视图。

(7)不能将触发程序与视图关联在一起。

2.准备数据库和表

(1)创建一个名为 unit7 的数据库,其 SQL 语句如下:

```
mysql>CREATE DATABASE unit7;
mysql>USE unit7;
```

(2)创建一个 t_course 表,其 SQL 语句如下:

```
mysql>CREATE TABLE t_course(
    course_id int NOT NULL AUTO_INCREMENT,
    course_name varchar(10),
```

```
       PRIMARY KEY(course_id)
       );
mysql>INSERT INTO t_course VALUES(null,"JAVA 基础"),(null,"JAVA 框架应用"),(null,"PHP 编程");
```

（3）在库里创建一个 t_teacher 表，其 SQL 语句如下：

```
mysql>CREATE TABLE t_teacher(
       teacher_id int NOT NULL AUTO_INCREMENT,
       teacher_name varchar(10),
       age int,
       PRIMARY KEY(teacher_id)
       );
mysql>INSERT INTO t_teacher VALUES(null,"陈老师",20),(null,"黄老师",28),(null,"白老师",30);
```

（4）创建一个 t_class 表，其 SQL 语句如下：

```
mysql>CREATE TABLE t_class(
       class_id int NOT NULL AUTO_INCREMENT,
       class_name varchar(10) NOT NULL,
       teacher_id int NOT NULL,
       PRIMARY KEY(class_id),
       CONSTRAINT fk_teacher_id FOREIGN KEY(teacher_id) REFERENCES t_teacher(teacher_id)
       );
mysql>INSERT INTO t_class VALUES(null,"软件 1 班",1),(null,"软件 2 班",2),(null,"计算机 1 班",3),(null,"计算机 2 班",1),(null,"自动化 1 班",2);
```

（5）创建一个 t_student 表，其 SQL 语句如下：

```
mysql>CREATE TABLE t_student(
       stu_id int NOT NULL AUTO_INCREMENT,
       stu_name varchar(10) NOT NULL,
       age int,
       class_id int,
       PRIMARY KEY(stu_id),
       CONSTRAINT fk_class_id FOREIGN KEY (class_id) REFERENCES t_class(class_id)
);
mysql>INSERT INTO t_student VALUES(null,"大力",20,1),(null,"晶晶",25,1),(null,"景斌",30,2),(null,"华彬",22,2),(null,"嘉诚",18,3),(null,"李四",33,5),(null,"张三",33,5),(null,"张三",33,4);
```

（6）创建一个 t_score 表，其 SQL 语句如下：

```
mysql>CREATE TABLE t_score(
       stu_id int NOT NULL,
       course_id int NOT NULL,
```

```
       score int NOT NULL,
       PRIMARY KEY(stu_id,course_id),
       CONSTRAINT fk_stu_id FOREIGN KEY (stu_id) REFERENCES t_student(stu_id),
       CONSTRAINT fk_course_id FOREIGN KEY (course_id) REFERENCES t_course(course_id)
       );
mysql>INSERT INTO t_score VALUES
       (1,1,100),(1,2,88),(1,3,50),(2,1,70),(2,2,58),(2,3,80),(3,1,10),(3,2,68),(3,3,90),
       (4,1,67),(4,2,88),(4,3,50),(5,1,66),(5,2,58),(5,3,60),(6,1,76),(6,2,38),(6,3,71),
       (7,1,45),(7,2,98),(7,3,88);
```

3. 在单表上创建视图

例 7-1 在 t_teacher 表上创建一个简单的视图,视图名称为 teach_view。

```
mysql>CREATE VIEW teach_view AS SELECT * FROM t_teacher;
Query OK,0 rows affected(0.06 sec)
```

可以利用 SELECT 语句查询视图 teach_view 的数据,其查询结果如下:

```
mysql>SELECT * FROM teach_view;
```

teacher_id	teacher_name	age
1	陈老师	20
2	黄老师	28
3	白老师	30

3 rows in set(0.01 sec)

通过查询可以看到已创建的视图 teach_view 中共有 3 条数据。

4. 在多表上创建视图

MySQL 数据库中也可以在两个或两个以上的表上创建视图。

例 7-2 在 t_student 表、t_course 表和 t_score 表上创建一个名为 score_view 的视图,视图中保留学生的学号、姓名、年龄、课程号和成绩。

```
mysql>CREATE VIEW score_view AS SELECT t_student.stu_id, t_student.stu_name,age,t_score.course_id,score
FROM t_score JOIN t_student ON t_student.stu_id=t_score.stu_id JOIN t_course ON t_course.course_id=t_score.course
_id;
Query OK,0 rows affected(0.06 sec)
```

此视图保存有三个表的数据,可以利用 SELECT 语句查询视图 score_view 的数据,其查询结果如下:

```
mysql>SELECT * FROM score_view;
```

stu_id	stu_name	age	course_id	score
1	大力	20	1	100
2	晶晶	25	1	70
3	景斌	30	1	10
4	华彬	22	1	67

5	嘉诚	18	1	66
6	李四	33	1	76
7	张三	33	1	45
1	大力	20	2	88
2	晶晶	25	2	58
3	景斌	30	2	68
4	华彬	22	2	88
5	嘉诚	18	2	58
6	李四	33	2	38
7	张三	33	2	98
1	大力	20	3	50
2	晶晶	25	3	80
3	景斌	30	3	90
4	华彬	22	3	50
5	嘉诚	18	3	60
6	李四	33	3	71
7	张三	33	3	88

21 rows in set(0.00 sec)

通过查询可以看到视图 score_view 中有 21 条记录。

5. 在已存在的视图上创建视图

例 7-3 创建视图 score_view2，统计期末成绩高于 80 分的学生学号和姓名。

mysql＞CREATE VIEW score_view2 AS SELECT stu_id,stu_name,score FROM score_view WHERE score＞80；
　　Query OK，0 rows affected(0.06 sec)

可以通过 select 语句查看视图 score_view2 的数据，其查询结果如下：

mysql＞SELECT ＊ FROM score_view2；

stu_id	stu_name	score
1	大力	100
1	大力	88
3	景斌	90
4	华彬	88
7	张三	98
7	张三	88

6 rows in set(0.00 sec)

说明：

(1)定义视图时基本表可以是当前数据库的表,也可以是来自另外一个数据库的基本表,只要在表名前添加数据库名称即可,如 unit7. t_score。

(2)定义视图时可在视图名后面指明视图列的名称,名称之间用逗号分开,但列数要与 SELECT 语句检索的列数相等。例如,定义视图 teach_view2 可以写成如下方式。

```
CREATE VIEW teach_view2(教师号,教师名,专业) AS SELECT teachno,tname,major;
```

(3)使用视图查询时,若其基本表中添加了新字段,则该视图将不包含新字段。

(4)如果与视图相关联的表或视图被删除,则该视图将不能再使用。

7.1.3 查看视图

查看视图是指查看数据库中已存在的视图的定义。查看视图必须要有 SHOW VIEW 的权限,MySQL 数据库下的 user 表中保存着这个信息。查看视图的方法包括 DESCRIBE 语句、SHOW TABLE STATUS 语句、SHOW CREATE VIEW 语句和查询 information_schema 数据库下的 views 表等。

1.利用 DESCRIBE 语句查看视图的基本信息

使用 DESCRIBE 语句可以查看表的基本信息,同样也可以使用 DESCRIBE 语句查看视图的基本信息。使用 DESCRIBE 语句查看视图的形式与查看表的形式是一样的。

2.利用 SHOW TABLE STATUS 语句查看视图的基本信息

在 MySQL 数据库中,使用 SHOW TABLE STATUS 语句来查看视图的基本信息,其语法格式如下：

```
SHOW TABLE STATUS LIKE '视图名';
```

其中,LIKE 表示后面匹配的是字符串;视图名参数指要查看的视图的名称,需要用单引号引起。

3.利用 SHOW CREATE VIEW 语句查看视图的详细信息

在 MySQL 数据库中,利用 SHOW CREATE VIEW 语句可以查看视图的详细信息,其语法格式如下：

```
SHOW CREATE VIEW 视图名;
```

4.在 views 表中查看视图的详细信息

在 MySQL 数据库中,所有视图的定义都保存在 information_schema 数据库下的 views 表中。其语法格式如下：

```
SELECT * FROM information_schema.views;
```

7.1.4 修改视图

修改视图是指修改数据库中已存在的表的定义。当基本表的某些字段发生改变时,可以通过修改视图来保持视图和基本表的一致。MySQL 数据库中通过 CREATE OR REPLACE VIEW 语句和 ALTER 语句来修改视图。

CREATE OR REPLACE VIEW 语句的使用非常灵活。在视图已经存在的情况下,可以对视图进行修改;视图不存在时,可以创建视图。

ALTER 语句可以修改表的定义,也可以创建索引,还可以用来修改视图。ALTER 语句修改视图的语法格式如下：

```
ALTER [algorithm = {undefined|merge|temptable}]
VIEW view_name[(column_list)]
AS SELECT 语句
[with [cascaded|local] check option];
```

例 7-4 修改视图 score_view2,并在视图名后面指明视图列的名称。

```
mysql>ALTER VIEW score_view2(学号,学生姓名,成绩) AS SELECT stu_id,stu_name,score FROM score_view2;
    Query OK, 0 rows affected(0.06 sec)
mysql>SELECT * FROM score_view2;
```

学号	学生姓名	成绩
1	大力	100
2	晶晶	70
3	景斌	10
4	华彬	67
5	嘉诚	66
6	李四	76
7	张三	45

1	大力	88
2	晶晶	58
3	景斌	68
4	华彬	88
5	嘉诚	58
6	李四	38
7	张三	98

1	大力	50
2	晶晶	80
3	景斌	90
4	华彬	50
5	嘉诚	60
6	李四	71
7	张三	88

21 rows in set(0.00 sec)

7.1.5　删除视图

删除视图是指删除数据库中已存在的视图。删除视图时,只能删除视图的定义,不会删除数据。在MySQL 数据库中,用户必须拥有 DROP 权限才能使用 DROP VIEW 语句来删除视图。

使用 DROP VIEW 命令可以删除多个视图,各视图名之间用逗号分隔,其基本格式如下:

```
DROP VIEW [IF EXISTS] view_name [,…] [restrict|cascaded]
```

参数说明如下。

IF EXISTS:判断视图是否存在,若存在则执行删除视图操作;若不存在则不执行删除视图操作。

view_name [,…]:要删除的视图的名称和列表,各个视图名称之间用逗号隔开。

cascaded:表示删除视图时要满足相关视图和表的条件。

例 7-5 删除 student_view 视图。

```
mysql>DROP VIEW student_view;
```

如果在 MySQL Workbench 中删除视图,只要点击需要删除的视图,执行 DROP VIEW 命令,按照操作提示就可以完成。

任务 7.2　理解索引类型

在 MySQL 数据库中,索引(INDEX)是影响数据性能的重要因素之一,设计高效且合理的索引可以显著提高数据信息的查询速度和应用程序的性能。

索引是由数据库表中一列或多列组合而成的一种特殊的数据库结构,利用索引可以快速查询数据库表中的特定记录信息。在 MySQL 数据库中,所有的数据类型都可以使用索引。

7.2.1　索引作用

MySQL 数据库的索引是为了加速对数据进行检索而创建的一种分散的、物理的数据结构。索引包含表或视图中的一个或多个列生成的键,以及映射到指定数据行的存储位置指针。索引是依赖于表建立的,提供了在数据库中编排表中数据的内部方法。表的存储由两部分组成,一部分是表的数据页面,另一部分是索引页面,索引存放在索引页面上。

数据库中索引的形式与图书的目录相似,键值就像目录中的标题,指针相当于页码。索引的功能就像图书目录一样能帮助读者快速地查找图书页面内容,而不必通过扫描整个数据表来找到想要的数据行。

可以想象一下,当 MySQL 数据库在执行一条查询语句时,默认的执行过程是根据搜索条件进行全表扫描,遇到匹配条件的就加入搜索结果集合。如果查询语句涉及多个表连接,包括了许多搜索条件(如大小比较、LIKE 匹配等),而且表数据量特别大时,在没有索引的情况下,MySQL 需要执行的扫描行数会很多,速度也会很慢。

索引一旦创建,将由数据库自动管理和维护。例如,向表中插入、更新和删除一条记录时,数据库会自动在索引中做出相应的修改。在编写 SQL 查询语句时,具有索引的表与不具有索引的表没有任何区别,索引只是提供了一种快速访问指定记录的方法。

在实际过程中,当 MySQL 执行查询时,查询优化器会对可用的多种数据检索方法的成本进行估计,从中选择最有效的查询计划。

在数据库中使用索引的优点如下。

(1)加速数据检索:索引能够以一列或多列的值为基础实现对数据行的快速查找。

(2)优化查询:查询优化器是依赖于索引起作用的,索引能够加速连接、排序和分组等操作。

(3)强制实施行的唯一性:通过给列创建唯一索引,可以保证表中的数据不重复。

需要注意的是,索引并不是越多越好,要正确认识索引的重要性和设计原则,创建合适的索引。

7.2.2 索引分类

1. 普通索引

普通索引(INDEX),索引的关键字是 INDEX。普通索引是 MySQL 数据库中的基本索引类型,允许在定义索引的列中插入重复值和空值。

2. 主键索引

主键索引(PRIMARY KEY)是一种特殊的唯一索引,不允许有空值。一般是在建表的同时创建主键索引,也可通过修改表的方法增加主键,但一个表只能有一个主键索引。

3. 唯一性索引

唯一性索引(UNIQUE),其索引列的值必须唯一,允许有空值。如果是组合索引,则列值的组合必须唯一,在一个表上可以创建多个唯一性索引。

4. 全文索引

全文索引(FULLTEXT)是指在定义索引的列上支持值的全文查找,允许在这些索引列中插入重复值和空值。该索引只能对 char、varchar 和 text 类型的列编制索引,并且只能在 MyISAM 表中编制。即 MySQL 中只有 MyISAM 存储引擎支持全文索引。在 MySQL 的默认情况下,对中文作用不大。

5. 空间索引

空间索引(SPATIAL)是对空间数据类型的字段建立的索引。MySQL 数据库中的空间数据类型有四种,分别是 geometry、point、linestring 和 polygon。MySQL 数据库中使用 spatil 关键字进行扩展,用于创建正规索引的语法也能够创建空间索引。创建空间索引的列,必须将其声明为 NOT NULL,空间索引只有在存储引擎 MyISAM 的表中创建。对于初学者来说,这类索引用的较少。

7.2.3 设置索引原则

在数据表中创建索引,为使索引的使用效率更高,必须考虑在哪些字段上创建索引和创建什么类型的索引。首先要了解以下常用的基本原则。

(1)一个表创建大量索引,会影响 INSERT、UPDATE 和 DELETE 语句的性能。应避免对经常更新的表创建过多的索引,要限制索引的数目。

(2)若表的数据量大,对表数据的更新较少、查询较多,则可以创建多个索引来提高性能。

（3）经常需要排序、分组和关联操作的字段一定要建立索引，即在用 JOIN、WHERE 判断和 ORDER BY 排序的字段上创建索引。

（4）在视图上创建索引可以显著地提升查询性能。

（5）尽量不要对数据库中某个含有大量重复值的字段建立索引，在这样的字段上建立索引有可能降低数据库的性能。

（6）在主键上创建索引，即每个表创建一个主键索引。在 InnoDB 中通过主键来查询数据，其效率是非常高的。

（7）要限制索引的数目，对于不再使用或者很少使用的索引要及时删除。

（8）InnoDB 数据引擎的索引键最长支持 767 字节，MyISAM 数据引擎支持 1000 字节。

任务 7.3　创建与管理索引

7.3.1　创建索引

创建索引通常有三种命令格式，即创建表时附带创建索引、修改表时创建索引和使用 ALTER TABLE 语句创建索引，利用 MySQL Workbench 等工具也可以实现以可视化的方式来创建索引。下面将详细介绍这三种命令格式。

1. 创建表时附带创建索引

如果基本表已经创建完毕，就可以使用 CREATE INDEX 语句来创建索引。

创建索引基本格式如下：

```
CREATE [UNIQUE|FULLTEXT|SPATIAL] INDEX index_name
ON table_name(index_col_name,…);
```

说明：

（1）CREATE INDEX：创建索引的关键词。

（2）UNIQUE|FULLTEXT|SPATIAL：创建索引的类型。UNIQUE 是唯一性索引，FULLTEXT 是全文索引，SPATIAL 是空间索引。

（3）index_name：索引名。索引名可以不写，若不写索引名，则默认与列名相同。

（4）table_name：创建索引对应的表。

（5）index_col_name：表示创建索引列的名称，其格式如下。

```
col_name[(length)] [asc|desc]
```

创建索引时，可以使用 col_name(length)语法对前缀编制索引。前缀包括每列值的前几个字符，由 length 指定。对于数据类型为 char 和 varchar 的列，只用一列的一部分就可以创建索引。数据类型为 blob 和 text 的列也可以编制索引，但是必须给出前缀长度。因为多数名称的前 10 个字符通常不同，所以创建索引不会比使用列的全名创建索引的速度慢很多。

另外，使用列的一部分创建索引可以使索引文件大大减少，从而节省大量的磁盘空间，可以提高 INSERT 操作的速度。

例 7-6　在 t_course 表的 couse_name 列上建立一个唯一性索引 couse_name_index。

```
mysql>CREATE UNIQUE INDEX course_name_index ON t_course(course_name);
    Query OK,0 rows affected(0.83 sec)
    Records：0 Duplicateds：0 Warnings：0
```

例 7-7 在 t_score 表的 stu_id 和 course_id 列上建立一个复合索引 sc_index。

```
mysql>CREATE INDEX sc_index ON t_score(stu_id,course_id);
    Query OK,0 rows affected(0.83 sec)
    Records：0 Duplicateds：0 Warnings：0
```

2.创建表时创建索引

创建表时可以直接创建索引,这种方式最为简单、方便。

例 7-8 创建 teacher1 表时,为 tname 字段建立一个唯一性索引 tname_index,为 department 字段建立一个前缀索引 dep_index。

```
mysql>CREATE TABLE IF NOT EXISTS teacher1(
    teacherno CHAR(6) NOT NULL comment '教工号',
    tname CHAR(8) NOT NULL comment '教师姓名',
    major CHAR(10) NOT NULL comment '研究方向',
    prof CHAR(10) NOT NULL comment '职称',
    department CHAR(16) NOT NULL comment '部门',
    PRIMARY KEY(teacherno),
    UNIQUE INDEX tname_index(tname),
    INDEX dep_index(department(5)
    );
Query OK,0 rows affected(0.83 sec)
```

3.使用 ALTER TABLE 语句创建索引

例 7-9 在 teacher1 表上建立 teacherno 字段的主键索引(假定未创建主键索引),建立 tname 和 prof 字段的复合索引。

```
mysql> ALTER TABLE teacher1
    add primary key(teacherno),
    add index mark(tname,prof);
Query OK,0 rows affected(0.83 sec)
Records：0 Duplicateds：0 Warnings：0
```

如果主键索引已经创建,则会出现如下信息。

```
ERROR 1068(42000):Multiple primary key defined
```

说明:

(1)只有表的所有者才能给表创建索引。索引的名称必须符合 MySQL 数据库的命名规则,且必须是表中唯一的。

(2)主键索引必定是唯一的,但唯一性索引不一定是主键。一张表上只能有一个主键,可以有一个或多个唯一性索引。

(3)当给表创建 UNIQUE 约束时,MySQL 数据库会自动创建唯一性索引。创建唯一性索引时,应保证创建索引的列不包括重复的数据,并且没有两个或两个以上的空值(NULL)。因为创建索引时会将两个空值也视为重复的数据,如果有这种数据,必须先将其删除,否则索引不能被成功创建。

7.3.2 查看索引

若想查看已存在的表中的索引,可以使用 SHOW INDEX FROM table_name 语句实现。

例 7-10 查看例题 7-9 所创建的索引。

mysql＞SHOW INDEX FROM teacher1;

7.3.3　删除索引

删除不再需要的索引，可以通过 DROP 语句来删除，也可用 ALTER TABLE 语句删除。

1. 利用 DROP INDEX 语句删除索引

利用 DROP INDEX 语句删除索引的语法格式如下：

DROP INDEX index_name ON table_name;

例 7-11 删除 teacher1 表的 mark 索引

mysql＞DROP INDEX mark ON teacher1;

2. 利用 ALTER TABLE 语句删除索引

利用 ALTER TABLE 语句删除索引的语法格式如下：

```
Alter [ignore] TABLE table_name
    |DROP PRIMARY KEY
    |DROP INDEX index_name
    |DROP FOREIGN key fk_symbol
```

例 7-12 利用 ALTER TABLE 语句同样可以删除 course 表中的 cname_index 索引。

mysql＞ALTER TABLE course DROP INDEX cname_index;

说明：

（1）DROP INDEX 语句可以删除各种类型的索引，包括唯一性索引。

（2）如果要删除主键索引，则可以直接使用 DROP PRIMARY KEY 语句进行删除，不需要提供索引名称，因为一个表中只有一个主键。

📖 拓 展 阅 读

计算机编程语言

单元自测

知识自测

一、选择题

1. 下列（　　）语句不能用于创建索引。

　A. CREATE INDEX 　　　　　　　　　B. CREATE TABLE

　C. ALTER TABLE 　　　　　　　　　　D. CREATE DATABASE

2. 下面对索引的相关描述正确的是（　　）。

　A. 经常被查询的列不适合建索引 　　　B. 小型表适合建索引

　C. 有很多重复值的列不适合建索引 　　D. 是外键或主键的列不适合建索引

3. MySQL 数据库中不可对视图执行的操作有（   ）。

   A. SELECT   B. INSERT

   C. DELETE   D. CREATE INDEX

4. 对视图的描述错误的是（   ）。

   A. 视图是一张虚拟表

   B. 视图定义包含 LIMIT 子句时才能设置排序规则

   C. 可以像查询表一样来查询视图

   D. 被修改数据的视图只能是一个基本表的列

5. 在 MySQL 数据库中唯一性索引的关键字是（   ）。

   A. FULLTEXT   B. ONLY

   C. UNIQUE   D. INDEX

二、填空题

1. 若想在 book 表的 info 字段上创建名称为 fulltextidx 的全文索引，则 SQL 语句是_____。

2. 若想在 book 表中的 bookid 字段上建立一个名称为 uniqueidx 的唯一性索引，则 SQL 语句是_____。

3. 若要查看数据库中的视图 view_new 的名称、创建语句、字符编码等信息，查看语句为_____。

4. 空间索引是由_____关键字定义的索引，它只能创建在空间数据类型的字段上。

5. 在创建视图时，如果有 OR REPLACE 子句，必须在视图上具有_____权限。

6. 视图是从一个或多个表中导出来的表，它的数据依赖于_____。

7. 在 MySQL 数据库中，使用_____语句可以查看视图的字段名、字段类型等字段信息。

8. 在 MySQL 数据库中，可以使用_____语句来删除视图。

9. 目前只有_____存储引擎支持由 FULLTEXT 关键字定义的全文索引。

10. 在 MySQL 数据库中，除了使用 CREATE OR REPLACE VIEW 语句修改视图外，还可以使用_____语句来修改视图。

三、简答题

1. 简述视图的优点有哪些？（至少写出 3 点）

2. 请简述查看视图的几种方式。

技能自测

已知有一张 sales 表，表中有字段上半年的销量 first_half 和下半年的销量 latter_half。请在 sales 表上创建一个视图，查询出一年的销量。

学习成果达成与测评

单元 7 学习成果达成与测评表单

任务清单	知识点	技能点	综合素质测评	分 值
任务 7.1				⑤④③②①
任务 7.2				⑤④③②①
任务 7.3				⑤④③②①
拓展阅读				⑤④③②①

单元8

权限与账户管理

单元导读

MySQL 是多用户数据库，具有功能强大的访问控制系统，可以为不同的用户指定不同的权限。MySQL 数据库的用户管理与 Linux 操作系统类似，主要分为普通用户和 root（超级管理员）用户。其中 root 用户拥有所有权限，包括创建普通用户、删除用户和修改用户密码等管理权限，在实际的项目应用中，可以根据不同的需求创建有不同权限的用户。本单元将详细介绍 MySQL 数据库中的权限管理。

知识与技能目标

（1）了解权限表的概念。
（2）掌握数据库用户权限的设置方法。
（3）熟悉数据库配置文件的基本设置。
（4）掌握 MySQL 数据库的访问控制方法。

素质目标

（1）感悟命运共同体的深刻内涵，增强互帮互助的意识。
（2）增强制度自信和文化自信。

单元结构

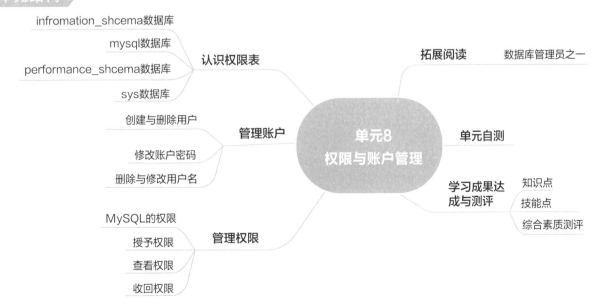

"中国芯"

中国自主研发并生产制造的计算机处理芯片,简称"中国芯"。"中国芯"工程是在工信部主管部门和有关部委司局的指导下,由中国电子工业科学技术交流中心(工业和信息化部软件与集成电路促进中心,简称CSIP)联合国内相关企业开展的集成电路技术创新和产品创新工程。自 2006 年以来,该活动秉承"以用立业、以用兴业"的发展思路,旨在搭建中国集成电路企业优秀产品的集中展示平台,打造中国集成电路高端公共品牌。

对此,我国提出"芯片强国"的国家战略,当然"中国芯"的发展必须依托全球化的发展背景和集成电路产业发展的实际规律,只有通过对关键要素的分析,才能寻找到产业发展的破局和机遇,从而摆脱"芯片垄断"带来的"卡脖子"问题,为中华民族伟大复兴贡献力量。

任务 8.1 认识权限表

MySQL 服务器将用户的登录数据以权限表的形式存储到系统默认的数据库中,当用户访问数据库时,系统会将登录用户的数据与存储在数据库中的相关数据进行信息比对,信息一致则登录成功,否则登录失败。

权限表由 mysql_install_db 脚本初始化,其中存储用户权限的信息表主要有 user、db、host、tables_priv、columns_priv 和 procs_priv。下面将详细介绍这些表的内容和作用。

MySQL 安装完成后,会自动创建默认的数据库,这些数据库中存储着与 MySQL 相关的配置信息和一些基本数据,可以使用相关命令查看系统中的数据库,执行操作如下:

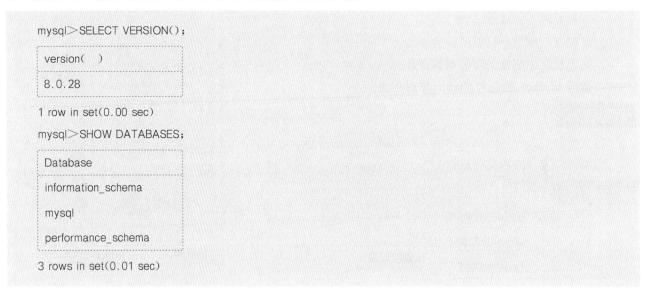

```
mysql>SELECT VERSION();

version(   )

8.0.28

1 row in set(0.00 sec)
mysql>SHOW DATABASES;

Database

information_schema

mysql

performance_schema

3 rows in set(0.01 sec)
```

MySQL8.0.28 默认的数据库包括 information_schema、mysql 和 performance_schema,下面将详细介绍这些默认的数据库。

8.1.1 information_schema 数据库

information_schema 数据库被称为"系统目录"和"数据字典",每个用户都有权访问其中的表,但只能看到表中与用户访问权限相应的行,其他的信息则会显示为 NULL。

information_schema 数据库中保存着 MySQL 服务器所维护的所有其他数据库的信息,这些信息被统称为元数据。需要注意的是,在 information_schema 中存在一些只读表,这些表实际上只是视图,并不是基本表,所以,在这些表中将无法看到与之相关的任何文件。视图是由基本表导出的虚拟表,并不会展示出所有数据,用户只能通过视图来修改查看到的数据。information_schema 数据库中的主要表如表 8-1 所示。

表 8-1　information_schema 数据库中的主要表

表名称	说明
SCHEMATA	提供了当前 MySQL 实例中所有数据库的信息,SHOW DATABASES 的结果获取于此表
TABLES	提供了数据库中表的信息(包括视图)。详细表述了某个表属于哪个 schema、表类型、表引擎及创建时间等信息,SHOW TABLES FROM schemaname 的结果获取于此表
COLUMNS	提供了表中的列信息。详细表述了某张表的所有列,以及每列的信息。SHOW COLUMNS FROM schemaname. tablename 的结果获取于此表
STATISTICS	提供了关于表索引的信息,show index from schemaname. tablename 的结果获取于此表
USER_PRIVILEGES	给出了关于用户权限的信息,该信息源自 mysql. user 授权表,是非标准表
SCHEMA_PRIVILEGES	给出了关于方案(数据库)权限的信息,该信息来自 mysql. db 授权表,是非标准表
TABLE_PRIVILEGES	给出了关于表权限的信息,该信息源自 mysql. tables_priv 授权表,是非标准表
COLUMN_PRIVILEGES	给出了关于列权限的信息,该信息源自 mysql. columns_priv 授权表,是非标准表
CHARACTER_SETS	提供了 MySQL 实例中可用字符集的信息,SHOW CHARACTER SET 的结果获取于此表
COLLATIONS 表	提供了关于各字符集的对照信息
COLLATION_CHARACTER_SET_APPLICABILITY 表	指明了可用于校对的字符集。这些列等效于 SHOW COLLATION 的前两个显示字段
TABLE_CONSTRAINTS 表	描述了存在约束的表,以及表的约束类型
KEY_COLUMN_USAGE 表	描述了具有约束的键列
ROUTINES 表	提供了关于存储子程序(存储程序和函数)的信息。此时,ROUTINES 表不包含自定义函数(UDF)。名为"mysql. proc name"的列指明了对应 INFORMATION_SCHEMA. ROUTINES 表的 mysql. proc 列
VIEWS 表	给出了关于数据库中的视图的信息,需要有 show views 权限,否则无法查看视图信息
TRIGGERS 表	提供了关于触发程序的信息,但必须有 super 权限才能查看该表

更多关于 information_schema 数据库的信息读者可以参考官方文档。

8.1.2　mysql 数据库

mysql 数据库是系统的核心数据库,主要负责存储数据库的用户、权限设置、关键字等需要使用的控制和管理信息。需要注意的是,此数据库中的表不可以删除。另外,如果对 mysql 不是很了解,也不建议修改这个数据库里面表的信息。使用相关 SQL 语句可以查看 mysql 数据库的表,具体语句如下:

```
mysql>USE mysql;
    Database changed
```

```
mysql>SHOW TABLES;
Tables_in_mysql
columns_priv
component
db
default_roles
engine_cost
func
general_log
global_grants
gtid_executed
help_category
help_keyword
help_relation
help_topic
innodb_index_stats
innodb_table_stats
password_history
plugin
procs_priv
proxies_priv
role_edges
server_cost
servers
slave_master_info
slave_relay_log_info
slave_worker_info
slow_log
tables_priv
time_zone
time_zone_leap_second
time_zone_name
time_zone_transition
time_zone_transition_type
user
33 rows in set(0.01 sec)
```

mysql 数据库中关于系统访问权限和授权信息的表如下。

（1）user 表：包含用户账户和全局权限，以及其他非权限列表。

（2）db 表：数据库级别的权限表。

（3）tables_priv 表：表级别的权限表。

（4）procs_priv 表：列级别的权限表。

（5）procs_priv 表：存储过程和函数权限表。

（6）proxies_priv 表：代理用户权限表。

8.1.3 performance_schema 数据库

performance_schema 是 MySQL 5.0 中的一个优化引擎，主要用于收集数据库服务器的性能参数，在 MySQL 8.0

中默认为开启状态,其他部分版本中默认为关闭状态。如果需要开启该引擎,可以在 MySQL 配置文件 my.cnf 中设置静态参数 performance_schema,具体语句如下:

```
[mysqld]
performance_schema = ON
```

用户也可以通过相关命令查看 performance_schema 引擎是否开启,具体的 SQL 语句如下:

```
mysql>SHOW VARIABLES LIKE 'performance_schema';
```

Variable_name	Value
performance_schema	ON

1 row in set,1 warning(0.02 sec)

需要注意的是,因为 performance_schema 数据库中表的存储引擎为 performance_schema,所以用户不能创建存储引擎为 performance_schema 的表。

在 performance_schema 数据库中的表可以分为以下几类。

(1)设置表:主要用于配置和显示监视特征。

(2)当前事件表:该表包含每个线程的最新事件,按层次不同,可分为阶段事件、语句事件和事物事件。

(3)历史记录表:与当前事件表具有相同的结构,但包含更多行。如果需要更改历史记录表的大小,可以在服务器启动时设置适当的系统变量。例如,如果需要设置等待事件历史记录表的大小,可以设置 performance_schema_events_waits_history_size 和 performance_schema_events_waits_history_long_size。

(4)汇总表:主要包含按事件组聚合的信息,包括已从历史记录表中丢弃的事件。

(5)实例表:记录了要检测的对象类型,当服务器检测对象时,会产生一个事件。这类表提供了事件名称和说明性注释或状态信息。

> ⚠ **提示技巧**
>
> performance_schema 数据库主要收集的是系统性能的数据,而 information_schema 数据库主要存储的是系统方面的元数据,两者要加以区分。

8.1.4　sys 数据库

sys 数据库中所有的数据均来自 performance_schema 数据库,主要是为了将 performance_schema 数据库的复杂度降低,让数据库管理员能更好地阅读库中的内容并了解库的运行情况。

任务8.2　管理账户

MySQL 数据库提供了丰富的语句来管理用户账户,这些语句的主要作用包括登录和退出 MySQL 服务器、创建与删除用户及管理密码和权限等。同时,数据库的安全性也需要通过账户管理加以保证。本节将详细介绍 MySQL 对用户账户的管理。

8.2.1　创建与删除用户

在实际的生产环境中,为了避免用户恶意冒名以 root 用户身份控制数据库,通常会创建一系列具备适当权限的普通用户,从而尽可能地不用或少用 root 用户身份登录系统,以此来确保数据的安全访问。那么如何创建普通用户呢?下面将进行详细介绍。

1.创建用户

MySQL 数据库中使用 CREATE USER 命令可以创建一个或者多个用户,并能设置相应的登录密码,其语法格式如下:

```
CREATE USER <用户名与登录主机>IDENTIFIED BY [PASSWORD]
```

参数说明如下。

用户名与登录主机:指需要创建的用户名和允许登录的主机名或 IP 地址,格式为'user_name'@'host',其中'user_name'为用户名,'host'为允许登录的主机名或 IP 地址。如果允许所有主机登录 MySQL,则可以使用%表示所有主机。另外,如果不指定主机名,则系统默认为%(即所有主机)。

PASSWORD:表示创建用户的登录密码,如果不指定该项,则表示用户不需要密码即可登录。

在使用 CREATE USER 语句创建用户时应该注意以下几点。

(1)如果在使用 CREATE USER 语句时没有为用户指定登录密码,那么 MySQL 允许该用户不使用密码登录系统。在实际的应用场景中,出于对数据安全的考虑,不建议采用这种做法。

(2)用户在使用 CREATE USER 语句时必须拥有 MySQL 服务器中 MySQL 数据库的 INSERT 权限或全局 CREATE USER 权限。

(3)使用 CREATE USER 语句创建一个用户后,系统自身的 mysql 数据库的 user 表中会自动地添加一条新记录。如果创建的用户已经存在,则语句执行时会出现错误。

(4)新创建的用户拥有的权限很少,只允许登录 MySQL 服务器或进行不需要权限的操作,如使用 SHOW 语句查询所有存储引擎和字符集的列表等。

(5)如果两个用户具有相同的用户名,但是具有不同的主机名,MySQL 会将他们视为不同的用户,并允许为这两个用户分配不同的权限。

下面通过具体的实例对创建用户时需要注意的事项进行说明。

例 8-1 创建用户 yulin,登录密码为 123456,并且指定其 IP 地址为 192.168.1.1 时才可以登录 MySQL 服务器。

```
mysql>CREATE USER 'yulin'@'192.168.1.1' IDENTIFIED BY '123456';
```

例 8-2 创建用户 Brown,登录密码为 123456,并且使用 192.168.2 网段内的 IP 地址才可以登录 MySQL 服务器。

```
mysql>CREATE USER 'Brown'@'192.168.2.%' IDENTIFIED BY '123456';
```

例 8-3 创建用户 Rose,允许其在任何 IP 地址上登录 MySQL 服务器,并且不需要使用登录密码。

```
mysql>CREATE USER 'Rose'@;
```

用户创建完成后,可以通过查看 mysql.user 表来获取用户的基本信息,其 SQL 语句如下:

```
mysql>SELECT user,host FROM mysql.user;
```

user	host
yulin	192.168.1.1
Brown	192.168.2.%
Rose	%
mysql.session	localhost
mysql.sys	localhost

5 rows in set(0.01 sec)

尝试使用 Rose 用户登录 MySQL 服务器,具体的 SQL 语句如下:

```
mysql>mysql -u Rose
```

从上方的执行结果可以看出,系统并没有提示用户输入登录密码。接下来尝试在 Rose 用户下创建一个名为 miketest 的数据库,并查看所有数据库,具体的语句如下:

```
mysql>CREATE DATABASE miketest;
    ERROR 1064（42000）：You have an error in your SQL syntax；check the manual that corresponds to your MySQL
server version for the right syntax to use near ''databases miketest' at line 1.
mysql>SHOW DATABASES;
```

```
Database
information_schema
```

1 row in set(0.00 sec)

从上方的执行结果可以看出，Rose 用户的权限不足，从而导致创建数据库失败，此时使用 SHOW 命令查看所有的数据库也只显示系统默认的 information_schema 库。

> ⚠️ **提示技巧**
>
> 如果创建的用户不显示，可以使用强制刷新的命令来刷新数据库和数据表，具体语句如下：
> mysql>FLUSH PRIVILEGES;

2. 删除用户

在 MySQL 数据库中可以直接使用 DROP 命令删除用户，也可以通过删除 mysql.user 表中的用户信息来达到删除用户的目的。两种方式的 SQL 语句格式如下。

方式一：

```
DROP USER '用户名'@'主机地址'
```

方式二：

```
DELETE FROM mysql.user WHERE host='主机地址' AND user='用户名'
```

使用 DROP 语句删除 Brown 用户的语句及查询结果如下：

```
mysql>DROP USER 'Brown' @'192.168.2.%';
Query OK，0 rows affected(0.01 sec)
mysql>SELECT USER,HOST FROM mysql.user;
```

user	host
yulin	192.168.1.1
Rose	%
mysql.session	localhost
mysql.sys	localhost

从上方的执行结果可以看出，Brown 用户已经被删除。

8.2.2　修改账户密码

账户密码作为登录数据库的关键参数，其安全性是非常重要的。在实际的生产环境中，密码需要不定期地修改，以减小黑客或其他无权人员侵入的风险。

1. 通过 MYSQLADMIN 命令修改

root 用户作为数据库系统的最高权限者，其账户信息的安全性是非常重要的。在 MySQL 数据库中可以使用 MYSQLADMIN 命令在命令行中指定新密码，其基本语法格式如下：

```
MYSQLADMIN -u username -h localhost -p "当前密码" PASSWORD "新密码"
```

参数说明如下。

username：需要修改密码的用户名；

-h：指定登录主机，默认为 localhost；

-p：指定当前密码；

例 8-4 将 root 用户的密码修改为 654321。

```
mysql＞MYSQLADMIN -uroot -p123456 PASSWORD "654321"
Enter password：
mysqladmin：[Warning] Using a password on the command line interface can be insecure.
Warning：Since password will be sent to server in plain text，use ssl connection to ensure password safety.
```

从上方可以看出，使用-p 参数后，系统提示输入旧密码，旧密码输入成功后，root 用户的密码将被修改为 654321。

2.通过 SET 命令修改

root 用户或普通用户在登录系统的情况下都可以使用 SET 语句来修改自己的密码。其语法格式如下：

```
SET PASSWORD FOR '用户名'@'IP 地址 = password('新密码')';
```

需要注意的是，只有具备相应权限的用户才可以修改其他用户的密码。另外，用户在登录数据库的情况下，也可以用此命令修改自己的密码，语句的简写形式如下：

```
SET PASSWORD = password('新密码');
```

例 8-5 以 Rose 用户登录，将自己的密码修改为 abc。

```
mysql＞MYSQL -uRose -p123
Mysql：[Warning]Using a password on the command line interface can be insecure.
Welcome to the MySQL monitor.   Commands end with ; or \g.
Your MySQL connection id is 8
Server version：8.0.28 MySQL Community Server - GPL
Copyright (c) 2000，2020，Oracle and/or its affiliates. All rights reserved.
Oracle is a registered trademark of Oracle Corporation and/or its affiliates. Other names may be trademarks of their respective owners.
Type 'help;' or '\h' for help. Type '\c' to clear the current input statement.
mysql＞SET PASSWORD = password('abc');
Query OK, 0 rows affected，1 warning (0.00 sec)
```

从上方的执行结果可以看出，Rose 用户的密码成功修改为 abc。

3.使用 ALTER 命令修改密码

在 MySQL 数据库中，也可以使用 ALTER 语句来修改用户名和密码，语句的具体格式如下：

```
ALTER USER '用户名'@'客户端来源 IP 地址' IDENTIFIED BY '新密码';
```

建议读者在课后自行使用此语句修改密码进行测试，此处不再详细讲解。

4.使用 UPDATE 命令修改密码

在 MySQL 数据库中使用 UPDATE 命令可以直接修改 user 权限表中的信息，所以使用该命令也可以达到修改密码的目的，具体的语句格式如下：

```
UPDATE mysql.user SET authentication_string = password('新密码') WHERE user = '用户名' AND host = '主机地址';
```

需要注意的是，root 用户忘记密码时，只能通过此方式才可以修改密码，使用 MYSQLADMIN、SET、

ALTER 等语句均不能修改密码。

5. 关于密码复杂度

MySQL5.6 之后增加了密码强度验证插件 validate_password,该插件要求密码包含至少一个大写字母、一个小写字母、一个数字和一个特殊字符,并且密码总长度至少为 8 个字符。MySQL5.7 默认该插件为启用状态,会检查设置的密码是否符合当前的强度规则,若不符合则拒绝设置密码。

需要注意的是,为了降低实例的理解难度,之前的操作是在 validate_password 插件关闭的情况下进行的。在 MySQL5.7 中,关闭该插件需要在配置文件 my.cnf 的[mysql]配置块中添加如下配置项。

```
Plugin-load = validate_password.so
validate_password = OFF
```

保存退出后,重启 MySQL 服务即可使配置生效。另外,如果需要设置免密登录,可加入如下配置项。

```
Skip-grant-tables = true
```

需要注意的是,出于数据安全方面的考虑,在实际生产环境中不建议取消密码强度验证和设置免密登录。

8.2.3　删除与修改用户名

在 MySQL 数据库中可以使用 DROP USER 语句删除用户,也可以直接使用 DELETE 语句删除 mysql.user 表中对应的用户信息,从而达到删除用户的目的。

使用 DROP USER 语句删除用户的语法格式如下:

```
DROP USER '用户名'@'IP 地址'
```

使用 DELETE 语句删除用户的语法格式如下:

```
DELETE FROM mysql.user WHERE host = '主机地址' AND user = '用户名'
```

需要注意的是,如果用户已经登录到数据库服务器,删除用户的操作并不会阻止此用户当前的操作,删除命令要到用户对话被关闭后才生效。另外,也可以对已经创建的用户重新命名,语法格式如下:

```
RENAME USER '用户名'@'主机地址' TO '新用户名'@'IP 地址';
```

将 Rose 用户的用户名修改为 Jane 后删除该用户,具体的操作流程如下:

```
mysql>RENAME USER 'Rose'@ TO 'Jane'@;
Query OK, 0 rows affected(0.00 sec)
mysql>DROP USER 'Jane'@;
Query OK, 0 rows affected(0.00 sec)
```

从上方的执行结果可以看出,Rose 用户被修改用户名后又被删除。

任务 8.3　管理权限

合理地分配权限是实现数据安全的重要保证,MySQL 数据库管理员可以通过多种方式来赋予用户权限。

8.3.1　MySQL 的权限

MySQL 的用户和权限信息会被存储到数据库的权限表中,MySQL 启动时会自动加载这些权限信息,并将这些信息读取到内存。用户的相关权限在 user 表中也存在对应的列(拥有权限为 Y,无权限为 N)。以 yulin 用户为例,其 user 表中对应的权限信息如下所示(语句中的注释部分并不是命令的输出结果)。

```
mysql>SELECT * FROM mysql.user WHERE user = 'yulin' and host = ''\G;
* * * * * * * * * * * * * * * * * * * * 1.row * * * * * * * * * * * * * * * * * * * * * * * * *
                     Host： %
                     User： yulin
              Select_priv： N
              Insert_priv： N
              Update_priv： N
              Delete_priv： N
              Create_priv： N
                Drop_priv： N
              Reload_priv： N
            Shutdown_priv： N
             Process_priv： N
                File_priv： N
               Grant_priv： N
          References_priv： N
            Shutdown_priv： N
             Process_priv： N
                File_priv： N
               Grant_priv： N
          References_priv： N
               Index_priv： N
               Alter_priv： N
             Show_db_priv： N
               Super_priv： N
      Create_tmp_table_priv： N
          Lock_tables_priv： N
             Execute_priv： N
           Repl_slave_priv： N
          Repl_client_priv： N
          Create_view_priv： N
            Show_view_priv： N
        Create_routine_priv： N
         Alter_routine_priv： N
           Create_user_priv： N
               Event_priv： N
             Trigger_priv： N
     Create_tablespace_priv： N
                 ssl_type： N
               ssl_cipher：
               x509_issuer：
              x509_subject：
            max_questions： 0
              max_updates： 0
          max_connections： 0
     max_user_connections： 0
```

```
        plugin:  mysql_native_password
authentication_string:  * 23AE809DDACAF96AF0FD78ED04B6A265E05AA257
     password_expired:  N
password_last_changed:  2022-01-06 07:34:08
     password_lifetime:  NULL
```

1 row in set(0.04 sec)

权限列的字段决定了用户的权限,用来描述在全局范围内允许对数据和数据库进行的操作。权限大致分为高级管理权限和普通权限。高级管理权限主要对数据库进行管理,如关闭服务的权限、超级权限和加载用户等;普通权限主要对数据库的操作进行管理,如查询权限、修改权限等。

user 表的权限列包括 Select_priv、Insert_priv 等以 priv 结尾的字段,这些字段值的数据类型为 ENUM,可取的值只有 Y 和 N,Y 表示该用户有对应的权限,N 表示该用户没有对应的权限。从安全角度考虑,这些字段的默认值都为 N。

用户权限表 user 中各权限列的对应范围如表 8-1 所示。

表 8-1　用户权限表 user 中各权限列的对应范围

user 表中的权限名	字段类型	权限名称	权限范围说明
Select_priv	enum('N','Y')	SELECT	是否可以通过 SELECT 命令查询数据
Insert_priv	enum('N','Y')	INSERT	是否可以通过 INSERT 命令向表中插入数据
Update_priv	enum('N','Y')	UPDATE	是否可以通过 UPDATE 命令修改现有数据
Delete_priv	enum('N','Y')	DELETE	是否可以通过 DELETE 命令删除表中现有数据
Create_priv	enum('N','Y')	CREATE	是否可以创建新的数据库、表、索引
Drop_priv	enum('N','Y')	DROP	是否可以删除现有数据库、表、视图
Reload_priv	enum('N','Y')	RELOAD	是否可以执行刷新和重新加载 MySQL 所用的各种内部缓存的特定命令,包括日志、权限、主机、查询和表,访问服务器上的文件
Shutdown_priv	enum('N','Y')	SHUTDOWN	是否可以关闭 MySQL 服务器。将此权限提供给 root 账户之外的任何用户时需谨慎
Process_priv	enum('N','Y')	PROCESS	是否可以通过 SHOW PROCESSLIST 命令查看其他用户的进程
File_priv	enum('N','Y')	FILE	是否可以执行 SELECT INTO OUTFILE 和 LOAD DATA INFILE 命令
Grant_priv	enum('N','Y')	GRANT OPTION	是否可以将自己的权限再授予其他用户
References_priv	enum('N','Y')	REFERENCES	是否可以创建外键约束、数据库、表
Index_priv	enum('N','Y')	INDEX	是否可以对索引进行增、删、查操作
Alter_priv	enum('N','Y')	ALTER	是否可以重命名和修改表结构
Show_db_priv	enum('N','Y')	SHOW DATABASES	是否可以查看服务器上所有数据库的名字,包括用户拥有足够访问权限的数据库

user 表中的权限名	字段类型	权限名称	权限范围说明
Super_priv	enum('N','Y')	SUPER	是否可以执行某些强大的管理功能。例如,通过 KILL 命令删除用户进程;使用 SET GLOBAL 命令修改全局 MySQL 变量,执行关于复制和日志的各种命令(超级权限)
Create_tmp_table_priv	enum('N','Y')	CREATE TEMPORARY TABLES	是否可以创建临时表
Lock_tables_priv	enum('N','Y')	LOCK TABLES	是否可以使用 LOCK TABLES 命令阻止对表的访问和修改
Execute_priv	enum('N','Y')	EXECUTE	是否可以执行存储过程、函数
Repl_slave_priv	enum('N','Y')	REPLICATION SLAVE	是否可以读取用于维护复制数据库环境的二进制日志文件
Repl_client_priv	enum('N','Y')	REPLICATION CLIENT	是否可以确定复制从服务器和主服务器的位置
Create_view_priv	enum('N','Y')	CREATE VIEW	是否可以创建视图
Show_view_priv	enum('N','Y')	SHOW VIEW	是否可以查看视图
Create_routine_priv	enum('N','Y')	CREATE ROUTINE	是否可以更改或放弃存储过程、函数
Alter_routine_priv	enum('N','Y')	ALTER ROUTINE	是否可以修改或删除存储过程、函数
Create_user_priv	enum('N','Y')	CREATE USER	是否可以执行 CREATE USER 命令,用于创建新的 MySQL 账户
Event_priv	enum('N','Y')	EVENT	是否可以创建、修改和删除事件
Trigger_priv	enum('N','Y')	TRIGGER	是否可以创建和删除触发器
Create_tablespace_priv	enum('N','Y')	CREATE TABLESPACE	是否可以创建表空间

MySQL 中各权限的作用范围大致可以分为五层,分别为全局层级、数据库层级、表层级、列层级、子程序层级。由于权限的作用对象不同,因此权限的执行范围也不同,用户权限的详细说明如下。

(1)CREATE 权限和 DROP 权限允许用户创建新数据库(表)和删除现有数据库(表)。

(2)SELECT 权限、INSERT 权限、UPDATE 权限、DELETE 权限允许用户在数据库现有的表上进行操作。

(3)INDEX 权限允许用户创建或删除索引。如果用户具有某个表的 CREATE 权限,也可以在 CREATE TABLE 语句中加入索引定义项。

(4)ALTER 权限允许用户更改表的结构和重新命名表。

(5)CREATE ROUTINE 权限允许用户创建要保存的程序(函数)。

(6)ALTER ROUTINE 权限用来更改和删除保存的程序。

(7)EXECUTE 权限用来执行保存的程序。

(8)GRANT 权限允许用户给其他用户授权。

(9)FILE 权限允许用户使用 LOAD DATA INFILE 和 SELECT…INTO OUTFILE 等语句读写服务器上

的文件,但不能将原有文件覆盖。

MySQL 中也可以使用 MySQLADMIN 程序或 SQL 语句设定其他权限用于管理操作,具体如下。

(1)RELOAD 命令与 FLUSH-PRIVILEGES 命令实现的功能相似,可以使服务器将授权表重新读入内存。

(2)REFRESH 命令可以清空所有的表,关闭(或打开)记录文件。

(3)SHUTDOWN 命令可以关闭服务(只能通过 MySQLADMIN 程序执行)。

(4)PCOCESSLIST 命令可以显示服务内执行的线程信息。

(5)KILL 命令可以终止其他用户连接数据库或更改服务器的操作。

8.3.2　授予权限

MySQL 数据库中可以使用 GRANT 语句来授予用户相关权限,授予权限并设置相关密码的 GRANT 语法格式如下:

```
GRANT <privileges> ON <数据库名.表名> TO <'username'@'hostname'> [IDENTIFIED BY] ['password']
[WITH GRANT OPTION];
```

参数说明如下:

privileges:表示权限类型;

username:表示用户名;

hostname:表示客户端 IP 地址;

password:表示用户的新密码,一般与 IDENTIFIED BY 参数搭配使用;

WITH GRANT OPTION:表示跟随的权限选项,为可选项。此项有四种不同的取值,分别为 MAX_QUERIES_PER_HOUR count(设置每小时可以执行 count 次查询)、MAX_UPDATES_PER_HOUR count(设置每小时可以执行 count 次更新)、MAX_CONNECTIONS_PER_HOUR count(设置每小时可以建立 count 个连接)和 MAX_CONNECTIONS count(设置单个用户可以同时建立 count 个连接)。

例 8-6 使用 GRANT 语句创建新用户,用户名为 user1,密码为 123456,用户对所有数据库有 INSERT 和 SELECT 的权限。

```
mysql>GRANT INSERT,SELECT ON *.* TO 'user1'@'' IDENTIFIED BY '123456';
Query OK,0 rows affected,1 warning(0.00 sec)
```

从以上的执行结果可以看出,新用户 user1 创建成功。使用 SELECT 语句查看 user1 的用户权限,SQL 语句如下:

```
mysql>SELECT host,user,insert_priv,select_priv FROM mysql.user WHERE user='user1';
```

host	user	insert_priv	select_priv
	user1	Y	Y

```
1 row in set (0.00 sec)
```

从以上语句的查询结果可以看出,成功地为新用户赋予了 SELECT 权限和 INSERT 权限。

8.3.3　查看权限

前面已经介绍了如何对用户授予权限,并通过 SELECT 语句来查看用户权限。在实际的应用场景中,用

SELECT 语句查询权限信息比较繁琐,因此,MySQL 数据库提供了 SHOW GRANTS 语句来代替 SELECT 语句,其语法格式如下:

```
SHOW GRANTS FOR 'username'@'hostname';
```

SHOW GRANTS 语句只需要指定用户名和主机名即可。接下来通过具体实例演示 SHOW GRANTS 语句的用法。

例 8-7 使用 SHOW GRANTS 语句查看用户 user1 的用户权限。

```
mysql>SHOW GRANTS FOR 'user1'@'' \G;
* * * * * * * * * * * * * * * * * * * * 1.row * * * * * * * * * * * * * * * * * * * *
Grants for user1@:GRANT SELECT,INSERT ON * . * TO 'user1'@''
1 row in set(0.00 sec)
```

从以上执行结果中可以看出,用户 user1 具有 SELECT 和 INSERT 的权限。可以发现,使用 SHOW GRANTS 语句查询用户权限是非常方便快捷的。

8.3.4 收回权限

数据库管理员在管理用户时,可能会出于安全性考虑收回一些授予过的权限。MySQL 数据库提供了 REVOKE 语句用于收回权限,语法格式如下:

```
REVOKE <privileges> ON <数据库.表> FROM <'username'@'hostname'>;
```

以上语句中各参数的含义与 GRANT 语句中的参数含义相同。接下来通过实例演示 REVOKE 语句的用法。

例 8-8 使用 REVOKE 语句收回用户 user1 的 INSERT 权限。

```
mysql>REVOKE INSERT ON * . * FROM 'user1'@'';
Query OK,0 rows affected,1 warning(0.00 sec)
```

以上执行结果证明权限收回成功,此时可以使用 SELECT 语句查询 user1 用户的权限,具体的语句如下:

```
mysql>SELECT host,user,insert_priv,select_priv FROM mysql. user WHERE user = 'user1';
```

host	user	insert_priv	select_priv
	user1	N	N

```
1 row in set(0.00 sec)
```

从以上执行结果可看出,user1 用户的 insert_priv 权限值已经修改为 N,说明 INSERT 权限被收回。

📖🔍 拓 展 阅 读

数据库管理员之一

单元自测

知识自测

一、填空题

1. MySQL 数据库中的权限信息被存储在_____数据库的 user、db、host、tables_priv、column_priv 和 procs_priv 表中。

2. MySQL 数据库提供了一个_____语句，该语句可以收回用户的权限。

3. 在使用 DELETE 语句删除普通用户时，需要拥有对 mysql.user 表的_____权限。

4. 使用 UPDATE 语句修改 root 用户的密码，需要直接操作 mysql 数据库的_____表。

5. root 用户登录后，使用 SET 修改普通用户密码，还需要添加一个_____子句用于指定要修改的用户。

二、单选题

1. 下面选项中，用于控制修改表结构或重命名表的权限是（　　）。
   A. ALTER 权限　　　　　　　　　　　　B. ALERT 权限
   C. RENAME 权限　　　　　　　　　　　D. UPDATE 权限

2. 使用 UPDATE 语句修改 root 用户的密码时，操作的表是（　　）。
   A. test.user　　　　　　　　　　　　　B. mysql.user
   C. mysql.users　　　　　　　　　　　　D. test.users

3. 下面使用 SET 语句将 root 用户的密码修改为 mypwd3 的描述中，正确的是（　　）。
   A. root 登录到 MySQL，再执行：SET PASSWORD＝password('mypwd3')；
   B. 直接在 DOS 中执行：SET PASSWORD＝password('mypwd3')；
   C. root 登录到 MySQL，再执行：SET PASSWORD＝password(mypwd3)；
   D. 直接在 DOS 中执行：SET PASSWORD＝ 'mypwd3'；

4. 下面选项中，可实现比 SELECT 语句更方便地查询用户权限信息的语句是（　　）。
   A. SHOW GRANTS 语句　　　　　　　　B. GRANT 语句
   C. SELECT GRANTS 语句　　　　　　　D. GRANT USER 语句

5. 执行 DROP USER 语句删除用户时，需要拥有的权限是（　　）。
   A. DROP USER 权限　　　　　　　　　　B. DROP TABLE 权限
   C. CREATE USER 权限　　　　　　　　　D. DELETE 权限

6. 下面使用 SET 语句修改 root 用户密码的说法中，错误的是（　　）。
   A. root 用户先要登录到 MySQL 服务器
   B. 语法格式：SET PASSWORD＝PASSWORD('new_password')；
   C. PASSWORD()函数可实现对密码进行加密处理
   D. root 用户不需要登录到 MySQL 服务器

三、多选题

1. 下面选项中，可以修改普通用户密码的语句的是（　　）。
   A. GRANT 语句　　　　B. UPDATE 语句　　　　C. SET 语句　　　　D. ALTER 语句

2. 下面选项中，用于控制对表中数据进行增删改查操作的权限是（　　）。
   A. SELECT 权限　　　B. INSERT 权限　　　　C. DELETE 权限　　　D. UPDATE 权限

3. 下面选项中，能删除指定普通用户的语句是（　　）。
   A. DROP USER 语句　　　　　　　　　　B. DROP TABLE 语句
   C. CREATE USER 语句　　　　　　　　　D. DELETE 语句

4. 下面选项中，用于控制创建或删除数据库、表和索引的权限是（　　）。

A. DROP 权限   B. CREATE 权限

C. DELETE 权限   D. DECLARE 权限

5. 下面选项中,可以修改 root 用户密码的是(   )。

    A. MYSQLADMIN 命令   B. UPDATE 语句

    C. SET 语句   D. DELETE 语句

技能自测

在企业中如何保证数据库的安全?

学习成果达成与测评

单元 8　学习成果达成与测评表单

任务清单	知识点	技能点	综合素质测评	分　值
任务 8.1				⑤④③②①
任务 8.2				⑤④③②①
任务 8.3				⑤④③②①
拓展阅读				⑤④③②①

单元9

存储过程与触发器

单元导读

存储过程是一组完成特定功能的 MySQL 语句的集合,应用程序只需调用它就可以完成某个特定的任务。触发器是一种特殊的存储过程,通常在特定的表上定义,当该表的相应事件发生时将自动执行,用于实现强制业务规则和数据完整性等。

知识与技能目标

(1)了解什么是存储过程。

(2)掌握存储过程的相关操作方法。

(3)熟悉触发器的基本概念。

(4)掌握触发器的使用方法。

素质目标

(1)树立创新意识,培养探索精神。

(2)耐心积累经验,以工匠精神打造优秀数据库。

单元结构

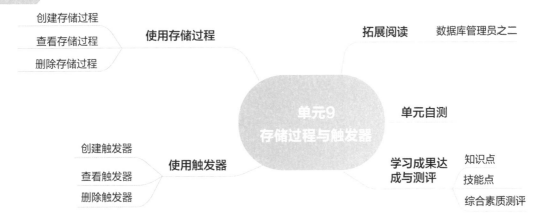

思想引领

PolarDB 发展之路

PolarDB 是由阿里巴巴自主研发的云原生分布式数据库,可支撑千万级并发规模及百 PB 级海量存储。解决了海量数据存储、超高并发吞吐、大表瓶颈以及复杂计算效率低等数据库瓶颈问题。

2003 年,淘宝网成立之初,采用了经典的 LAMP(Linux-Apache-MySQL-PHP)架构。随着用户量迅速增长,单机 MySQL 数据库很快便无法满足数据存储需求。之后,淘宝网进行了架构升级,数据库改用 Oracle。随着用户量的继续快速增长,Oracle 数据库也开始成批的增加,即使这样,仍然无法满足业务对数据库扩展性的诉求。因此,阿里巴巴内部在 2009 年发起了著名的"去 IOE"运动,PolarDB-X 也开启了自己的发展之路。

PolarDB 的发展可分为四个阶段:TDDL、DRDS、PolarDB-X 1.0 和 PolarDB-X 2.0。PolarDB 的发展之路并非一帆风顺。自 2018 年开始,逐渐触碰到了计算层的能力边界,但多年的业务锤炼对三副本、低成本存储等技术有了非常好的沉淀。与此同时,基于云原生架构理念的 PolarDB,通过引入 RDMA 网络优化存储计算分离架构,实现了一写多读的能力,并提供资源池化,降低了用户成本,成为公有云增速最快的数据库产品之一。之后通过完成原 DRDS SQL 引擎和 X-DB 数据库存储技术的融合,推出了新一代的云原生分布式数据库,正式开启了 PolarDB-X 2.0 时代。

勇于创新、不懈探索和耐心积淀成就了 PolarDB 的成功,已稳居国产十大数据库产品之列。

任务 9.1　使用存储过程

存储过程是一组可以实现特定功能的 SQL 语句的集合。在大型数据库系统中,为了避免开发人员重复地编写相同的 SQL 语句,可以事先将常用或者复杂的工作用 SQL 语句写好并指定一个名称,然后经过编译和优化后存储在数据库服务器中。当用户需要数据库提供与已定义的存储过程功能相同的服务时,可以直接使用 CALL 语句在内部调用。这样一来,不仅提高了代码的精简度和运行效率,还可以减少数据在数据库和应用服务器之间的传输次数,从而提高数据处理的效率。

知识拓展:
存储过程的
优点和注意事项

9.1.1　创建存储过程

为了清楚地介绍存储过程的相关操作,在此分别创建 engineers 表和 writers 表并插入数据,用于后面的例题演示。对已建成的两张表进行查询,其查询结果如下:

```
mysql>SELECT * FROM engineers;
```

eng_id	eng_name	eng_sex	eng_age
1	大乔	女	33
2	张飞	男	32
3	康夫人	女	41
4	孙夫人	女	43
5	曹操	男	52
6	庞统	男	41
7	貂蝉	女	32
8	孙权	男	18
9	孙二娘	女	59
10	曹仁	男	31

```
mysql>SELECT * FROM writers;
```

wri_id	wri_name	wri_age	email
1	罗贯中	42	luoguanzhong@qq.com
2	施耐庵	41	shinaian@qq.com
3	曹雪芹	41	caoxueqin@qq.com
4	吴承恩	40	wuchengen@qq.com

在 MySQL 数据库中可使用 CREATE PROCEDURE 语句创建存储过程,需要注意的是,用户要有创建存

储过程的权限。以 root 用户为例，查看该用户是否具有创建存储过程的权限，具体的 SQL 语句如下：

```
mysql>SELECT create_routine_priv FROM unit9.writers WHERE user = 'root';
```

create_routine_priv
Y

1 row in set(0.00 sec)

在查看不同用户的权限时，应该注意修改 SELECT 语句中的用户名参数。MySQL 数据库中创建存储过程的语法格式如下：

```
CREATE PROCEDURE sp_name(proc_parameter) [characteristic] routine_body
```

参数说明如下：

CREATE PROCEDURE：创建存储过程的关键字；

sp_name：存储过程的名称；

characteristic：用于指定存储过程的特性；

routine_body：表示存储过程的主体部分，包含了在过程调用的时候必须执行的 SQL 语句，以 BEGIN 开始，以 END 结束。如果存储过程主体中只有一条 SQL 语句，可以省略 BEGIN-END 标志；

proc_parameter：存储过程的参数列表，其参数列表项参数如表 9-1 所示。

表 9-1　参数列表项参数

参数	说明
IN	表示输入参数
OUT	表示输出参数
INOUT	表示既可以输入也可以输出参数
param_name	表示参数的名称
type	表示参数的类型

另外，创建存储过程的语法格式中的 characteristic 项有 5 个可选项，如表 9-2 所示。

表 9-2　存储过程特性参数

参数	说明
COMMENT 'string'	存储过程的描述，其中 COMMENT 为关键字，string 为描述内容
LANGUAGE SQL	指明编写存储过程的语言为 SQL 语言
DETERMINISTIC	表示存储过程对同样的输入参数产生相同的结果
contains sql [no sql ｜ reads sql data｜modifies sql data]	存储过程包含读或写数据的语句，依次为不包含 SQL 语句、只包含读数据的语句、只包含写数据的语句
Sql security definer｜inwoker	指定权限执行存储过程的用户，其中 definer 代表定义者，invoker 代表调用者，默认为 definer

接下来将通过具体实例演示如何创建存储过程。

例 9-1 创建一个含有 IN 参数的存储过程，用于通过输入用户名查询 writers 表中的作家信息。

```
mysql>DELIMITER//
mysql>CREATE PROCEDURE sp_search(IN wri_name CHAR(20))
BEGIN
```

```
IF wri_name IS NULL OR wri-name = '' THEN
SELECT  *  FROM writers;
ELSE
SELECT  *  FROM writers WHERE name LIKE wri_name;
END IF;
END//
Query OK,0 rows affected(0.02sec)
```

由于 MySQL 默认的语句结束符为分号,为了避免与存储过程中的结束符产生冲突,在上面语句中使用了 "DELIMITER//" 语句将 MySQL 的结束符设置为 "//"。当然,存储过程创建完成后,也可以使用 "DELIMITER;" 语句来恢复 MySQL 默认的结束符,具体语句如下:

```
mysql>DELIMITER;
```

存储过程创建完成后,可以使用 CALL 关键字调用该存储过程。例如,使用 CALL 调用 sp_search 存储过程的语句如下:

```
mysql>CALL sp_search('曹雪芹');
```

wri_id	wri_name	wri_age	email
3	曹雪芹	41	caoxueqin@qq.com

```
1 row in set(0.00 sec)
Query OK,0 rows affected(0.00sec)
```

从以上的执行结果可以看出,通过向存储过程 sp_search 中传入参数"曹雪芹",成功地查询到了用户"曹雪芹"的信息。

例 9-2 创建一个带 IN 的存储过程,用于通过输入年龄查询 engineers 表中大于该年龄的工程师信息,并且输出查询到的工程师人数。

```
mysql>DELIMITER//
mysql>CREATE PROCEDURE sp_search2(IN wri_name CHAR(20))
BEGIN
IF eng_name IS NULL OR eng-name = '' THEN
SELECT  *  FROM engineers;
ELSE
SELECT  *  FROM engineers WHERE eng_age>wir_age;
END IF;
SELECT FOUND_ROWS() INTO search_num;
END//
Query OK,0 rows affected(0.02sec)
mysql>DELIMITER;
```

从以上的执行结果可以看出,sp_search2 存储过程创建成功,可以使用 CALL 调用该存储过程,具体的语句如下:

```
mysql>CALL sp_search2(41,@search_num);
```

eng_id	eng_name	eng_sex	eng_age
4	孙夫人	女	43

5	曹操	男	52
8	孙权	男	50
9	孙二娘	女	59

3 rows in set(0.00 sec)

Query OK,1 row affected(0.00sec)

在以上语句中,通过向 sp_search2 存储过程中输入参数 41,查询到了年龄大于 41 岁的工程师信息,随后将统计结果以 search_num 变量的形式输出。通过查询@ search_num 可以得到存储过程统计的用户个数,具体的语句如下:

```
mysql>SELECT @search_num;
```

| @search_num |
| 4 |

1 row in set(0.00 sec)

从以上的执行结果可以看出,统计结果与输出内容一致。

9.1.2　查看存储过程

在 MySQL 数据库中可使用 3 种方式查看存储过程。

1.使用 SHOW STATUS 语句查看存储过程

MySQL 数据库中使用 SHOW STATUS 语句可以查询存储过程的状态。例如,查看名称以 sp_开头的存储过程的状态,查询结果如下:

```
mysql>SHOW PROCEDURE STATUS LIKE 'sp_%'\G;
*************************** 1. row ***************************
Db：unit9
Name：sp_search
Type：PROCEDURE
Definer：root@localhost
Modified：2023-03-15 21:58:08
Created：2023-03-14 20:08:18
Security_type：DEFINER
Comment：
character_set_client：gbk
collation_connection：gbk_chinese_ci
Database Collation：utf8mb4_0900_ai_ci
1 row in set(0.00 sec)
```

从以上执行结果可以看出,数据库中以 sp_开头的存储过程一共有 1 个。另外,通过使用 SHOW STATUS 语句也可以查看存储过程的 Db、Name、Type 等信息。

2.使用 SHOW CREATE 语句查看存储过程

使用 SHOW CREATE 语句可以查看存储过程的详细创建信息。例如,查询名为 sp_serach2 的存储过程,其查询结果如下:

```
mysql>SHOW CREATE PROCEDURE sp_search2\G；
*************************** 1. row ***************************
Procedure：sp_search
sql_mode：
ONLY_FULL_GROUP_BY,STRICT_TRANS_TABLES,NO_ZERO_IN_DATE,NO_ZERO_DATE,ERROR_FOR_DIVISION_BY
_ZERO,NO_ENGINE_SUBSTITUTION
Create Procedure：CREATE DEFINER='root'@'localhost' PROCEDURE 'sp_search'(in wri_name CHAR(20))
BEGIN
IF wri_name IS NULL OR wri-name='' THEN
SELECT * FROM writers；
ELSE
SELECT * FROM writers WHERE name LIKE wri_name；
END IF；
END
character_set_client：gbk
collation_connection：gbk_chinese_ci
Database Collation：utf8mb4_0900_ai_ci
1 row in set(0.00 sec)
```

从以上执行结果可以看出,通过使用 SHOW CREATE 语句查看到了存储过程的 CREATE PROCEDURE 等信息。

3. 通过 information_schema.Routines 表查看存储过程

存储过程信息与用户信息的存储方式一样,都是存放在相关的表中。用户可以查询 information_schema 库下的 Routines 表来获取相应的存储过程信息。例如,通过查询表 sp_search 的存储过程,其 SQL 语句如下：

```
mysql>SELECT * FROM information_schema.Routines WHERE routine_name='sp_seach' and routine_type=
'procedure'\G；
```

从以上代码的执行结果可以看出,information_schema.Routines 表不仅包含了存储过程 sp_search 的基本信息,而且包含了存储过程详细的创建语句。

9.1.3 删除存储过程

MySQL 数据库中使用 DROP 语句可以删除存储过程。例如,将存储过程 sp_search 删除的 SQL 语句如下：

```
mysql>DROP PROCEDURE sp_search；
Query OK,0 rows affected(0.01sec)
```

从执行结果可以看出,存储过程删除成功。

任务 9.2 使用触发器

触发器(trigger)是 MySQL 数据库中与表事件有关的一种特殊存储过程,在满足定义条件或用户对表进行 INSERT、DELETE、UPDATE 操作时,会激活触发器并执行触发器中定义的语句集合。触发器类似于约束,但是比约束具有更强大的数据控制能力,它的存在可以保证数据的完整性,其优点如下。

(1)当满足触发器条件时,系统会自动执行定义好的相关操作。

(2)可以通过数据库中的相关表进行层叠更改。

(3)能够引用其他表中的列,从而实现比 CHECK 更为复杂的约束。

（4）可以阻止数据库中未经许可的更新和变化。

触发器基于行触发，用户的删除、新增或者修改操作都可能会激活触发器。触发器的应用场景主要有以下 3 项。

（1）提高安全性。基于时间或权限限制用户的操作。例如，不允许下班后和节假日修改数据库数据，不允许某个用户做修改操作等。

（2）操作审计。跟踪用户对数据库的操作，审计用户操作数据库的语句，把用户对数据库的更新操作写入审计表。

（3）实现复杂的数据修改和数据完整性规则。通过触发器产生比规则更加复杂的限制，从而实现表的多次更新和非标准化的完整性检查和约束。

接下来，将详细介绍触发器的创建、查看、使用和删除等操作。

9.2.1　创建触发器

MySQL 数据库中创建触发器的语法格式如下：

CREATE TRIGGER trigger_name trigger_time trigger_event ON tb_name FOR EACH ROW trigger_stmt;

以上语法格式中各参数的含义如表 9-3 所示。

表 9-3　触发器参数

参数	说明
trigger_name	触发器名称，需用户自行指定
trigger_time	触发时机，取值为 BEFORE 或 AFTER
trigger_event	触发事件，取值为 INSERT、DELETE、UPDATE
tb_name	建立触发器的表名，即在哪张表上建立触发器
trigger_stmt;	触发器程序体，可以是一条 SQL 语句，也可以是 BEGIN 和 END 之间的多条语句

用户可以创建 6 种不同类型的触发器，分别为 BEFORE INSERT、BEFORE UPDATE、BEFORE DELETE、AFTER INSERT、AFTER UPDATE 和 AFTER DELETE。不同类型触发器的触发条件不同，另外在 MySQL 数据库中还定义了 LOAD DATA 语句和 REPLACE 语句，用于激活触发器。

LOAD DATA 语句用于将文件中的数据加载到数据表中，相当于一系列的 INSERT 操作；REPLACE 语句用于当表中存在 PRIMARY KEY 或 UNIQUE 索引且插入的数据和原来的 PRIMARY KEY 或 UNIQUE 索引一致时，会删除原来的数据进行更换。

各种触发器的激活和触发时机。

（1）INSERT 型触发器：当向表中插入数据时会激活触发器，可以通过 INSERT、LOAD DATA 和 REPLACE 语句触发。

（2）UPDATE 型触发器：当更改某一行数据时会激活触发器，可以通过 UPDATE 语句触发。

（3）DELETE 型触发器：当删除某一行数据时会激活触发器，可以通过 DELETE 和 REPLACE 语句触发。

下面通过 test1 表和 test2 表演示不同类型触发器的使用方法，表结构如下：

```
mysql>DESC test1;
```

field	type	null	key	dufault	extra
id	int(11)	YES		NULL	
name	varchar(50)	YES		NULL	

```
2 rows in set(0.00 sec)
```

```
mysql>DESC test2;
```

field	type	null	key	dufault	extra
id	int(11)	YES		NULL	
name	varchar(50)	YES		NULL	

```
2 rows in set(0.00 sec)
```

为 test1 表创建名为 trigger_test1 的触发器,实现向 test1 表添加记录后自动将新记录备份到 test2 表中,具体语句如下:

```
mysql>DELIMITER//
mysql>CREATE TRIGGER trigger_test1
AFTER INSERT ON test1
FOR EACH ROW
BEGIN
INSERT INTO test2(id,name) VALUES(NEW.id,NEW.name);
END//
Query OK,0 rows affected(0.01sec)
mysql>DELIMITIER;
```

从以上的执行结果可以看出,触发器创建成功。然后尝试向 test1 表中插入一条记录,其 SQL 语句如下:

```
mysql>INSERT INTO test1(id,name) VALUES(1,'kongzi');
Query OK,0 rows affected(0.01sec)
mysql>SELECT * FROM test1;
```

id	name
1	kongzi

```
1 row in set(0.00 sec)
```

从以上执行结果可以看出,数据插入完成,此时查看 test2 表中是否存在相应的数据,其 SQL 语句如下:

```
mysql>SELECT * FROM test2;
```

id	name
1	kongzi

```
1 row in set(0.00 sec)
```

从以上执行结果可以看出,系统已经将 test1 表中新插入的数据自动备份到 test2 表中。这是因为在进行 INSERT 操作时,激活了触发器 trigger_test1 中使用到的 NEW 关键字,表示新插入的数据,MySQL 数据库中与之相对应的关键字为 OLD,两者在不同类型触发器中代表的含义如下。

(1)在 INSERT 型触发器中,NEW 用来表示将要(BEFORE)或已经(AFTER)插入的新数据。

(2)在 UPDATE 型触发器中,NEW 用来表示将要或已经修改的新数据,OLD 用来表示将要或已经被修改的原数据。

(3)在 DELETE 型触发器中,OLD 用来表示将要或已经被删除的原数据。

使用 NEW 关键字和 OLD 关键字的语法格式如下:

```
NEW[OLD].columnName
```

在以上语法格式中,columnName 表示相应数据表的某个列名。另外,NEW 可以在触发器中使用 SET 进行赋值,以免造成触发器的循环调用,而 OLD 仅为可读。

下面演示 OLD 在 DELETE 型触发器中的使用方法。

(1)创建触发器 tri_del_test1,实现删除 test1 表中的一条记录后将 test2 表中的对应记录删除,具体的 SQL 语句如下:

```
mysql>DELIMITER//
mysql>CREATE TRIGGER tri_del_test1
AFTER DELETE ON test1
FOR EACH ROW
BEGIN
DELETE FROM test2 WHERE id=OLD.id;
END//
Query OK,0 rows affected(0.01sec)
mysql>DELIMITER;
```

(2)尝试将 test1 表中 id 等于 1 的数据删除,删除语句如下:

```
mysql>DELETE FROM test1 WHERE id=1;
Query OK,1 rows affected(0.17sec)
mysql>SELECT * FROM test1;
Empty set(0.00 sec)
```

从执行结果可以看出,数据删除完成,此时查看 test2 表中的数据是否存在,查询语句如下:

```
mysql>SELECT * FROM test2;
Empty set(0.00 sec)
```

可以看出,test2 表中对应的数据同样被删除了,这表明触发器被成功触发。

9.2.2　查看触发器

在 MySQL 数据库中可以使用 SHOW TRIGGERS 语句来查看触发器,其 SQL 语句如下:

```
mysql>SHOW TRIGGER\G;
```

使用 SHOW TRIGGERS 语句可以查看到两个触发器的 Event、Table 及 Statement 等信息。另外,用户也可以通过查看 information_schema.triggers 表来获取触发器信息,其 SQL 语句如下:

```
mysql>DESC information_schema.triggers;
```

在 information_schema.triggers 表中包含了触发器的 Field、Type 等信息。

9.2.3　删除触发器

MySQL 数据库中,删除触发器的语法格式如下:

```
DROP TRIGGER [IF EXISTS] [schema_name.]trigger_name;
```

上方语法格式中,trigger_name 表示需要删除的触发器名称;IF EXISTS 是可选的,表示如果触发器不存在,则不发生错误,而是产生一个警告。

将 trigger_test1 触发器删除的 SQL 语句如下:

```
mysql>DROP TRIGGER trigger_test1;
Query OK,0 rows affected(0.00sec)
```

可以看出,触发器删除成功。对于此类操作,课后可以使用 SHOW TRIGGERS 语句进行验证。

📖 拓展阅读

数据库管理员之二

单元自测

知识自测 〉

一、填空题

1. 存储过程是一组可以实现_____的 SQL 语句集合。

2. 存储过程的优点主要有_____、_____、_____。

3. 触发器的执行不是手动开启的,而是由_____触发。

4. 触发器是一种特殊的_____。

5. 触发器可以跟踪用户对数据的操作,审计用户操作数据库的语句,并将用户对数据库的操作写进_____。

二、单选题

1. 下面选项中,用于表示存储过程输出参数的是(   )。

    A. IN   B. IN/OUT   C. OUT   D. INPUT

2. 下列选项中,可以用于给存储过程中的变量进行赋值的是(   )。

    A. DECLARE   B. SET   C. DELIMITER   D. CREATE

3. 下列用于声明存储过程 Myproc 的语句,正确的是(   )。

    A. CREATE PROCEDURE Myproc () BEGIN SELECT ＊ FROM student；END；

    B. CREATE PROCEDURE Myproc () { SELECT ＊ FROM student；}

    C. CREATE PROCEDURE Myproc [] BEGIN SELECT ＊ FROM student；END；

    D. CREATE PROCEDURE Myproc { SELECT ＊ FROM student；}；

4. 如果在存储过程中定义变量时没有指定默认值,则它的值是(   )。

    A. NONE   B. 0   C. 1   D. NULL

5. 下面选项中,用于表示存储过程输入参数的是(   )。

    A. IN   B. INOUT   C. OUT   D. INPUT

6. 下面选项中,用于将 MySQL 结束符设置为"//"的是(   )。

    A. DELIMITER //   B. DECLARE //

    C. SET DELIMITER //   D. SET DECLARE //

7. 下面选项中,用于定义存储过程中变量的关键字是(   )。

    A. DELIMITER   B. DECLARE

    C. SET DELIMITER   D. SET DECLARE

8. 在系统的 information_schema.Routines 表中,用于指定过程名的字段的是(   )。

    A. ROUTINES_NAME   B. ROUTINE_NAME

    C. ROUTINES_TYPE   D. ROUTINE_TYPE

9. 在存储过程中,光标处理数据的行数是(   )。

    A. 一行   B. 两行   C. 三行   D. 多行

三、多选题

1. 下面选项中,关于存储过程的描述正确的有(　　)。

　　A. 存储过程就是一条或多条 SQL 语句的集合　　　B. 将一系列复杂操作封装成一个代码块

　　C. 可以实现 SQL 代码重复使用　　　　　　　　D. 大大减少数据库开发人员的工作量

2. 在 MySQL 数据库的存储过程中,SQL SECURITY 指定的权限包括(　　)。

　　A. DEFINER　　　　　　B. READER　　　　　　C. WRITER　　　　　　D. INVOKER

3. 阅读下面代码片段:

```
DECLARE id INT DEFAULT 0;

REPEAT

SET id = id + 1;

UNTIL id>=10;

END REPEAT;
```

　　下面选项中,对于上述代码的功能描述中,正确的是(　　)。

　　A. 实现 1—10 之间的数字累加　　　　　　　B. 实现 1—10 之间的数字遍历

　　C. 当 id=10 时循环就会退出执行　　　　　　D. 以上代码会出现语法错误

4. 下面选项中,属于 MySQL 中流程控制语句的有(　　)。

　　A. IF 语句　　　　　　B. CASE 语句　　　　　　C. LOOP 语句　　　　　　D. WHILE 语句

5. 下面选项中,属于调用存储过程的优点是(　　)。

　　A. 使程序执行效率更高　　　　　　　　　　B. 安全性更好

　　C. 增强程序的可重用性和维护性　　　　　　D. 实现了一次编写存储过程,多次调用的目标

四、判断题

1. 存储过程是一条 SQL 语句,当对数据库进行操作时,存储过程可以将这条操作封装成一个代码块。(　　)

2. 在 MySQL 数据库中,除了可以使用 SET 语句为变量赋值外,还可以通过 SELECT…INTO 为一个或多个变量赋值。(　　)

3. MySQL 数据库默认的语句结束符号为";",在定义存储过程时,还是以";"代表存储过程定义的结束。

(　　)

4. 在 MySQL 数据库中,变量可以在子程序中声明并使用,这些变量的作用范围在 BEGIN…END 中。(　　)

5. 在 MySQL 数据库的存储过程中,参数的类型分为三种:输入参数,输出参数,输入输出参数,定义存储过程时必须使用参数。(　　)

技能自测

1. 请按照以下要求设计一个 SQL 流程控制语句。实现 1—10 之间数字的遍历,当大于 10 后退出遍历过程,并在遍历 1—10 之间的数字时进行输出。

2. 请按照以下要求设计一个存储过程,要求如下:

　　(1)定义变量 p1,并且默认其初始值为 0;

　　(2)p1 的值小于 10 时,使用 ITERATE 语句实现重复执行 p1 加 1 的操作;

　　(3)当 p1 大于或等于 10 并且小于 20 时,打印消息"p1 is between 10 and 20";

　　(4)当 p1 大于 20 时,退出循环。

学习成果达成与测评

单元 9　学习成果达成与测评表单

任务清单	知识点	技能点	综合素质测评	分　值
任务 9.1				⑤④③②①
任务 9.2				⑤④③②①
拓展阅读				⑤④③②①

单元10
数据库事务与锁机制

单元导读

MySQL 作为多用户的数据库管理系统,可以允许多个用户同时登录数据库进行操作。当不同的用户访问同一份数据时,在一个用户更改数据的过程中可能会有其他用户同时发起更改请求,这样不仅会造成数据的不准确,而且会导致服务器死机。为了解决这一问题,使数据可以从一个一致的状态变为另一个一致的状态,MySQL 在设计的过程中加入了事务这一概念,以此来保证数据的准确性和一致性。

知识与技能目标

(1)理解事务的基本概念。

(2)熟悉事务的基本特性。

(3)掌握事务的隔离级别和相关操作方法。

(4)掌握锁机制的原理和使用方法。

素质目标

(1)树立团结协作、合作共赢的理念,增强协作、宽容、欣赏、信任、分享的团队意识。

(2)领会数字中国的意义,树立职业的使命感。

单元结构

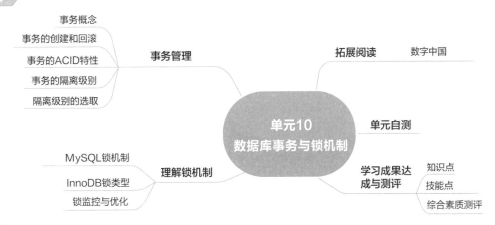

思想引领

团结协作,合作共赢

所谓人多力量大,三个臭皮匠顶个诸葛亮。软件开发也需要高质量的团队合作。不可否认,有部分精英确实可以独当一面,但是一个人的精力毕竟有限,很难面面俱到,而且软件开发有许多难以预料的情况发生。对需求的理解稍有偏差就可能导致项目的失败,因此团队协作非常重要。社会分工可以促进生产力的发展,同样一个开发团队做好分工就可以很好的完成任务,提高效率。一个优秀的团队成员要做到以下几点。

协作:从管理学的角度来看,细化分工才可以提高生产效率。对于软件开发,从松散型进阶到密集型是必然的。否则便是所谓"生产关系不适应生产力的发展"。

宽容:即使是在角逐竞争的职场,宽容仍是快速融入团队的捷径。

欣赏:主动去寻找团队成员的积极品质,学习这些品质,并努力改正自身的缺点和消极品质。

信任:一个团队能够协同合作的十分关键的一步,只有相互信任,才能真诚的相互交流、相互支持,共享工作成果,增加团队的凝聚力,提高项目开发的效率。

分享:团队的每一个成员应该随时分享自己的知识,促进大家共同进步,相互帮助,取长补短,促进团队实现项目目标。

任务 10.1 事务管理

事务处理机制在程序开发和后期的系统运行维护中起着非常重要的作用,既保证了数据的准确,也使得整个数据系统更加安全。

10.1.1 事务概念

在现实生活中,人们通过银行互相转账和汇款。从数据的角度来看,这实际上就是数据库中两个不同账户之间的数据操作。例如,用户 A 向用户 B 转账 500 元,则 A 账户的余额减去 500 元,B 账户的余额加上 500元,整个过程需要使用两条 SQL 语句来完成操作,若其中一条语句出现异常没有被执行,则会导致两个账户的金额不同步,从而使数据出现错误。为了避免上述情况的发生,MySQL 数据库中可以通过开启事务来进行数据操作。

事务实际上指的是数据库中的一个操作序列,由一组 DML 语句(INSERT、DELETE、UPDATE)组成。这些语句不可分割,只有在所有的 SQL 语句都执行成功后,整个事务引发的操作才会更新到数据库中,如果至少有一条语句执行失败,所有操作都会被取消。以用户转账为例,将需要执行的语句定义为事务,具体的转账流程如图 10-1 所示。

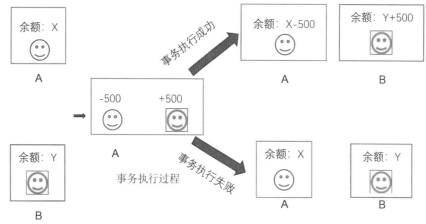

图 10-1 用户转账事务操作流程

用户转账过程中,只有在事务执行成功后数据才会变更,如果事务执行失败,数据库中的值将不会变更。

10.1.2 事务的创建和回滚

在默认设置下,MySQL 中的事务为自动提交模式,每一条语句都处于一个单独的事务中。当执行完毕后,如果执行成功则隐式提交事务,如果执行失败则隐式回滚事务。正常的事务管理是在一个事务中进行一组相关的操作,直到用户执行一条 COMMIT(提交)或者 ROLLBACK(回滚)命令后才会结束当前事务。如果用户不想关闭事务的自动提交模式,可以使用 BEGIN 或者 START TRANSACTION 命令开启事务,事务开启后便可以执行相关的事务语句,事务提交后自动恢复到自动提交模式。另外,事务的回滚操作只能撤销所有未提交的修改,对已提交修改的事务不能使用 ROLLBACK 命令进行回滚。

接下来将通过具体案例演示转账的事务操作。创建一个 account 表,表结构如表 10-1 所示。

表 10-1　account 表结构

字段	字段类型	说明
id	INT	账户编号
name	VARCHAR(30)	账户姓名
money	FLOAT	账户余额

根据表中提供的参数创建 account 表,并向其中插入测试数据,具体的 SQL 语句如下:

```
mysql>CREATE DATABASE unit10;
mysql>use unit10;
mysql>CREATE TABLE account(
    id INT PRIMARY KEY,
    name VARCHAR(30),
    money FLOAT
    );
mysql>INSERT INTO account VALUES(1,'A',500),(2,'B',500),(3,'C',500);
```

从以上的执行结果可以看出,测试数据插入成功。接下来使用 SELECT 命令查看 account 表,其 SQL 语句如下:

```
mysql>SELECT * FROM account;
```

account 表中存在 A、B、C 三个账户,每个账户的存款金额都为 500。接下来,使用 SHOW VARIABLES 语句查看 MySQL 是否为事务自动提交模式,具体的 SQL 语句如下:

```
mysql>SHOW VARIABLES LIKE 'autocommit';
```

Variable_name	Value
autocommit	ON

1 row in set, 1 warning(0.01 sec)

从以上的查询结果可以看出,MySQL 自动提交模式处于开启状态。因为此处事务需要手动提交,所以要关闭自动提交模式,其 SQL 语句如下:

```
mysql>SET autocommit=0;
```

"SET autocommit=0"中的 0 代表 OFF 状态(1 代表 ON 状态)。再次通过 SHOW VARIABLES 语句查看自动提交模式是否关闭,查询结果如下:

```
mysql>SHOW VARIABLES LIKE 'autocommit';
```

Variable_name	Value
autocommit	OFF

1 row in set, 1 warning(0.01 sec)

从查询结果可以看出,MySQL 的自动提交模式已关闭。下面将通过具体的实例演示事务的操作过程。

例 10-1　通过事务,实现账户 A 转账给账户 B 100 元钱的操作。

```
mysql>BEGIN;
mysql>UPDATE account SET money=money-100 WHERE name='A';
mysql>UPDATE account SET money=money+100 WHERE name='B';
mysql>COMMIT;
```

以上语句执行完,证明转账成功并执行了更新操作,账户 A 的余额减少了 100 元变为 400 元,账户 B 的余

额增加了 100 元变为 600 元,此时可查看表中的数据进行验证,验证结果如下:

```
mysql>SELECT * FROM account;
```

id	name	money
1	A	400
2	B	600
3	C	500

3 rows in set(0.00 sec)

从以上查询结果可看出,通过事务操作实现了转账。需要注意的是,如果在执行转账操作的过程中数据库出现故障,为了保证事务的同步性,则事务不会提交。接下来通过具体实例演示这种情况。

例 10-2 通过事务操作,实现账户 A 转账给账户 C100 元钱,在账户 A 的数据操作完成后,关闭数据库客户端,以此来模拟数据库死机,并查看数据是否被修改。

```
mysql>BEGIN;
mysql>UPDATE account SET money = money − 100 WHERE name = 'A';
mysql>UPDATE account SET money = money + 100 WHERE name = 'C';
```

从以上执行结果可看出,账户 A 的余额减少了 100 元。使用 SELECT 命令查看表中数据验证数据是否被修改,查询结果如下:

```
SELECT * FROM account;
```

id	name	money
1	A	300
2	B	600
3	C	600

3 rows in set(0.00 sec)

从以上执行结果可以看出,账户 A 的余额从 400 元变为了 300 元,账户 A 的转账操作完成。此时关闭MySQL 的客户端,并重新进入,再次查看 account 表中的数据。

```
mysql>EXIT
mysql>SELECT * FROM account;
```

id	name	money
1	A	400
2	B	600
3	C	500

3 rows in set(0.00 sec)

从执行结果可以看出,重新登录数据库后,account 表中账户 A 的余额又恢复为 400 元,这是因为在进行事务操作时,未在最后提交事务,转账操作并没有全部完成,为了保证事务的同步性,系统对数据操作进行了回滚,因此,用户可以利用这种隐式的方式实现对未提交事务的数据的回滚。在实际的事务操作中,如果发现某些操作是不合理的,就可以通过 ROLLBACK 命令回滚未提交的事务,这种方式并不需要退出数据库。接下来通过具体实例演示使用 ROLLBACK 进行事务的回滚。

例 10-3 继续沿用例 10-2 结果进行事务操作,实现账户 B 转账给账户 C100 元,在转账操作完成后,使用 ROLLBACK 语句进行转账回滚操作。

```
mysql>BEGIN;
mysql>UPDATE account SET money = money − 100 WHERE name = 'B';
mysql>UPDATE account SET money = money + 100 WHERE name = 'C';
```

从以上代码的执行结果可以看出,账户 B 和账户 C 之间进行了转账操作。下面查看账户表验证数据是否被修改,查询结果如下:

```
mysql>SELECT * FROM account;
```

id	name	money
1	A	400
2	B	500
3	C	600

3 rows in set(0.00 sec)

可以看出,账户 C 的余额增加了 100 元。因为还未提交事务,此时使用 ROLLBACK 命令将事务操作进行回滚。回滚成功后,查看账户表中的数据是否发生改变,SQL 语句如下所示。

```
mysql>ROLLBACK;
mysql>SELECT * FROM account;
```

id	name	money
1	A	400
2	B	600
3	C	500

3 rows in set(0.00 sec)

从以上执行结果可看出,账户 B 和账户 C 的金额又回滚到了转账操作前的数值。

10.1.3　事务的 ACID 特性

前面以用户转账为例介绍了事务的基本用法和基本属性。事务是一个整体,相互不影响,只有执行成功后才会对数据进行永久性地修改。在 MySQL 数据库中,事务具有四个特性,如表 10-2 所示。

表 10-2　事务的 ACID 特性

特性	说明
原子性(atomicity)	事务作为一个整体被执行,要么全部被执行,要么都不被执行
一致性(consistency)	事务操作前和事务处理后都受业务规则约束,确保数据和状态一致
隔离性(isolation)	多个事务并发执行时,一个事务的执行不应该影响其他事务的执行
持久性(durability)	事务一旦提交,对数据库的修改应该永久保存在数据库中

以用户转账为例,假设账户 A 和账户 B 的余额都为 1000 元,如果将 100 元从账户 A 转给账户 B,在 MySQL 中需要进行以下六个步骤。

第一步:从账户 A 中读取余额,为 1000。

第二步:账户 A 的余额减去 100.

第三步:账户 A 的余额写入,为 900。

第四步:从账户 B 中读取余额,为 1000。

第五步:账户 B 的余额加上 100.

第六步:账户 B 的余额写入为 1100。

上述步骤中,事务的 ACID 特性表现如下。

1.原子性

保证所有步骤要么都被执行,要么都不被执行。一旦在执行某一步骤的过程中出现问题,就需要执行回滚操作。例如,进行到第五步时,账户 B 突然不可用(比如被注销),那么前面的所有操作都应该回滚到执行事务之前的状态。

2.一致性

在转账之前,账户 A 和账户 B 中共有 1000＋1000＝2000 元。在转账之后,账户 A 和账户 B 中共有 900＋1100＝2000 元。也就是在执行该事务操作之后,数据从一个状态改变为另一个状态,同时一致性还能保证账户余额不会变成负数。

3.隔离性

在账户 A 向账户 B 转账的过程中,只要事务还没有提交,查询账户 A 和账户 B 时,两个账户中钱的数量都不会有变化。如果在账户 A 给账户 B 转账的同时,有另外一个事务执行了账户 C 给账户 B 转账的操作,那么当两个事务都结束时,账户 B 里面的钱应该是账户 A 转给账户 B 的钱加上账户 C 转给账户 B 的钱,再加上账户 B 原有的钱。

4.持久性

一旦转账成功(事务提交),两个账户中的钱就会真正地发生变化(会将数据写入数据库,做持久性保存)。

事务的 ACID 特性对数据进行了严格的定义,在实际的开发操作中,也应该遵循以上四个特性,来保证数据的安全。

10.1.4 事务的隔离级别

MySQL 作为多线程并发访问的数据库,其明显的特点是资源可以被多个用户共享访问。当多个用户(多个事务)同时访问相同的数据库资源时,如果各事务之间没有采取必要的隔离措施,可能会出现以下几种不确定的情况。

(1)脏读。脏读指一个事务读取了某行数据,而另外一个事务已经更新了此行的数据,但没有及时地执行。例如,事务 A 读取了事务 B 更新的数据,随后事务 B 因为某些原因进行了回滚操作,那么事务 A 读取到的数据就是脏数据。这种情况是非常危险的,很可能造成所有的操作都被回滚。

(2)不可重复读。不可重复读是指一个事务的修改和提交,造成另一个事务在同一范围内两次相同查询的返回结果不同。例如,事务 A 需要多次读取同一个数据,在事务 A 还没有结束时,事务 B 访问并修改了该数据,那么事务 A 两次读取到的数据就可能不一致。因此称为不可重复读,即原始数据不能重复读。

(3)幻读。幻读是指一个线程中的事务读取到了另外一个线程中提交的 INSERT 数据。例如,用户 A 将数据库中所有学生的成绩从具体分数改为 ABCDE 等级,但是用户 B 此时插入了一条具体分数的记录,用户 A 修改完成后发现还有一条记录没有改过来,就好像发生了幻觉一样,因此称这种情况为幻读或者虚读。

为了避免上述三种情况的发生,MySQL 中为事务定义了不同的隔离级别,以此来保证数据的稳定性。事务的隔离级由低到高可分为 read uncommitted、read committed、repeatable read 和 serializable,如表 10-3 所示。

表 10-3　事务的隔离级别

隔离级别	说明
read uncommitted (读未提交)	允许事务读取其他事务未提交的结果(即允许脏读),是事务隔离级别中等级最低的,也是最危险的,该级别很少使用
read Committed (读已提交)	允许事务只能读取其他事务已经提交的结果,该隔离级别可以避免脏读,但不能避免不可重复读和幻读的情况
repeatable read (可重复读)	该级别确保了同一事务的多个实例在并发读取数据时,可以读取到同样的数据行,这种级别可以避免脏读和不可重复读的情况,但不能避免幻读的问题,是 MySQL 默认的隔离级别
serializable (可串行化)	强制性地对事务进行排序,使之不可能相互冲突,从而解决幻读的问题,这种方式是在每个读的数据行上加了共享锁,但这种级别可能会导致大量的超时现象和锁竞争,所以也很少使用,是事务中最高的隔离级别

　　事务的隔离级别越高,越能保证数据的完整性和一致性,但是对并发性能的影响也会相应增大。另外,不同的隔离级别可能会造成不同的并发异常,如表10-4所示。

表 10-4　隔离级别及并发异常

隔离级别	脏读	不可重复读	幻读
读未提交	可能	可能	可能
读已提交		可能	可能
可重复读			可能
可串行化			

　　在 MySQL 数据库中,可以使用相关语句查看当前会话的隔离级别,具体语句如下:

```
SELECT @@tx_isolation;
```

　　同样,用户也可以使用 SET 语句设置当前会话的隔离级别,具体的语法格式如下:

```
SET SESSION TRANSACTION ISOLATION LEVEL {READ UNCOMMITTED | READ COMMITTED | REPEATABLE READ | SERIALIZABLE}
```

　　在以上语法格式中,SESSION 代表的是当前会话的隔离级别,LEVEL 后跟随着四个可选参数,分别对应四个隔离级别。接下来通过具体案例分别演示四个隔离级别可能引起的并发问题。

1.脏读问题

　　当事务的隔离级别为 read uncommitted(读未提交)时,可能出现数据的脏读问题,即一个事务读取了另一个事务未提交的数据。在演示过程中将打开两个客户端会话窗口,以此来模拟不同事务操作同一数据的场景,叙述中将这两个客户端分别简称为客户端 A 和客户端 B。另外,MySQL 默认的隔离级别为 repeatable read(可重复读),这里对 A、B 客户端默认的隔离级别也未作修改。接下来将通过不断改变客户端 A 的隔离级别,同时通过客户端 B 修改数据,来演示各个隔离级别出现的问题。

　　首先,将客户端 A 的隔离级别设置为 read uncommitted(读未提交),其 SQL 语句如下:

```
mysql>SET SESSION TRANSACTION ISOLATION LEVEL READ UNCOMMITTED;
    Query OK,0 rows affected(0.02 sec)
```

　　以上执行结果表明客户端 A 的隔离级别已设置为 read uncommitted(读未提交)。在客户端 A 中查询 account 表的数据,其 SQL 语句如下:

```
mysql>SELECT * FROM account;
```

id	name	money
1	A	900
2	B	1100
3	C	1000

```
3 rows in set(0.13 sec)
```

　　然后在客户端 B 中进行事务操作。在开启事务后,执行将 100 元从账户 A 转账给账户 C 的数据操作,但不进行事务的提交,其 SQL 语句如下:

```
mysql>START TRANSACTION;
    Query OK,0 rows affected(0.00 sec)
mysql>UPDATE account SET money = money-100 WHERE name = 'A';
    Query OK,1 row affected(0.04 sec)
    Rows matched:1 Changed:1 Warnings:0
mysql>UPDATE account SET money = money + 100 WHERE name = 'C';
    Query OK,1 row affected(0.02 sec)
    Rows matched:1 Changed:1 Warnings:0
```

以上执行结果证明成功地将 100 元从账户 A 转账给了账户 C。此时通过客户端 A 查看 account 表中的数据，其 SQL 语句如下：

```
mysql>SELECT * FROM account;
```

id	name	money
1	A	800
2	B	1100
3	C	1100

```
3 rows in set(0.00 sec)
```

从以上查询结果可以看出，在客户端 A 中查询 account 表中的数据，发现账户 A 已经给账户 C 转账了 100 元，但此时客户端 B 中的事务还没有提交，客户端 A 读取到了客户端 B 还未提交事务修改的数据，即脏数据。这种情况很容易造成数据的混乱，使数据的一致性遭到破坏。此时，在客户端 B 对事务进行回滚操作，具体的 SQL 语句如下：

```
mysql>ROLLBACK;
    Query OK,0 rows affected(0.02 sec)
```

从以上执行结果可以看出，客户端 B 成功地进行了事务回滚。此时通过客户端 A 再次查询 account 表中的数据，其 SQL 语句如下：

```
mysql>SELECT * FROM account;
```

id	name	money
1	A	900
2	B	1100
3	C	1000

```
3 rows in set(0.00 sec)
```

从以上的执行结果可以看出，客户端 A 查询到了客户端 B 事务回滚后的数据。在实际应用中应该根据实际情况合理地使用 read uncommitted(读未提交)的隔离级别，减少数据的脏读问题。

2. 不可重复读问题

当事务的隔离级别设置为 read uncommitted(读未提交)时，一个事务在对数据进行查询的过程中可能会遇到其他事务对数据进行修改的情况，从而导致事务中的两次查询结果不一致，即出现数据的不可重复读问题。下面将对这种情况进行详细的演示。

首先，将客户端 A 的隔离级别设置为 read committed(读已提交)，其 SQL 语句如下：

```
mysql>SET SESSION TRANSACTION ISOLATION LEVEL READ COMMITTED;
    Query OK,0 rows affected(0.02 sec)
```

从以上的执行结果可以看出,客户端 A 的隔离级别设置了 read committed(读已提交)。这时在客户端 A 中开启一个查询 account 表数据的事务,其 SQL 语句如下:

```
mysql>START TRANSACTION;
    Query OK,0 rows affected(0.02 sec)
mysql>SELECT * FROM account;
```

id	name	money
1	A	900
2	B	1100
3	C	1000

```
3 rows in set(0.00 sec)
```

然后在客户端 B 中进行事务操作。开启事务后,将 100 元从账户 A 转给账户 C 并提交事务,其 SQL 语句如下:

```
mysql>START TRANSACTION;
    Query OK,0 rows affected(0.01 sec)
mysql>UPDATE account SET money = money-100 WHERE name = 'A';
    Query OK,1 row affected(0.02 sec)
    Rows matched:1 Changed:1 Warnings:0
mysql>UPDATE account SET money = money + 100 WHERE name = 'C';
    Query OK,1 row affected(0.01 sec)
    Rows matched:1 Changed:1 Warnings:0
mysql>COMMIT;
    Query OK,0 rows affected(0.01 sec)
```

从以上的执行结果可以看出,客户端 B 的事务操作完成,账户 A 给账户 C 转账了 100 元,此时在未提交事务的客户端 A 中再次查询 account 表中的数据信息,其 SQL 语句如下:

```
mysql>SELECT * FROM account;
```

id	name	money
1	A	800
2	B	1100
3	C	1100

```
3 rows in set(0.00 sec)
```

从以上的查询结果可以看出,在客户端 A 中查询出了客户端 B 修改后的数据,也就是说客户端 A 在同一个事务中分别在不同时间段查询同一个表的结果不一致,即数据的不可重复读问题。

3.幻读问题

幻读问题的出现与不可重复读问题的出现原因类似,当事务的隔离级别为 repeatable read(可重复读)时,一个事务在查询过程中,其他事务可能会对数据继续更新操作,从而导致两次查询的数据条数不一致。下面将针对事务中出现幻读的情况进行详细的演示和说明。

首先,将客户端 A 的隔离级别设置为 repeatable read,其 SQL 语句如下:

```
mysql>SET SESSION TRANSACTION ISOLATION LEVEL REPEATABLE READ;
    Query OK,0 rows affected(0.01 sec)
```

从以上的执行结果可以看出,客户端 A 的隔离级别成功设置为 repeatable read,接下来,在客户端 A 中开启一个查询 account 表数据的事务,其 SQL 语句如下:

```
mysql>START TRANSACTION;
    Query OK,0 rows affected(0.01 sec)
mysql>SELECT * FROM account;
```

id	name	money
1	A	800
2	B	1100
3	C	1100

3 rows in set(0.00 sec)

然后在客户端 B 中进行更新操作,添加一个余额为 500 元的账户 D,其 SQL 语句如下:

```
mysql>INSERT INTO account VALUES(4,'D',500);
    Query OK,1 rows affected(0.01 sec)
```

从以上执行结果可以看出,在客户端 B 中的数据添加操作执行成功,此时在未提交事务的客户端 A 中查询 account 表中的数据,其 SQL 语句如下:

```
mysql>SELECT * FROM account;
```

id	name	money
1	A	800
2	B	1100
3	C	1100

3 rows in set(0.00 sec)

从以上的查询结果可以看出,在客户端 A 中查询 account 表的数据并没有出现幻读的问题,这与之前预期的结果并不相同。出现这种情况的主要原因是 MySQL 的存储引擎通过多版本并发控制(multi version concurrency control,MVCC)机制解决了数据幻读的问题。因此,当 MySQL 的隔离级别为 repeatable read 时,可以避免幻读问题的出现。

4.可串行化

可串行化(serializable)是最高的事务隔离级别,该级别会在每一行读取的数据上都加锁,从而使各事务之间不会出现相互冲突,但这种方式会导致系统资源占用过多,出现大量的超时现象。下面将对这种隔离级别进行演示和说明。

首先,将客户端 A 的隔离级别设置为可串行化(serializable),其 SQL 语句如下:

```
mysql>START TRANSACTION;
    Query OK,0 rows affected(0.01 sec)
mysql>SELECT * FROM account;
```

id	name	money
1	A	800
2	B	1100
3	C	1100
4	D	500

4 rows in set(0.00 sec)

接着在客户端 B 中进行更新操作,添加一个余额为 600 元的账户 E,其 SQL 语句如下:

```
mysql>INSERT INTO account VALUES(5,'E',600);
    ERROR 1205(HY000):Lock wait timeout exceeded;try restarting transaction
```

从以上执行结果可以看出,操作超时会导致数据添加失败。造成这种现象的原因是此时客户端 A 的事务隔离级别为可串行化(serializable),客户端 A 中的事务还没有提交,所以客户端 B 必须等到客户端 A 中的事务提交后,才可以进行添加数据的操作,当客户端 A 长时间没有提交事务时,客户端 B 便会出现操作超时的错误。这种事务长时间的等待操作会占用很大一部分的系统资源,从而降低系统的性能。因此,在实际应用中很少使用可串行化(serializable)这种隔离级别。

10.1.5　隔离级别的选取

事务的隔离级别越高就越能保证数据的完整性和一致性,但是对系统并发性的影响也越大。对于大多数应用程序,可以优先考虑把数据库的隔离级别设置为 read committed,这样可以有效避免数据的脏读,而且具有较好的并发性能。尽管这种级别会导致不可重复读、幻读这些并发问题,但在个别的应用场合中可采用悲观锁或乐观锁来控制。合理地选用不同的隔离等级,可以在不同程度上避免前面提及的在事务处理中面临的各种问题。在选取数据库的隔离级别时,读者可以参考以下几个原则。

首先,需要排除数据脏读的影响,在多个事务之间要避免进行"非授权的读"操作。因为事务的回滚操作或失败将会影响其他的并发事务,第一个事务的回滚会完全将其他事务的操作清除,这可能导致数据库处在一个不一致的状态。

其次,绝大部分应用都无须使用"序列化"隔离,在实际的应用中,数据的幻读可以通过使用悲观锁这种强行使所有事务都序列化执行的方式来解决。

对于大部分应用,可以优先考虑可重复读隔离级别。这主要是因为所有的数据访问都是在统一的原子数据事务中进行的,此隔离级别将消除一个事务在另外一个并发事务过程中覆盖数据的可能性。另外,在 MySQL 的 InnoDB 存储引擎中也可以加入 MVCC 等机制来解决数据的幻读问题。

合理地选用隔离级别不仅可以避免数据的混乱,还可以提高数据库系统在高访问时的健壮性。

任务 10.2　理解锁机制

简单来说,数据库的锁机制主要是为了使用户对数据的访问变得有序,保证数据的一致性。宏观上锁机制是实现高并发最简单的方式,但从微观的角度来说,锁机制其实是读写串行化。

10.2.1　MySQL 锁机制

MySQL 数据库中存在多种数据存储引擎,由于每种存储引擎所针对的应用场景不一样,内部的锁定机制也是根据他们各自所面对的特定场景而优化设计的,所以各存储引擎的锁定机制之间本质上也存在较大的区别。MySQL 中常见的 InnoDB 引擎支持行级锁,但有时也会升级为表级锁,而 MyISAM 引擎只支持表级锁。另外,有些存储引擎也支持页级锁(性能介于行级锁和表极锁之间,但不常用)。行级锁和表极锁的特点如下。

(1)表极锁开销小,加锁快,不会出现死锁的情况。但由于锁粒度大,发生锁冲突的概率较高,抗并发能力较低。

(2)行级锁开销大,加锁慢,会出现死锁的情况。由于锁粒度小,发生锁冲突的概率较低,抗并发能力较高。

前面介绍事务时已经提到,多个事务同时访问同一数据会造成并发异常的问题。实际上,各种隔离级别也是靠锁机制实现的。接下来,将针对 MySQL 中常用的 InnoDB 引擎进行详细介绍。

10.2.2 InnoDB 锁类型

数据库系统中常见的锁类型按锁粒度可以划分为表级锁、行级锁和页级锁,行级锁中主要的锁类型有读锁、写锁,而表级别的锁有意向锁。下面将针对常见锁的工作机制进行详细说明。

1. 读锁

读锁又被称为共享锁(shared locks,简称 S 锁)。S 锁的粒度是行级或者元组级(多个行),多个不同的事务对一个资源共享一把锁。如果事务 T1 对行 R 加上 S 锁,则会产生以下情况。

(1)其他事务 T2、T3、…、Tn 只能对行 R 加上锁,不能再加上其他的锁。

(2)被加上锁的数据,用户只能进行读取,不能修改数据(包括写入和删除)。

(3)如果需要修改数据,必须等所有的共享锁释放完。

在 MySQL 中,设置共享锁的语法格式如下:

```
SELECT * FROM 表名 WHERE 条件 LOCK IN SHARE MODE;
```

以上语法格式中,LOCK IN SHARE MODE 表示为搜索到的行加上共享锁。例如,在一个未结束的事务 A 中给一条数据加上锁,其 SQL 语句如下:

```
mysql>BEGIN;
mysql>SELECT * FROM test WHERE id=1 LOCK IN SHARE MODE;
```

id	name
1	A

在事务 B 中为同样的数据加上共享锁,即可加锁成功。

```
SELECT * FROM test WHERE id=1 LOCK IN SHARE MODE;
```

但是,如果事务 A 或者事务 B 更新该数据,则会提示锁等待的错误信息,其 SQL 语句如下:

```
mysql>UPDATE test SET id=2 WHERE id=1;
     ERROR 1205(H Y000):Lock wait timeout exceeded;try restarting transaction
```

从以上的执行结果可以看出,当一个事务对数据加上 S 锁时,事务本身和其他事务都只能读取该数据,而不能修改数据。

2. 写锁

写锁又被称为排他锁(exclusive locks,简称 X 锁)。X 锁也是作用于行或者元组的。如果一个事物 T1 对行 R 加上了 X 锁,则会产生以下情况。

(1)事务 T1 可以对行 R 范围内的数据进行读取和修改操作(包括写入和删除)。

(2)其他事务都不能对行 R 施加任何类型的锁,也无法进行修改操作,直到事务 T1 在行 R 上的 X 锁被释放。

在 MySQL 中,设置 X 锁的语法格式如下:

```
SELECT * FROM 表名 WHERE 条件 FOR UPDATE;
```

以上格式语法中,FOR UPDATE 表示为指定的行加上排他锁(X 锁)。例如,在一个未结束的事务 A 中给一条数据加上 X 锁,其 SQL 语句如下:

```
mysql>BEGIN;
mysql>SELECT * FROM test WHERE id=1 FOR UPDATE;
```

id	name
1	A

在事务 A 中尝试更新被加上 X 锁的数据,其 SQL 语句如下:

```
mysql>UPDATE test SET id=2 WHERE id=1;
    Query OK,1 row affected(0.00 sec)
    Rows matched:1 Changed:1 Warnings:0
```

从以上语句可以看出,事务 A 对该数据库进行了修改操作。接下来,在事务 B 中尝试查看该行数据,其 SQL 语句如下:

```
mysql>SELECT * FROM test;
```

id	name
1	A

```
1 row in set(0.00 sec)
```

从以上语句可以看出,事务 B 可以查看该条数据。接下来,在事务 B 中尝试修改这条数据,其 SQL 语句如下:

```
mysql>UPDATE test SET id=3 WHERE id=1;
    ERROR 1205(H Y000):Lock wait timeout exceeded;try restarting transaction
```

从上面的执行结果可以看出,事务 B 对加上 X 锁的数据修改失败。需要注意的是,排他锁指的是一个事务为一行数据加上排他锁后,其他事务不能再在其上加其他锁。MySQL 的 InnoDB 引擎默认的修改数据语句 UPDATE、DELETE、INSERT 都会自动给涉及的数据加上排他锁,而 SELECT 语句默认不会加任何锁。另外,加过排他锁的数据行在其他事务中也不能通过 FOR UPDATE 和 LOCK IN SHARE MODE 的方式查询数据,但可以直接通过 SELECT FROM 查询数据,这是因为普通查询没有任何锁机制。

3. 意向锁

在 InnoDB 引擎中,意向锁(intention locks)的粒度为表级。意向锁是数据库的自身行为,不需要人工干预,在事务结束后会自行解除。意向锁分为意向共享锁(IS)和意向排他锁(IX),其主要作用是提升存储引擎的性能。在 InnoDB 引擎中的 S 锁和 X 锁为行级锁,每当事务到来时,存储引擎需要遍历所有行的锁持有情况,这样会增加系统的性能损耗。因此 MySQL 中引入了意向锁,在检查行级锁之前会先检查意向锁是否存在,如果存在则阻塞线程。

总的来说,事务要获取表中某行的 S 锁必须要获取表的 IX 锁。

首先,事务 T1 对 test 表中 id=1 的行加上 S 锁,其 SQL 语句如下:

```
mysql>BEGIN;
mysql>SELECT * FROM test WHERE id=1 LOCK IN SHARE MODE;
```

这时,如果事务 T2 需要对 test 表中 id>0 的行加上 X 锁,则系统会执行以下步骤。

(1)判断 test 表中是否有表级锁。

(2)判断 test 表中每一行是否有行级锁。

当数据量大(100 万~1000 万条数据)时,步骤(2)中的判断效率极低。引入意向锁后,步骤(2)就可以变为对意向锁的判断,即如果发现 test 表中的 IS 锁,则说明表中肯定有 S 锁。因此,事务 T2 申请 X 锁的请求会被阻塞。加入意向锁后,系统将不需要再对全表中的数据进行判断,可显著提高判断效率。

4. 间隙锁

间隙锁(gap lock)是 InnoDB 引擎在可重复读(repeatable read)的隔离级别下为了解决幻读和数据误删问题而引入的锁机制。当使用范围条件查询数据并请求共享或排他锁时,InnoDB 引擎会给符合条件的、已存在的数据记录的索引项加锁。键值在条件范围内但不存在的记录叫做"间隙",InnoDB 引擎也会对这个"间隙"加锁。例如,在 MySQL 中建立一张 test 表,其中 id 为主键,name 为非唯一性索引。

当事务 T1 执行范围性语句"SELECT * FROM test WHERE id>0 AND id<5 FOR UPDATE;"查询

时，会查询出如表 10-2 和表 10-3 所示的数据。

<table>
<tr><td colspan="3">表 10-2　test 表</td></tr>
<tr><td>id</td><td>name</td><td>age</td></tr>
<tr><td>1</td><td>Li</td><td>20</td></tr>
<tr><td>3</td><td>Yang</td><td>21</td></tr>
<tr><td>4</td><td>Zhao</td><td>20</td></tr>
<tr><td>5</td><td>Qin</td><td>19</td></tr>
<tr><td>6</td><td>Wu</td><td>21</td></tr>
</table>

表 10-3　test-2 表

id	name	age
1	Li	20
3	Yang	21
4	Zhao	20
5	Qin	19
6	Wu	21

从表 10-2 和表 10-3 可以看出，表中并不存 id 为 2 的数据，而这种不存在的数据被称为"间隙"，InnoDB 引擎也会对这些"间隙"加锁。此时，如果事务 T2 执行 INSERT 语句，插入一条 id 为 2 的数据，则需要等到事务 T1 结束才可以插入成功；如果事务 T1 长时间不结束，则会造成系统出现死锁，降低数据库性能和数据安全性。

5. 锁等待和死锁

锁等待是指事务在执行过程中，一个事务需要等到上一个事务的锁释放后才可以使用该资源。如果事务一直不释放，就需要持续地等待下去，直到超过锁等待时间，此时系统会报超时错误。MySQL 中锁等待时间是通过 innodb_lock_wait_timeout 参数控制的，该参数的单位是秒，具体 SQL 语句如下：

```
mysql>SHOW VARIABLE LIKE '%innodb_lock_wait%';
```

Variable_name	Value
Innodb_lock_wait_timeout	50

```
1 row in set(0.00 sec)
```

从以上语句可以看出，设置的等待时间为 50 秒。

死锁是指两个或两个以上的进程在执行过程中，因争夺资源而造成的一种互相等待的现象，若无外力作用，两个进程将无法推进下去，此时称系统处于死锁状态或系统产生了死锁。这些永远在互相等待的进程称为死锁进程。表级锁不会产生死锁，所以解决死锁主要还是针对最常用的 InnoDB 引擎。

解决死锁关键在于保证两个（或以上）的 SESSION 加锁的顺序不一致，让不同的 SESSION 加锁有次序。

10.2.3　锁监控与优化

在 MySQL 数据库中可以通过 SHOW FULL PROCESSLIST 命令和 SHOW ENGINE INNODB STATUS 命令来监控事务中的锁情况。另外，也可以通过查询 information schema 库下的 INNODB TRX、INNODB LOCKS 和 INNODB LOCK WAITS 这 3 张表来获取更加详细的锁信息。因为 InnoDB 存储引擎可以实现行级锁定，所以性能损耗会比表级锁定高。当系统并发量较高时，InnoDB 引擎的整体性能会比 MyISAM 引擎更有优势。但是，如果对行级锁使用不当，也可能会造成 InnoDB 引擎的整体性能下降。在使用 InnoDB 引擎时，应该注意以下几点。

（1）合理设置索引，尽可能让所有的数据检索都通过索引来完成，从而避免 InnoDB 引擎因为无法通过索引加锁而升级为表级锁定的现象。

（2）减少基于范围的数据检索，避免因间隙锁带来的负面影响而锁定了不该锁定的记录。

（3）控制事务的大小，缩减锁定的资源量和锁定时间。

（4）在业务环境允许的情况下，尽量使用较低级别的事务隔离，以减少 MySQL 实现事务隔离级别而产生的附加成本。

在同一个事务中，应尽可能做到一次性锁定需要的所有资源，降低死锁发生的概率。另外，对于非常容易发生死锁的业务部分，可以尝试升级锁定粒度，通过表级别的锁定来降低死锁发生的概率。

数字中国

单元自测

知识自测

一、填空题

1. 事务的 ACID 特性包括_____、_____、_____和_____。

2. 事务可以理解为一组_____的集合。

3. 对于只有一个 CPU 的系统来说,并发在微观上实际是_____。

4. MySQL 数据库中锁按照粒度可划分为_____、_____和_____。

5. 多个事务在访问同一数据时会出现_____、_____和_____等问题。

二、单选题

1. 一个事务读取了另一个事务更新并提交的数据,这种情况可称为(　　)。

　　A. 脏读　　　　　　　B. 不可重复读　　　　　C. 幻读　　　　　　　　D. 以上都不是

2. 下面选项中,用于实现事务回滚操作的语句是(　　)。

　　A. ROLLBACK TRANSACTION;　　　　　　　B. ROLLBACK;

　　C. END COMMIT;　　　　　　　　　　　　D. END ROLLBACK;

3. 下列事务隔离级别中,可以防止脏读、幻读、不可重复读问题的是(　　)。

　　A. READ UNCOMMITTED　　　　　　　　　B. READ COMMITTED

　　C. REPEATABLE READ　　　　　　　　　　D. SERIALIZABLE

4. 下列关于 MySQL 数据库中能直接写的 SQL 语句的描述中,正确的是(　　)。

　　A. 通过 COMMIT 进行提交

　　B. 通过 START TRANSACTION 才能开启事务

　　C. 以单条语句的形式自动进行提交

　　D. 可以通过 START COMMIT 进行提交

5. 下面选项中,可防止脏读、不可重复读和幻读问题发生的可行解决方案是(　　)。

　　A. 设置事务隔离级别　　　　　　　　　　B. 争取不开启事务

　　C. 不采用多线程　　　　　　　　　　　　D. 不进行事务提交

6. 下面选项中,属于 MySQL 默认事务隔离级别的是(　　)。

　　A. READ UNCOMMITTED　　　　　　　　　B. READ COMMITTED

　　C. REPEATABLE READ　　　　　　　　　　D. SERIALIZABLE

7. 下列用于设置 MySQL 事务隔离级别的语句中,正确的是(　　)。

　　A. SET SESSION TRANSACTION ISOLATION LEVEL READ UNCOMMITTED;

　　B. SET ISOLATION LEVEL READ UNCOMMITTED;

　　C. SET LEVEL READ UNCOMMITTED;

　　D. 以上都不正确

8. 阅读下面事务的操作语句:

　　　　START TRANSACTION;

　　　　UPDATE account SET money＝money－100 WHERE NAME＝'a';

　　　　UPDATE account SET money＝money＋100 WHERE NAME＝'b';

　　　　ROLLBACK;

执行以上操作后再次登录 MySQL 查看,其操作结果是(　　)。

A. 事务成功提交,有两条记录被更新　　　　B. 事务成功回滚,但只有一条记录被更新

C. 没有提交事务,但有两条记录被更新　　　D. 事务成功回滚,表中记录不会有任何更新

9.阅读下面事务的操作语句:

　　　　START TRANSACTION;

　　　　UPDATE account SET money＝money－100 WHERE NAME＝'a';

　　　　UPDATE account SET money＝money＋100 WHERE NAME＝'b';

　　　　————————

　　如果要取消转账操作,横线处应填入的语句是(　　)。

A. END TRANSACTION;　　　　　　　　B. ROLLBACK;

C. END COMMIT;　　　　　　　　　　　D. COMMIT;

10.在事务的特性中,表示一个事务必须被视为一个不可分割的最小工作单元的是(　　)。

A. 原子性(atomicity)　　　　　　　　B. 一致性(consistency)

C. 隔离性(isolation)　　　　　　　　　D. 持久性(durability)

三、简答题

1.简述什么是事务。

2.简述什么是幻读。

技能自测

构建数据库,尝试监控事务中锁的情况。

学习成果达成与测评

单元 10　学习成果达成与测评表单

任务清单	知识点	技能点	综合素质测评	分　值
任务 10.1				⑤④③②①
任务 10.2				⑤④③②①
拓展阅读				⑤④③②①

单元11
MySQL数据备份与恢复

单元导读

在这个信息时代,数据是一个企业的核心,保证数据的安全性是十分重要的。数据在存储过程中会因为一些不确定的因素而出现异常,如机房停电、数据管理员误删或病毒入侵等因素。因此,对重要的数据进行定期备份是保证数据安全的最有效措施。当数据库中的数据出现错误或者丢失时,可以使用已备份的数据进行恢复。

知识与技能目标

(1)了解数据库备份的目的。

(2)掌握数据库备份和恢复的方法。

(3)掌握数据迁移的操作流程。

(4)熟悉数据库的导入和导出方法。

素质目标

(1)向我国古代科学家学习,树立坚定的信念。

(2)领会数据的重要性,提高数据安全意识。

单元结构

思想引领

杨辉三角

从南宋杰出数学家杨辉所著的《详解九章算法》出发,探究杨辉三角的历史故事,分析其模型特点,确定数组结构,再到发现递推规律,确定推演公式,生成核心代码。在这一过程中明确杨辉是中国宋代著名的数学家,他整理的杨辉三角领先于法国数学家帕斯卡近400年,这是我国数学史上伟大的成就。

任务 11.1　认识数据备份

数据备份和恢复是数据库管理中最常用的操作。备份和恢复的目的就是将数据库中的数据进行导出并生成副本,然后在系统发生故障后能够恢复全部或部分数据。数据备份就是将数据库结构、对象和数据备份,以便在数据库遭到破坏或因需求改变时,能够把数据库还原到改变以前的状态。数据恢复就是指将数据库备份加载到系统中。数据备份和恢复可以用于保护数据库的关键数据,在系统发生错误或因需求改变时,用备份的数据可以恢复数据库中的数据。

11.1.1　数据备份原则

数据对于企业而言是无价的,服务器在运行过程中可能会因一些原因造成数据的丢失,如硬件故障、软件故障、自然灾害、黑客攻击或管理人员的误操作等。

企业中的数据管理人员具有很高的系统权限,在对数据进行调用或者管理时很容易因管理员的一个误操作而造成经济损失,这种因素在数据丢失中占比偏高。数据的定期备份可以满足后期的灾难恢复、审计、测试等需求。例如,将最新备份的数据更新到企业的测试环境中,不仅可以检验新软件或者系统对真实数据的处理能力,还可以避免上线后因软件兼容问题而引发异常。

在对数据进行备份时,不仅需要考虑数据库的大小和存储引擎的选用,还要考虑数据的重要性和数据变化的频繁性,从而决定使用何种备份方式和备份频率。另外,还要结合行业规范和公司规定。备份后的数据建议存放在指定的服务器上,最好不要存放在同一台主机上。

11.1.2　备份类型的划分

MySQL 数据库在进行备份时不仅需要备份数据文件,还需要备份二进制日志和配置文件。数据备份时,根据服务器是否在线,可以将备份类型分为热备份、温备份和冷备份;根据备份方式的不同,可以将备份类型分为物理备份和逻辑备份;根据备份数据量的大小,可以将备份类型划分为全量备份、增量备份和差异备份。

下面以数据量划分的备份类型为例进行说明。

1.全量备份

全量备份又被称为完全备份,是对全部数据进行备份。全量备份的优点是当灾难发生时可以实现全部数据的恢复,但以这种方式备份的数据有许多是重复的,这无疑增加了成本,而且由于需要备份的数据量相当大,因此备份所需的时间也比较长。

2.增量备份

增量备份是对上次备份以后创建或更改的文件进行备份。因每次仅备份上次备份之后有变化的文件,所以备份的文件体积小且备份速度快,但在进行数据恢复时,需要按备份的时间顺序对备份版本进行恢复,耗费时间较长。

3.差异备份

差异备份是对第一次备份后到目前为止产生的数据进行备份。差异备份是一个积累变化的过程,占用空间比增量备份大,比全量备份小。数据恢复时仅需要恢复第一个完整版本和最后一次的差异版本(包含所有的差异),恢复速度介于全量备份和增量备份之间。

任务 11.2　物理备份

物理备份主要是使用 Tar、Xtrabackup 等 Linux 操作系统工具直接备份数据库文件,该备份方式适用于大型数据库环境,而且不受存储引擎的限制,但数据不能恢复到不同的 MySQL 版本上。物理备份可以通过 Tar 打包工具、LVM 快照以及 Xtrabackup 工具进行。

11.2.1　Tar 打包备份

在使用 Tar 打包工具备份期间,MySQL 服务将处于不可用状态,具体流程如下。

1. 停止数据库

首先需要停止 MySQL 服务，并创建相关的备份目录，创建语句如下：

```
[root@mysql~] # systemctl stop mysqld;
[root@mysql~] # mkdir /backup;
2022-02-15-mysql-all.tar
```

需要注意的是，本次演示使用的是 root 用户，在创建备份目录时需要考虑目录的权限问题。

2. 使用 Tar 备份数据

备份目录创建完成后，即可使用 tar 命令对数据文件进行备份，具体的语句如下：

```
[root@mysql~] # tar -cxpf /backup/'date + %F'-mysql-all.tar /var/lib/mysql;
[root@mysql~] # ls /backup/;
2022-02-15-mysql-all.tar
```

从以上执行结果可以看出，已经对数据库进行了相应的备份。需要注意的是，安全起见，使用者应当将备份的数据库文件复制到其他服务器上。

3. 启动数据库

数据备份完成后，启动 MySQL 服务即可，操作语句如下：

```
[root@mysql~] # systemctl start mysqld;
```

在真实的生产环境中，使用者可能会因为一些误操作而丢失数据。模拟数据丢失的情况，可以将/var/lib/mysql 目录下的数据文件删除，具体操作如下。

删除/var/lib/mysql 目录下的数据文件，并停止 MySQL 服务，操作语句如下：

```
[root@mysql~] # systemctl stop mysqld;
[root@mysql~] # rm -rf /var/lib/mysql/ * ;
```

数据恢复后，启动 MySQL 服务即可，操作语句如下：

```
[root@mysql~] # systemctl start mysqld;
```

用户也可以登录数据库查看数据是否恢复成功。需要注意的是，使用这种方式进行备份时，备份点到崩溃点之间的数据需要通过二进制日志进行恢复。

11.2.2　LVM 快照备份

逻辑卷管理（logical volume manager，LVM）不仅可以通过增减物理扩展区（physical exrent，PE）的数量来弹性调整文件系统的大小，还可以通过磁盘快照的形式对文件系统进行记录。当文件系统损坏时，用户可以利用以前的快照对损坏的文件进行恢复。使用 LVM 快照方式备份数据库文件的优点如下。

（1）因为备份过程需要加全局读锁，所以接近于热备份。

（2）支持所有存储引擎。

（3）备份速度快。

（4）因为 LVM 属于操作系统级别的软件，所以无须使用昂贵的商业软件。

在真实的生产环境中，如果数据分布在多个数据卷上，使用 LVM 方式则比较繁琐，使用者应结合实际的情况来选择合适的备份方式。下面将通过具体的案例来演示使用 LVM 方式对数据进行备份的具体流程。

进行快照备份之前，用户需要创建 LVM 及文件系统，并将数据迁移至 LVM 中，操作流程如下（省略部分命令的执行过程）：

```
# 创建 LVM 分区
[root@mysql~]  # lvcreate -n lv-mysql -L 2G vgl
# 格式化文件系统
[root@mysql~]  # mkfs. xfs /dev/vgl/lv-mysql
# 停止 MySQL 服务
[root@mysql~]  # systemctl stop mysqld
# 进行临时挂载
[root@mysql~]  # mount /dev/vgl/lv-mysql  /mnt/
# 将 MySQL 原数据镜像到临时挂载点
[root@mysql~] # cp -a /var/lib/mysql/ * /mnt
[root@mysql~] # umount /mnt/
# 设置开启自动挂载
[root@mysql~] # vim /etc/fstab /dev/datavg/lv-mysql /var/lib/mysql xfs defaults 0 0
# 修改数据文件的相应权限并启动 MySQL 服务
[root@mysql~] # chown -R mysql.mysql /var/lib/mysql
[root@mysql~] # systemctl start mysqld
```

数据迁移至 LVM 后即可进行快照备份,在进行备份之前,为了避免备份过程中有新的数据插入,需要为数据库文件加上全局读锁,操作语句如下:

```
mysql>flush tables with read lock;
```

接下来创建 LVM 快照进行数据备份,备份语句如下:

```
[root@mysql~] #  lvcreate -L 500M -s -n lv-mysql-snap /dev/vgl/lv-mysql
```

查询此时二进制日志的位置,方便下次使用二进制日志还原数据,操作语句如下:

```
[root@mysql~] # mysql -p 'yulin@qq.com' -e 'show master status' > /backup/'date + &F' _position.txt
```

释放全局读锁并从快照中复制数据,操作语句如下:

```
[root@mysql~] #  fg
mysql -uroot -p123
mysql>unlock tables;
[root@mysql~] # mount -o nouuid /dev/vgl/lv-mysql-snap /mnt/
[root@mysql~] # cd /mnt/
[root@mysql~] # tar -cf /backup/'date + %F'-mysql-all. tar ./ *
```

数据备份成功后,删除现有快照即可,删除语句如下:

```
[root@mysql~] # umount /mnt/
[root@mysql~] #lvremove -f /dev/vgl/lv-mysql-snap
```

至此,使用 LVM 物理备份成功。当需要恢复数据时,用户只需将压缩文件解压至 MySQL 数据文件目录即可。

11.2.3 Xtrabackup 备份

Xtrabackup 是一款基于 MySQL 热备份的开源实用程序,可以实现 MySQL 数据库的热备份。Xtrabackup 程序主要包含的工具为 Xtrabackup 和 innobackupex。

在 CentOS 系统中可以直接使用 Yum 工具安装 Xtrabackup 程序,具体操作语句如下:

```
[root@mysql~] # yum install
https://dl.fedoraproject.org/pub/epel-release-latest-7.noarch.rpm
[root@mysql~] # yum install -y libev
# 安装 percona 存储库
[root@mysql~] # yum install
https://repo.percona.com/yum/percona-release-latest.noarch.rpm
# 安装 Xtrabackup
[root@mysql~] # yum -y install percona- xtrabackup-24.x86_64
# 查询安装结果和安装文件
[root@mysql~] # rpm -qa |grep xtra
Grub2-tools-extra-2.02-0.76.e17.centos.x86_64
percona- xtrabackup-24-2.4.20-1.e17.x86_64
```

用户也可以在命令行中输入"xtrabackup"命令查看 Xtrabackup 是否安装成功。下面将通过具体的案例来演示 Xtrabackup 备份策略。

1. 使用 Xtrabackup 工具进行全量备份

使用 Xtrabackup 工具进行数据备份时，用户可以在 MySQL 的配置文件（my.cnf）中指定备份文件的路径。

```
# my.cnf 文件的配置
[xtrabackup]
target_dir = /backups/mysql/   # 备份数据存放的位置
```

如果是使用编译安装的方式部署的 Xtrabackup 工具，还需要在配置中指定 socket 文件的路径。

```
[xtrabackup]
Socket = /tmp/mysql.sock
```

用户也可以直接在命令行中指定备份数据要存放的位置（目录），如果目录不存在，系统会自动创建。使用命令行的形式对 MySQL 数据进行备份的操作语句如下：

```
[root@mysql~] # xtrabackup -backup -user = root -password = '123'
--traget-dr = /backups/full
//省略部分内容
MySQL binlog position:filename 'mysql-bin.000025',position '194' ,GTID of the last change '26fb87ff-77d7-llea-b43b-
000c29f2444c:1-28',
D37aa9cb-88f5-11ea-98ce-00029fa93d9:1
200514 09:31:32 [00] Writing / xtrabackup/full/2020-05-14_09-31-30/backup-my.cnf
200514 09:31:32 [00]       …done
200514 09:31:32 [00] Writing / xtrabackup/full/2020-05-14_09-31-30/ xtrabackup_info
200514 09:31:32 [00]       …done
Xtrabackup:Transaction log of lsn (2728503) to (2728512) was copied.
20015 09:31:32 completed OK!
```

备份完成后，用户可以看到备份的 LSN（log sequence number，日志序列号），当下次进行增量备份时，Xtrabackup 会自动识别 LSN。用户可以到指定路径查看备份的数据文件，示例语句如下：

```
[root@mysql~] # ls /backups/full/2020-05-14_09-31-30/
```

Backup-my.cnf	performance_schema	xtrabackup_binlog_info
lb_buffer_pool	yulin	xtrabackup_checkpoints
lbdata1	sys	xtrabackup_info
mysql	test	xtrabackup_logfile

数据备份目录中存在着与数据库名称相同的目录，这些目录中存放着各个数据库的数据文件。另外，在数据备份目录中还存在一个 InnoDB 的共享表空间文件 ibdata1，如果用户只想备份某一个数据库，则需要保证在创建这个数据库时，已经开启了 innodb_file-per_table 参数，否则将无法单独备份数据库服务器中的某一个数据库。

除了前面描述的这些数据文件外，Xtrabackup 还生成了另外一些文件，这些文件包含的信息如下。

（1）backup-my.cnf：此文件包含了备份时需要使用的 my.cnf 备份文件中的一些设置信息（并不是全部信息）。

（2）xtrabackup_binlog_info：此文件记录了备份开始时二进制日志文件的位置（position）。

（3）xtrabackup_checkpoints：此文件记录了此次备份的类型和起始与结束的 LSN 等信息。

（4）xtrabackup_info：此文件记录了此次备份的概要信息。

（5）xtrabackup_logfile：此文件记录了备份过程中的日志。

使用 Xtrabackup 备份后的数据并不能直接使用，还需要将同时备份的事务日志应用到备份数据中，才可以得到一份完整、一致、可用的数据。Xtrabackup 官方将这一步操作称为"prepare"，直译过来就是"准备"，其操作语句如下：

```
[root@mysql~] # mkdir /backups
[root@mysql~] # xtrabackup -prepare -target-dir = /backups/full
```

备份时间和备份日志随着数据量的增大而变化，如果需要对备份进行加速，可以在备份时使用-use-memory 选项来分配内存的大小，从而提高备份的效率。如果不指定，则系统会默认占用 100MB 的内存空间。使用-use-memory 选项分配内存的示例语句如下：

```
[root@mysql~] # xtrabackup -prepare -use-memory-512M -target-dir = /backups/full
```

在 prepare 阶段，不建议中断 Xtrabackup 进程，因为这可能会造成备份数据文件的损坏，从而无法保证备份有效性。准备备份数据完成后，可以在页面中看到如下信息。

```
InnoDB：Starting shutdown…
InnoDB：Shutdown completed；log sequence number 13596200
180818 16：06：32 completed OK！
```

当数据丢失时，用户可以通过备份好的数据进行恢复。同样，如果用户没有在 my.cnf 配置中指定数据恢复的路径 datadir，则可以在命令行进行指定。需要注意的是，为了可以正常恢复数据，需要确保已将 MySQL 服务停止，并且相应的数据库目录中不存在任何数据。

使用 Xtrabackup 恢复数据的主要流程如下：

```
# 停止 MySQL 服务
[root@mysql~] # systemctl stop mysqld.service
# 清空恢复目录
[root@mysql~] # rm = -rf /var/lib/mysql/ *
```

```
# 使用 xtrabackup -copy-back 进行恢复
[root@mysql~] # xtrabackup -copy-back -datadir = /var/lib/mysql
--target -dir = /backups/full
//省略部分输出结果
180818 20:25:20 [01]              …done
180818 20:25:20 completed OK!
# 调整相应的权限并启动 MySQL
[root@mysql~] # chown mysql.mysql -R /var/lib/mysql
[root@mysql~] # systemctl start mysqld. service
```

用户也可以通过 rsync 命令进行数据恢复,其语句如下:

```
[root@mysql~] # rsync -avrP /backup/ /var/lib/mysql/
[root@mysql~] # chown mysql.mysql -R /var/lib/mysql
```

至此,数据恢复完成,用户可以通过登录 MySQL 数据库查看相应的数据是否恢复成功。

2. 使用 xtrabackup 工具进行增量备份

无论是 Xtrabackup 工具还是 innobackupex 工具,都支持增量备份。管理者可以根据实际情况设置备份策略。例如,每周执行一次完整备份,每天执行一次增量备份;或者每天执行一次完整备份,每小时执行一次增量备份。数据执行全量备份后,会在目录下产生 xtrabackup_checkpoints 文件,里面记录了 LSN 和备份的方式,管理者可以基于本次的全量备份继续做增量备份,xtrabackup_checkpoints 文件内容如下:

```
[root@mysql~] # cat /backups/full/2020-05-14_09-31-30/xtrabackup_checkpoints
backup_type = full-backuped
From_lsn = 0
To_lsn = 2728503
Last_lsn = 2728512
Compact = 0
Recover_binlog_info = 0
Flushed_lsn = 2728512
```

增量备份实际上并不是将数据文件与先前备份的文件进行比较。事实上,只要用户知道上次备份后的 LSN,即可使用 xtrabackup-incremental-lsn 命令来进行增量备份。增量备份只是读取页面并将其 LSN 与最后一个备份的 LSN 进行比较。需要注意的是,增量备份是在全量备份的基础上进行的,如果此前没有进行全量备份,那么增量备份的数据也将毫无用处。

下面以之前进行的全量备份为基础,进行 MySQL 数据库的增量备份。先向数据库中插入一些测试数据,模拟数据的更新操作,具体的操作语句如下:

```
mysql>SELECT * FROM DB. test1;
```

id	name
1	yulin

```
    1 row set(0.00 sec)
mysql>INSERT INTO DB. test1 VALUES(2,"yulin");
    Query OK,1 row affected(0.01 sec)
```

数据插入完成后即可进行增量备份,具体的操作语句如下:

```
[root@mysql ～]# xtrabackup-backup-user = root  = = password = 123456
--target-dir = /backups/inc1-incremental - basedir = /backups/full
//省略部分内容
MySQL binlog position: filename 'mysql-bin. 0000026', position '194', GTID of the last change '26fb87ff-77d7-11ea-
b43b-000c29f2444c: 1-29,
D37aa9cb-88f5-11ea-98ce-000c29fa93d9: 1'
202304 12:23:21 [00] Writing /backups/inc1/backup-my. cnf
202304 12:23:21 [00]           ···done
202304 12:23:21 [00] Writing /backups/inc1/xtrabackup-info
202304 12:23:21 [00]           ···done
Xtrabackup: Transaction log of lsn (3719258) to (3719468) was copied.
202304 12:23:22 [00]      completed OK!
```

增量备份完毕后,读者可以观察/inc1/xtrabackup_checkpoints 文件中的 LSN 信息。

```
[root@mysql ～]# cat /backups/inc1/xtrabackup_checkpoints
Backup_type = incremental
from _lsn = 2932238
to_lsn = 3719556
compact = 0
recover_binlog_info = 0
flushed_lsn = 3719556
```

在以上参数中,from_lsn 为备份的起始 LSN。对于增量备份,必须与前一个备份(全量备份)的 to_lsn 相同。另外,to_lsn(上一个检查点 LSN)和 last_lsn(上次复制的 LSN)之间存在差异,意味着在备份过程中服务器上存在一些流量。

增量部分的步骤与全量备份的步骤不同。在全量备份时,会从日志文件中针对数据文件重复已提交的事务并回滚未提交的事务。而在准备增量备份时,必须跳过未提交事务的回滚,因为备份时未提交的事务可能正在进行,并且很可能它们将在下一次增量备份中提交。用户可以通过如下操作来阻止回滚。

```
[root@mysql～]# xtrabackup -apply-log-only
```

在进行数据恢复时,需要依次将增量备份的文件与全量备份的文件合并(本次只进行了依次增量备份)。

```
[root@mysql～]# xtrabackup -prepare -apply-log-only   --user = root == password = 123456
--target-dir = /backups/full -incremental-dir = /backups/incl
```

当 MySQL 出现数据丢失时,即可进行如下操作来恢复数据。

```
# 停止 MySQL 服务,并删除数据目录和日志
[root@mysql]# systemctl stop mysqld
[root@mysql]# rm -rf /var/lib/mysql/ *
# 开始恢复合并后的全部数据的数据库
[root@mysql]# xtrabackup -copy-back -datadir = /var/lib/mysql --target-dir = /backups/full/
# 更改数据库目录的权限并启动数据库
[root@mysql]# chown mysql. mysql -R /var/lib/mysql
[root@mysql]# systemctl start mysqld
```

至此,即可实现 MySQL 增量备份后的数据恢复。

任务 11.3 逻辑备份

物理备份主要备份的是真实的数据文件,而逻辑备份主要备份的是建表、建库及插入数据等操作所执行的 SQL 语句。

Mysqldump 是一个逻辑备份工具,可以用来完成复制或备份数据、进行主从复制等操作。逻辑备份与物理备份相比效率较低,其主要特点如下。

(1)可以查看或编辑,也可以灵活地恢复先前的数据。

(2)会自动记录 position 并进行锁表。

(3)不关心底层的存储引擎,既适用于支持事务的表,也适用于不支持事务的表。

(4)涉及 SQL 语句的插入和创建索引等操作,会占用系统的 I/O 磁盘。如果数据库过大,数据恢复的速度会非常慢。对于大规模的备份和恢复来说,更合适的做法是物理备份。

Mysqldump 的主要语法格式如下:

```
mysqldump -h 服务器 -u 用户名 -p 密码 数据库名>备份文件 .sql
```

用户可以使用 mysqldump -help 命令来获取帮助,参数说明如下。

-A--all-databases:指定所有库文件。

数据库名 表名:例如,school stu_info t1 表示 school 数据库中的 stu_info 表和 t1 表。

-B 或--databases:指定多个数据库。

--single-transaction:使 InnoDB 保持一致性、服务可用性。

--master-data=0|1|2:其中,0 表示不记录二进制日志文件及位置;1 表示以 CHANGE MASTER TO 的方式记录位置,可用于恢复后直接启动从服务器;2 表示以 CHANGE MASTER TO 的方式记录位置,但默认被注释(前提是开启二进制日志)。

--dupm-slave:用于在 Slave 服务器上 dump 数据从而建立新的 Slave。由于在使用 mysqldump 时会锁表,所以大多数情况下的导出操作会在拥有只读属性的备份数据上进行。该参数主要是为了获取主数据库的 Relay_Master_Log_File(二进制日志)和 Exec_Master_Log_Pos(主服务器二进制日志中数据所处的位置),并且该参数目前只在 MySQL5.7 以上的版本上存在。

--no-data 或-d:不导出任何数据,只导出数据库表结构。

--lock-all-tables:锁定所有表。对 MyISAM 引擎的表开始备份前,要先锁定所有表。

--opt:同时启动各种高级选项。

-R 或--routines:备份存储过程和存储函数。

-F 或--flush-logs:备份之前刷新日志,截断日志,备份之后刷新二进制日志。

--triggers:备份触发器。

使用 mysqldump 对数据进行备份的示例语句如下:

```
[root@mysql~] # mysqldump -p '123' \
--all-databases -single-transaction \ --master-data=2 \ --flush-logs \
> /backup/'date + %F-%H' -mysql-all.sql
```

数据备份完成后,当需要对数据进行恢复时,用户需要依次通过备份文件和二进制日志来恢复完整的数据。课后可自行查找资料学习,本书不再阐述。

拓 展 阅 读

祖冲之

单元自测

知识自测

一、单选题

1. mysqldump 命令备份多个数据库时,参数之间分隔符是(　　)。

　A. , 　　　　　　　B. ; 　　　　　　　C. 空格 　　　　　　　D. >

2. 下面选项中,用于数据库备份的命令是(　　)。

　A. mysqldump 　　　　B. mysql 　　　　　C. store 　　　　　D. mysqlstore

3. 下面通过 d:/chapter11. sql 文件还原 chapter11 数据库的命令中,正确的是(　　)。

　A. mysql -uroot -pitcast chapter11>d:/chapter11. sql

　B. mysqldump -uroot -pitcast chapter11>d:/chapter11. sql

　C. mysql -uroot -pitcast chapter11<d:/chapter11. sql

　D. mysqldump -uroot -pitcast chapter11<d:/chapter11. sql

4. 下面选项中,可同时备份 mydb1 数据库和 mydb2 数据库的语句是(　　)。

　A. mysqldump -uroot -pitcast mydb1,mydb2>d:/chapter08. sql

　B. mysqldump -uroot -pitcast mydb1;mydb2>d:/chapter08. sql

　C. mysqldump -uroot -pitcast mydb1 mydb2>d:/chapter08. sql

　D. mysqldump -uroot -pitcast mydb1 mydb2<d:/chapter08. sql

5. 下面对于 mysqldump 命令参数的描述中,错误的是(　　)。

　A. -u 参数表示登录 MySQL 数据库的用户名 　　B. -p 参数表示登录 MySQL 数据库的密码

　C. >符号代表文件备份到文件的具体位置 　　　D. >符号代表备份文件的名称

6. 下面关于还原数据库的说法中,错误的是(　　)。

　A. 还原数据库是通过备份好的数据文件进行还原 　　B. 还原是指还原数据库中的数据,而库是不能被还原的

　C. 使用 mysql 命令可以还原数据库中的数据 　　　D. 还原是指还原数据库中的数据和库

二、多选题

1. 关于 mysqldump 命令可以备份的数据库个数是(　　)。

　A. 单个 　　　　　　B. 多个 　　　　　　C. 所有数据库 　　　　D. 以上选项都不正确

2. 下面关于 MySQL 备份数据库的说法中,正确的是(　　)。

　A. mysqldump 命令可以实现数据的备份

　B. 备份文件的文件名前可以加上绝对路径

　C. 执行 mysqldump 命令,必须要登录到 MySQL 数据库

　D. 以上说法都正确

3. 下面关于还原数据库的命令中,正确的是(　　)。

　A. 先登录 MySQL 数据库,再执行 use chapter08; source d:/chapter08. sql

　B. 先登录 MySQL 数据库,再执行 source chapter08 d:/chapter08. sql

　C. mysql -uroot -pitcast chapter08<d:/chapter08. sql

D. mysqldump -uroot -pitcast chapter08＜d:/chapter08.sql

4. 备份数据库后的备份文件中包含的信息有(　　)。

A. MySQL 的版本号、主机名称、备份的数据库名称

B. SET 语句、CREATE 语句及 INSERT 语句

C. 注释信息

D. 数据库安装时间

5. 下列选项中,在 mysqldump 命令备份所有数据库时,可指定的参数包含(　　)。

A. --all-databases　　　　　B. -u　　　　　　　　C. -p　　　　　　　　D. - priv

技能自测

模拟真实企业数据库进行数据备份。

学习成果达成与测评

单元 11　学习成果达成与测评表单

任务清单	知识点	技能点	综合素质测评	分　值
任务 11.1				⑤④③②①
任务 11.2				⑤④③②①
任务 11.3				⑤④③②①
拓展阅读				⑤④③②①

单元12

主从复制

单元导读

当数据库只运行在一台服务器上时,一旦遭到如黑客攻击、人为误操作等因素可能会导致服务器运行不正常,造成用户访问数据受阻。对于互联网公司,尤其是购物网站,这种情况造成的损失是无法估量的。就单元11所讲的技术来说,对数据库进行备份难道不够吗?还要学习主从复制,这样岂不是更麻烦。可以试想一下,如果在某个备份操作还未执行的阶段,数据库出现问题,那么中间的这一部分数据就无法恢复了。这也就需要当主要的数据库死机时,系统能够迅速地切换到备用的数据库上。

知识与技能目标

(1)了解主从复制概念和原理。

(2)掌握主从复制的基本架构和配置流程。

(3)熟悉 GTID 的基本含义和使用方法。

素质目标

提高职业素养,增强 IT 职业规范意识。

单元结构

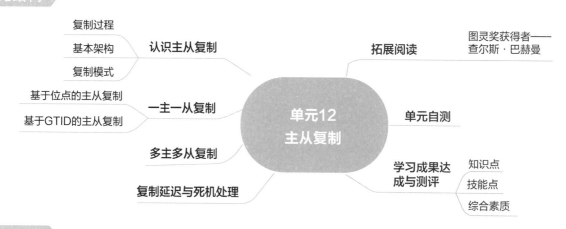

思想引领

行为士则　品格示范

职业素养是人类在社会活动中需要遵守的行为规范。而职业道德、职业思想及职业行为习惯是职业素养中最根基的部分。我们在学习时要注意程序的书写格式、变量与方法的命名方式,要合理添加注释并合理规划程序工程文件,这些都是软件开发从业人员的基本素质。要注重职业道德,尊重他人的知识产权。未经允许,不得随意拷贝他人的代码,不得偷窃和复制他人的开发成果,不得盗取公司的项目文件。职业素养是一位从业人员的立身之本,在学生时代,就应该不断提升个人修养和思想道德水平,着力培养良好的职业素养。

任务 12.1　认识主从复制

主从复制是指将主数据库中的 DDL 和 DML 操作通过二进制日志传输到从数据库上,然后将这些日志中的事件重新执行,从而使得从数据库的数据与主数据库保持一致。主要用于实现数据库集群中的数据同步。为实现 MySQL 的主从复制,数据库的版本应尽量保持一致。

MySQL 中引入主从复制可以缓解 MySQL 主服务的压力。当线上应用的用户量较小时,所有的读与写操作都在一台服务器上,由于访问数据库的请求较少,此时不会遇到复杂的问题。当用户量逐渐增加,访问数据库的请求越来越多,就会给 MySQL 服务器增加负担,容易导致服务崩溃等问题。因此,主从复制模式可以缓解单服务器的压力,将写操作给主服务器,读操作给从服务器,从服务器可以部署多台,分摊压力。因为在一个应用中,读操作一般是多于写操作的。

12.1.1　复制过程

MySQL 支持单向、异步复制,复制过程中一个服务器充当主服务器,而一个或多个其它服务器充当从服务器。

在主从复制集群中,主数据库把数据更改的操作记录到二进制日志中,从数据库分别启动 I/O 线程和 SQL 线程,用于将主数据库中的数据复制到从数据库中。其中,I/O 线程主要将主数据库上的日志复制到自己的中继日志中,SQL 线程主要用于读取中继日志中的事件,并将其重放到从数据库上。另外,系统会将 I/O 线程已经读取的二进制日志的位置信息存储在 master.info 文件中,将 SQL 线程已经读取的中继日志的位置信息存储在 relay-log.info 文件中。随着版本的更新,在 MySQL5.6.2 之后,MySQL 允许将这些状态信息保存在 Table 中,不过在更新之前需要用户在配置文件中进行声明,具体语句如下:

```
[mysqld]
Master-info-repository = TABLE
Relay-log-info-repository = TABLE
```

主从复制原理如图 12-1 所示。MySQL 实现主从复制的前提是作为主服务器的数据库服务器必须开启二进制日志。主从复制集群的工作流程如下。

(1)主服务器上的任何修改都会通过自己的 I/O 线程保存在二进制日志里。

(2)从服务器上也会启动一个 I/O 线程,通过配置好的用户名和密码,连接到主服务器上请求读取二进制日志,然后把读取到的二进制日志写到本地的一个中继日志的末端,并将读取到的主服务器端的二进制日志文件名和位置记录到 master-info 文件中,以便下一次能够向主服务器请求读取某个二进制日志的某个位置之后的日志内容。

(3)从服务器的 SQL 线程检测到中继日志中新增内容后,会马上解析日志中的内容,并在自身执行。

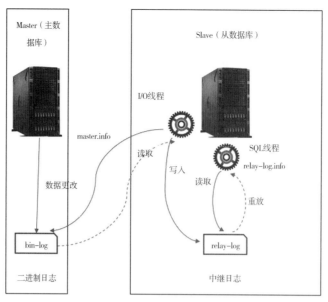

图 12-1 主从复制原理

需要注意的是,每个从服务器都会收到主服务器二进制日志中全部内容的副本。除非另行指定,否则,从服务器将执行来自主服务器二进制日志文件的所有操作语句。另外,从服务器每次进行同步时,都会记录二进制日志坐标(坐标包含文件名和在主服务器上的位置,即 master-info),以便下次连接使用。由于每个从服务器分别记录了当前二进制日志的位置,因此要断开从服务器的连接,重新连接后恢复处理。

12.1.2 基本架构

在 MySQL 的主从复制集群中,主数据库既要负责写操作又要负责为从数据库提供二进制日志,这无疑增加了主数据库的压力。此时可以将二进制日志只给某个从服务器使用,并在该从服务器上开启二进制日志,再将该从服务器二进制日志分发给其他的从服务器;或者,这个从服务器不进行数据的复制,只负责将二进制日志分发给其他的从服务器。这样不仅可以减少主服务器的压力,还可以提高整体架构的性能。一主多从原理如图 12-2 所示,级联式主从架构如图 12-3 所示。

对于数据操作较多的服务,企业也可以根据自身的实际需求设置多主多从架构,以此来满足更多的读写请求,多主多从架构如图 12-4 所示。

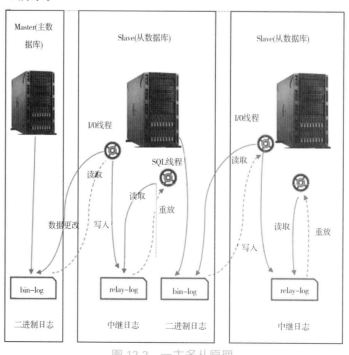

图 12-2 一主多从原理

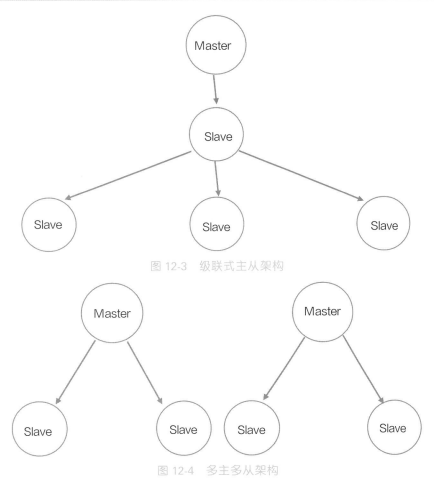

图 12-3　级联式主从架构

图 12-4　多主多从架构

　　在搭建数据库主从复制集群时,可以通过在[mysqld]配置中添加 max_binlog_size 参数来设置二进制文件的大小。当日志指定大小时,系统会自动创建新的日志文件。为了跟踪已使用的二进制日志文件,mysqld 服务还会创建一个二进制日志索引文件(扩展名为.index),包含所有使用过的二进制日志文件的名称。默认情况下,该索引文件具有与二进制日志文件相同的基本名称,在 MySQL 服务运行时,不建议编辑该文件。

　　多源复制中加入了一个叫做 Channel 的概念,每一个 Channel 都是一个独立的 Slave,都有一个 I/O 线程和一个 SQL 线程,基本原理和普通的复制一样。在对 Slave 执行 CHANGE MASTER 语句时,只需要在每个语句的最后使用 for channel 关键字来区分 Slave 即可。需要注意的是,在使用这种架构时,需要在从数据库的 my.cnf 配置文件中将 master-info-repository 和 relay-log-info-repository 的参数设置为 TABLE,否则系统会报错。

　　相比于传统的一主一从、多主多从,在多源复制架构中,管理者可以直接在从数据库中进行数据备份,不会影响线上业务的正常运行。多源复制架构将多台数据库连接在一起,可以合并表碎片,使得管理者不需要为每个数据库都制作一个实例,降低了维护成本,使用这种方式在后期进行数据统计时也会十分高效。

12.1.3　复制模式

　　MySQL 主从复制的方式可以分为异步复制、同步复制和半同步复制,三种方式介绍如下。

1. 异步复制

　　异步复制为 MySQL 默认的复制方式,主数据库执行完客户端提交的事务后会立即将结果返回给客户端,并不关心从数据库是否已经接收并进行了处理。从日志的角度上讲,在主数据库将事务写入二进制日志文件后,主数据库只会通过 dump 线程发送这些新的二进制日志文件,然后主数据库就会继续处理事务提交操作,并不考虑这些二进制日志是否已经传到每个从数据库的节点上。在使用异步复制模式时,如果主数据库崩溃,可能会出现主数据库上已经提交的事务并没有传到从数据库上的情况,如果此时将从数据库提升为主数据库,很有可能导致新主数据库上的数据不完整。

2.同步复制

同步复制是主数据库向从数据库发送一个事务,并且所有的从数据库都执行了该事务后才会将结果提交给客户端。因为需要等待所有的从数据库执行完该事务,所以在使用同步复制时,主数据库完成一个事务的时间会被延长,系统性能受到严重影响。

3.半同步复制

半同步复制介于同步复制与异步复制之间,主数据库只需要等待至少一个从数据库节点收到并且更新二进制日志到中继日志文件的反馈即可,不需要等待所有从数据库给主数据库的反馈。如此一来,不仅节省了很多时间,而且提高了数据的安全性,半同步复制流程如图 12-5 所示。另外,由于整个过程会产生通信,所以建议在低延时的网络中使用半同步复制。

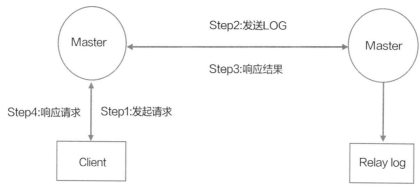

图 12-5　半同步复制流程图

任务 12.2　一主一从复制

了解了主从复制的原理,下面将通过具体的案例来演示 MySQL 主从复制架构的配置流程和需要注意的问题。

在搭建 MySQL 主从复制集群时,应尽量保证主服务器和从服务器的版本一致。同时,应该关闭 IPTable 和 SELinux。另外,还需要保证主从服务器的时间一致。本节任务中搭建一主一从集群的配置项参数如表 12-1 所示。

表 12-1　一主一从集群配置参数

配置项	主服务器	从服务器
SeverID	10	11
IP 地址	192.168.10.10	192.168.10.11
主机名称	Master1	Slave1
版本号	MySQL8.0	MySQL8.0
系统版本	CentOS 7	CentOS 7

需要注意的是,搭建一主一从集群应为两台 MySQL 服务器配置主机名解析。另外,SeverID 的取值范围为 1~65535,而且每台主机的 SeverID 不能相同,这里以服务器 IP 地址的最后两位作为 SeverID 使用。

12.2.1　基于位点的主从复制

配置主从复制集群时,需要保证从服务器相对"干净",不能存在一些无关的数据,建议用刚刚初始化完成的服务器作为从服务器。部署一主一从复制集群的基本流程如下。

1.配置主服务器

在配置主从复制集群时,需要在主服务器上开启二进制日志并配置唯一的 SeverID,配置完成后重新启动

MySQL 服务。在主服务器的配置文件 my.cnf 中添加如下内容。

```
[mysqld]
Log-bin = /var/log/mysql/mysql-bin server-id = 10
```

创建相关的日志目录并赋予权限,具体语句如下:

```
[root@mysql-1~] # mkdir /var/log/mysql
[root@mysql-1~]# chown mysql.mysql /var/var/log/mysql
```

目录创建完成后,重新启动 MySQL 服务。

在配置文件中如果省略 ServerID(或者设置为默认值 0),则主服务器将拒绝来自从服务器的任何连接。为了使用带事务的 InnoDB 存储引擎进行复制设置时,应尽可能提高持久性和一致性,需要在主服务器的 my. cnf 配置文件中加入如下配置项。

```
Innodb_flush_log_at_trx_commit = 1
sync_binlog = 1
```

以上参数 innodb_flush_log_at_trx_commit=1 表示当事务提交时,系统会将日志缓冲写入磁盘,并且立即刷新。参数 sync_binlog=1 表示当事务提交时,系统会将二进制文件写入磁盘并立即执行刷新操作。另外,为了从服务器可以连接主服务器,还需要将 skip_networking 选项设置为 OFF 状态(默认为 OFF 状态),如果该选项为启用状态,则从服务器无法与主服务器通信,会造成复制失败。在 MySQL 中查看 skip_networking 选项状态的指令如下:

```
mysql>SHOW VARIABLE LIKE '%skip_networking';
```

Variable_name	Value
skip_networking	OFF

从查询结果可以看出,skip_networking 选项为关闭状态。

2. 创建指定用户

在进行主从复制时,为了提高数据库集群的安全性,建议创建一个专门用于复制数据的用户,每个从服务器都需要使用 MySQL 主服务器上的用户名和密码连接到主服务器。例如,在主服务器上创建用户 repl,并允许任何从服务器都可以通过该用户连接到主服务器上进行复制操作,具体语句如下:

```
mysql>create user 'rep1'@'%';
mysql>grant replication slave on *.* to 'repl'@'%' identified by '123';
```

用户和权限设置完成后,可以尝试在从服务器上使用刚才创建的用户进行测试连接,具体语句如下:

```
[root@slave1~]# mysql -urep1 -p'123' -hmaster1
mysql:[Warning] Using a password on the command line interface can be insecure.
Welcome to the MySQL monitor. Commands end with ; or \g.
Your MySQL connection id is 14 Server version:8.0.28 MySQL Community Server(GPL)
Copyright (C)2000,2020,Oracle and /or its affiliates. All rights reserved.
Oracle is a registered trademark of Oracle Corporation and/or its affiliates. Other names may be trademarks of their respective owners.
Type 'help;' or '\h' for help. Type '\c' to clear the current input statement.
mysql>
```

可以看出,用户 repl 可以通过从服务器登录主服务器。

3. 复制数据

在搭建主从复制集群时,主服务器上可能已经存在数据。为了模拟真实的生产环境,在主服务器上插入测试数据,具体语句如下:

```
mysql>create database testing;
Query OK,1 row affected(0.01 sec)
mysql>create table testing.tt(id int,name varchar(50));
Query OK, 0 rows affected(0.04 sec)
mysql>insert into testing.tt values(1,"zhao"),(2,"qian"),(3,"sun"),(4,"li");
Query OK, 4 rows affected(0.01 sec)
Records：4  Duplicates：0  Warnings：0
mysql>select * from testing.tt;
```

id	name
1	zhao
2	qian
3	sun
4	li

```
4 rows in set(0.00 sec)
```

从上方执行结果可以看出,在主服务器中插入数据成功。在启动复制之前,需要使主服务器中现有的数据与从服务器保持同步,并且需要在进行相关操作时保证客户端正常运行,以便锁定保持不变。将主服务器中现有的数据导出,然后将导出的数据复制到每个从服务器上。这里使用 mysqldump 工具对数据进行备份,具体的操作语句如下:

```
[root@master1~] # vim dbdump.db
1 -- MySQL dump 10.13 Distrib  8.0.28,for Linux(x86_64)
2 -
3 - Host：localhost Database：
4 -- -------------------------------------------------------------
5 - Server version      8.0.28-log
6
7 /*! 40101 SET @OLD_CHARACTER_SET_CLIENT = @@CHARACTER_SET_CLIENT */;
8 /*! 40101 SET @OLD_CHARACTER_SET_RESULTS = @@CHARACTER_SET_RESULTS */;
9 /*! 40101 SET @OLD_COLLATION_CONNECTION = @@COLLATION_CONNECTION */;
10 /*! 40101 SET NAMES utf8 */;
11 /*! 40103 SET @OLD_TIME_ZONE= @@ TIME_ZONE */;
12 /*! 40103 SET TIME_ZONE = '+00:00' */;
13 /*! 40114 SET @OLD_UNIQUE_CHECKS= @@UNIQUE_CHECKS,UNIQUE_CHECKS = 0 */;
14 /*! 40114 SET @OLD_FOREIGH_KEY_CHECKS= @@ FOREIGH_KEY_CHECKS,
FOREIGH_KEY_CHECKS= 0 */;
15 /*! 40101 SET @OLD_SQL_MODE= @@ SQL_MODE, SQL_MODE = 'NO_AUTO_VALUE_ON_ZERO' */;
16 /*! 40111 SET @OLD_SQL_NOTES= @@ SQL_NOTES, SQL_NOTES = 0 */;
17
```

```
18 -
19 - Position to start replication or point-in-time recovery from
20 -
21
22 CHANGE MASTER TO MASTER_LOG_FILE = 'mysql_bin.000002',MASTER_LOG_POS = 154;
//省略部分内容//
```

从配置文件的第 22 行中可以看出,日志文件的分割点为 mysql_bin.000002 文件中的 154 位置。接下来,使用 scp 工具或 rsync 工具将备份出来的数据传输到从服务器上。

在主服务器上执行以下命令:

```
[root@master1~]# scp dbdump.db root@slave1:/root/
```

Slave1 需要能被主服务器解析出 IP 地址(即服务器之间需要做主机名解析)。

4. 配置从服务器

数据完成后,需要在从服务器的 my.cnf 配置文件中添加 ServerID,具体语句如下:

```
[mysqld]
server-is = 11
```

需要注意的是,配置修改完成后需要重新启动 MySQL 服务。接下来,登录到从服务器的数据库中,将备份的数据导入,具体语句如下:

```
mysql>source  /root/dbdump.db
```

在从服务器上配置连接到主服务器的相关信息,具体语句如下:

```
mysql>CHANGE MASTER TO master_host = 'master1',master_user = 'rep1',
master_password = '123',master_log_file = 'mysql-bin.000002'
master_log_pos = 154;
Query OK,0 rows affected,2 warnings(0.01sec)
```

以上语句中,master_host 表示需要连接的主服务器名称,master_user 表示连接到主服务器的用户,master_password 表示连接主服务器用户的密码。配置完成后,在从服务器上开始复制线程,启动指令如下:

```
mysql>start slave;
Query OK,0 rows affected(0.01sec)
```

在从服务器上执行如下操作可以验证线程是否正常工作,其查询结果如下:

```
mysql>show slave status \G;
* * * * * * * * * * * * * * * * * * * * * * * * 1.row * * * * * * * * * * * * * * * * * * * * * * * * *
                  Slave_IO_State: Waiting for master to send event
                     Master_Host: master1
                     Master_User: rep1
                     Master_Port: 3306
                   Connect_Retry: 60
                 Master_Log_File: mysql-bin.000006
             Read_Master_Log_Pos: 39913
                  Relay_Log_File: slave1-relay-bin.000002
```

```
                 Relay_Log_Pos：40059
          Relay_Master_Log_File：mysql-bin.000006
              Slave_IO_Running：Yes
             Slave_SQL_Running：Yes
               Replicate_Do_DB：
           Replicate_Ignore_DB：
            Replicate_Do_Table：
        Replicate_Ignore_Table：
       Replicate_Wild_Do_Table：
   Replicate_Wild_Ignore_Table：
                    Last_Errno：0
                    Last_Error：
                  Skip_Counter：0
           Exec_Master_Log_Pos：154
               Relay_Log_Space：40361
               Until_Condition：None
                Until_Log_File：
                 Until_Log_Pos：0
             Master_SSL_Allowed：No
             Master_SSL_CA_File：
             Master_SSL_CA_Path：
               Master_SSL_Cert：
             Master_SSL_Cipher：
                Master_SSL_Key：
         Seconds_Behind_Master：0
  Master_SSL_Verify_Server_Cert：No
                 Last_IO_Errno：0
                 Last_IO_Error：
                Last_SQL_Errno：0
                Last_SQL_Error：
     Replicate_Ignore_Server_Ids：
               Master_Server_Id：1
                    Master_UUID：
              Master_Info__File：
                     SQL_Delay：0
           SQL_Remaining_Delay：NULL
         Slave_SQL_Runninf_State：Slave has read all relay log；waiting for more updates
             Mster_Retry_Count：86400
                   Master_Bind：
        Last_IO_Error_Timestamp：
       Last_SQL_Error_Timestamp：
             Master_SSL_Crlpath：
             Retrieved_Gtid_Set：
              Executed_Gtid_Set：
                 Auto_Position：1
            Replicate_Rewrite_DB：
                  Channel_Name：
            Master_TLS_Version：
```

1 row in set(0.00 sec)

从上方的执行结果可以看出,I/O 线程和 SQL 线程的状态都为 YES,表明主从复制线程启动成功。

5.复制状态验证

主从复制线程启动后,主服务器上关于修改数据的操作都会在从服务器中回滚,这样就保证了主从服务器数据的一致性,下面进行相应的验证。

尝试在主服务器中插入一些数据,并在从服务器上查看插入的数据是否存在,具体语句如下:

```
[root@master1~]# mysql -uroot -p123 -e"insert into testing.tt values(5,'zhou');"
[root@master1~]# mysql -uroot -p123 -e"select * from testing.tt;"
mysql:[Warning]Using a password on the command line interface can be insecure.
```

id	name
1	zhao
2	qian
3	sun
4	li
5	zhou

5 rows in set(0.00 sec)

从以上的执行结果可以看出,在主服务器上成功地插入了一条数据。接下来在从服务器上查看该数据是否存在,具体语句如下:

```
[root@slave1~]# mysql -uroot -p123 -e"select * from testing.tt;"
mysql:[Warning]Using a password on the command line interface can be insecure.
```

id	name
1	zhao
2	qian
3	sun
4	li
5	zhou

5 rows in set(0.00 sec)

可以看出,从服务器的 testing.tt 表中也存在 id 为 5 的数据,这说明从服务器与主服务器中的数据同步成功。

6.故障排除

当 SQL 线程或 I/O 线程启动异常时,可以先使用 show master status\G 命令检查当前二进制日志的位置与配置从服务器时设置的二进制日志位置是否相同。另外,也可以通过 my.cnf 配置文件中指定的错误日志查看错误信息,具体的语句如下:

```
[root@slave~]# tail -10 /var/log/mysqld.log
```

7.加入新的从服务器

当数据量不断增加时,如果需要在集群中加入其他的从服务器,则配置流程与前面从服务器的配置一样,唯一不同的是需要修改新加入从服务器的 ServerID。另外,需要注意的是,假如在加入新的从服务器之前,主服务器执行了删除库的操作,并且删除的库刚好是第一次 mysqldump 备份时的数据。那么,在从服务器上将会显示"没有这个数据库"的错误信息。因此,建议使用最新的备份数据。

12.2.2　基于 GTID 的主从复制

全局事务标识符(global transaction id,GTID),用于记录不同的事务。GTID 主要由两部分组成:一部分是服务器的通用唯一识别码(universally unique identifier,UUID),保存在 MySQL 数据目录的 auto.cnf 文件中;另一部分是事务的 ID,会随着事务的增加而递增。GTID 模式下使用新的复制协议 COM_BINLOG_DUMP_GTID 进行复制,在配置主从复制集群时,可以配置系统使用 GTID 来自动识别二进制文件中不同事务的位置,这样可以避免在配置过程中产生不必要的错误,下面通过实例来进行说明。

在主服务器的配置文件中开启二进制日志,并开启 GTID 选项,需要在 my.cnf 文件中加入以下内容。

```
[root@master1~]# vim /etc/my.cnf
log_bin
server-id = 10
gtid_mode = ON
enforce_gtid_consistency = 1
[root@master1~]# systemctl restart mysqld
```

同样在从服务器的配置文件中也开启选项,具体语句如下:

```
[root@master1~]# vim /etc/my.cnf
server-id = 11
gtid_mode = ON
enforce_gtid_consistency = 1
[root@slave1~]# systemctl restart mysqld
```

上方配置参数中,gtid-mode 参数为统一标识符选项,enforce_gtid_consistency 参数表示强制开启一致性。需要注意的是,设置 gtid-mode 参数和 enforce_gtid_consistency 参数后,使用者将不需要记录备份文件中二进制日志的位置,从服务器会自动继续获取。

接下来,在主服务器上创建用于主从复制的用户,使用 mysqldump 工具对文件进行备份,并将备份好的文件复制给从服务器。配置完成后重新启动 MySQL 服务使配置生效。

登录到从数据库,设置连接主服务器的配置,开启 I/O 线程和 SQL 线程,具体操作语句如下:

```
mysql>change master to master_host = 'master1',
    master_user = 'rep1',master_password = '123',master_auto_position = 1;
Query OK,0 rows affected,2 warnings(0.01 sec)
```

需要注意的是,以上参数中 master_auto_position 表示系统自动获取二进制日志位置。配置完成后,开启从服务器复制线程,开启语句如下:

```
mysql>start slave;
Query OK,0 rows affected,2 warnings(0.07 sec)
```

使用 STATUS 命令查看 I/O 线程和 SQL 线程是否正常运行,查看语句如下:

```
mysql>show slave statue\G;
```

查询结果如下:

```
Slave_IO_Running:Yes
Slave_SQL_Running:Yes
```

如果两个线程都为 Yes 状态并且没有出现 Error 信息,则表明基于 GTID 的主从配置成功。读者也可以尝试在主服务器上插入数据并在从服务器中查看主从复制的同步状态信息。

基于 GTID 复制时,对所需的环境和操作也有一些限制条件。

(1)GTID 为全局事务标识符,所以基于 GTID 的复制不支持非事务引擎。

(2)不支持 CREATE TABLE 表名、SELECT ＊ FROM 表名的语句。主要是因为在 GTID 模式下只能为一条语句生成一个 GTID,而该语句会生成两个 SQL 线程(一个是 DDL 创建表的 SQL 线程,另一个是 INSERT INTO 插入数据的 SQL 线程),同时 DDL 语句会自动提交,所以该语句至少需要两个 GTID,导致与生成一个 GTID 的规则冲突。

(3)不允许一个 SQL 线程同时更新事务引擎表和非事务引擎表。

(4)在一个主从复制组中,必须统一开启或关闭 GTID。

(5)不支持 CREATE TEMPORARY TABLE 语句和 DROP TEMPORARY TABLE 语句。

(6)当从服务器需要跳过错误时,不支持 sql_slave_skip_counter 参数的语法。

(7)从传统复制模式转为 GTID 模式时较为麻烦,建议重新搭建环境。

任务 12.3 多主多从复制

在一主服务器的情况下,主节点发生故障会影响全局的写入,设置双主或者多主服务器集群,可以避免单点故障的发生。下面将以双主双从案例来介绍复制集群的搭建过程,双主双从架构如图 12-6 所示。

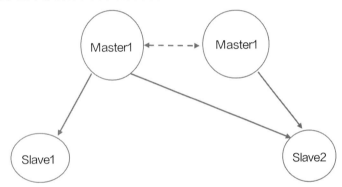

图 12-6 双主双从架构

基于上节任务的内容,以一主一从架构为基础,只需要在集群中再加入一个主服务器 master 和一个从服务器 slave2 即可实现双主双从和多源复制架构。

首先,在 master2 的配置文件中设置 ServerID 并开启二进制日志和 GTID 选项,其操作语句如下:

```
[root@master2~]# vim /etc/my.cnf
log_bin
server-id = 20
gtid_mode = ON
enforce_gtid_consistency = 1
```

重启 MySQL 服务,并将 master1 备份的数据导入 master2。另外,还需要在 master2 中设置相应的用户权限,其操作语句如下:

```
[root@master2~]# sytemctl restart mysqld
[root@master2~]# mysql -uroot -p123456 -e"source /root/firstdb.db;"
mysql>grant replication slave on ＊ . ＊ to 'rep1' @'%' identified by '123456';
```

数据导入成功后,将 master1 和 master2 设置成彼此互为主服务器。登录 master1 设置 master2 为主服务器,具体的配置项如下:

```
[root@master1~]# mysql -uroot -p123456
mysql>change master to master_host = 'master2',master_user = 'rep1',
    master_password = '123456',master_auto_positon = 1;
Query OK,0 rows affected,2 warnings(0.09 sec)
mysql>start slave;
Query OK,0 rows affected,2 warnings(0.09 sec)
```

登录到 master2，设置 master1 为主服务器，具体的配置项如下：

```
[root@master2~]# mysql -uroot -p123456
mysql>change master to master_host = 'master1',master_user = 'rep1',
    master_password = '123456',master_auto_positon = 1;
Query OK,0 rows affected,2 warnings(0.09 sec)
mysql>start slave;
Query OK,0 rows affected,2 warnings(0.09 sec)
```

同样，在 slave2 中设置 ServerID 并开启 GTID 选项，配置完成后重启 MySQL 服务使配置生效。slave2 的配置文件内容如下：

```
[root@slave2~]# vim /etc/my.cnf
server-id = 21
gtid_mode = ON
enforce_gtid_consistency = 1
master_info-reposistency = 1
relay-log-info-reposistory = TABLE
```

因为需要为 slave2 设置多台主服务器，所以需要在 slave2 中设置 master-info-repository 参数和 relay-log-info-repository 参数。配置完成后，重启 MySQL 服务并登录 slave2 设置同源复制的相关配置，具体语句如下：

```
[root@slave2~]# systemctl restart mysqld
[root@slave2~]# mysql -yroot -p123456
mysql>change master to master_host = 'master2', master_user = 'rep1',
    master_password = '123456',master_auto_positon = 1 for channel 'master2';
Query OK,0 rows affected,2 warnings(0.02 sec)
mysql>change master to master_host = 'master1', master_user = 'rep1',
    master_password = '123456',master_auto_positon = 1 for channel 'master1';
Query OK,0 rows affected,2 warnings(0.02 sec)
mysql>start slave;
Query OK,0 rows affected,2 warnings(0.09 sec)
Mysql>show slave status\G
```

查询结果如下：

```
Slave_IO_Running：Yes
Slave_SQL_Running：Yes
```

以上参数中的 for channel 为同源复制配置项,执行 start slave 命令后,如果从服务器的 I/O 线程和 SQL 线程都运行正常,则表明双主双从集群搭建成功。可以课后在 master1 或 master2 中插入测试数据,来验证是否达到预期效果。

任务 12.4　复制延迟与死机处理

在 MySQL 进行主从复制时通过 show slave status 命令返回结果中的 Seconds_Behind_Master 参数,可以查看 MySQL 主从复制的延迟信息。Seconds_Behind_Master 参数表示主从延迟的时间,其值越小表示延迟越低。出现延迟的原因主要有以下几种。

(1)从数据库过多。

(2)从数据库的硬件配置比主数据库差。

(3)慢 SQL 语句过多。

(4)主从复制架构的设计问题。

(5)主从之间的网络延迟。

(6)主数据库读写压力大。

针对这些问题,数据库管理者可以采取以下优化措施。

(1)将从数据库数量设置为 3～5 个。

(2)提升硬件性能。

(3)优化 SQL 语句,建立索引或者采用分库分表的策略。

(4)优化主从复制单线程,通过多 I/O 线程方案解决。

(5)采用较短的网络链路,提升端口的带宽。

(6)数据前端增加缓存。

拓展阅读

图灵奖获得者——查尔斯·巴赫曼

单元自测

知识自测

一、填空题

1.在搭建主从复制集群时,出于安全考虑,应该创建专门用于复制的_____。

2.MySQL 主从复制集群中,Master 需要开启_____日志。

3.判断主从复制是否正常主要是看_____和_____线程。

4.主从复制集群中应避免使用同样的_____。

二、单选题

1.搭建主从复制集群时,主节点应该开启(　　)。

　　A.二进制日志　　　　　B.查询日志　　　　　C.错误日志　　　　　D.中继日志

2.GTID 是全局(　　)标识符。

　　A.日志　　　　　B.数据　　　　　C.事务　　　　　D.数据表

3.MySQL 进行主从复制时,从服务器会开启 I/O 线程和(　　)。

　　A.MySQL 线程　　　　　B.二进制日志　　　　　C.SQL 线程　　　　　D.以上都不是

4.I/O 线程主要用来将主服务器上的(　　　)复制到本地的中继日志中。

    A. 数据　　　　　　　　B. 日志　　　　　　　　C. 数据表　　　　　　　　D. 数据库

5.SQL 线程主要用来(　　　)中继日志。

    A. 复制　　　　　　　　B. 删除　　　　　　　　C. 备份　　　　　　　　D. 重放

技能自测 〉

搭建双主双从复制集群。

学习成果达成与测评

单元 12　学习成果达成与测评表单

任务清单	知识点	技能点	综合素质测评	分　值
任务 12.1				⑤④③②①
任务 12.2				⑤④③②①
任务 12.3				⑤④③②①
任务 12.4				⑤④③②①
拓展阅读				⑤④③②①

单元13 日志管理与MySQL读写分离

单元导读

在日常生活中人们可以通过日记来记录每天发生的事情。在工作中人们也可以将每天的工作内容通过日志的形式表达出来。在计算机领域内,网络设备和系统服务程序在运行时都会产生一条条的记录,称为日志(log)。每行日志记录着系统程序或使用者在不同时间的操作描述。同样,日志文件也是 MySQL 数据库的重要组成部分,这些日志不仅给数据库的管理工作提供了很大的帮助,而且可以直观地反映出数据库的运行情况。为了提高数据库的处理能力和运行效率,企业可以使用数据库代理服务器将前端的请求进行合理的分发,完成数据库的读写分离。

知识与技能目标

(1)了解数据库中常见的日志种类。

(2)掌握二进制日志和错误日志的操作方法。

(3)掌握数据代理的基本原理。

(4)掌握 Mycat 实现读写分离的配置流程。

素质目标

领会日志管理中的职业道德,增强数据库职业规范意识。

单元结构

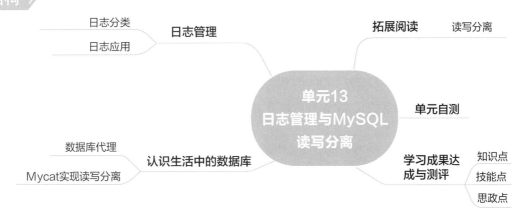

思想引领

数据安全

随着数据库技术在各领域的广泛应用,有关数据泄露的事件也屡见不鲜。各家企业都或多或少承受着相关的数据安全风险,这引发了大众对于数据安全的讨论和担忧。这种泄漏的可能性也给企业的运行带来了额外的难题,包括消费者信心的丧失及政府的处罚等。2022 年 6 月,某网络安全研究组织的分析师在进行扫描的过程中发现,超过 360 万台 MySQL 服务器暴露于互联网并能自行响应查询,这些服务器极易成为黑客和勒索者的目标。DBA 人员应保护好数据库服务器,在面临攻击时,如果处理不当可能会导致灾难性的数据泄露、数据损坏或远程访问受木马(RAT)感染等问题。

提高数据安全意识,有效应对数据泄漏事件的发生,是目前 DBA 人员面临的问题。从实际的数据泄露事件统计来看,数据库未得到正确配置和黑客攻击是主要的诱因。在这种严峻的个人信息保护形势背景下,各国都在强化健全相关的法律法规。我国先后出台有《个人信息保护法》《数据安全法》《网络安全法》等法规。在公安部组织的"百日行动"期间,公安机关开展了打击黑客犯罪的专项行动,侦办了黑客攻击类案件 261 起,抓获犯罪嫌疑人 1160 名,有力保障了重要信息系统和网络安全。其中,在严打危害民生领域黑客攻击行动中,侦办案件 49 起,抓获犯罪嫌疑人 212 名,查明遭受黑客攻击的信息系统有 1268 个,初步查明涉案资金 3561 万以上。北京公安机关更是破获了一起 DDOS 攻击破坏计算机信息系统案,查明犯罪嫌疑人陈某开发传播 DDOS 攻击工具并对相关大型网站服务器设备实施攻击,曾造成 170 台服务器宕机,累计影响网络用户 100 余万人。

任务 13.1 日志管理

13.1.1 日志分类

MySQL 数据库中存在着不同的日志文件,主要包括错误日志、查询日志、二进制日志、慢查询日志、登录日志和更新日志等。本任务模块中将学习数据库中常见日志的应用及管理。

1.错误日志

错误日志记录着 MySQL 服务器在启动、停止以及运行过程中发生故障和异常的相关信息。数据库管理者可以通过该日志文件对 MySQL 运行中出现的问题进行排错分析。系统错误日志功能在默认情况下是开启的,并且默认存储路径为/var/log/mysqld.log。管理者可以在 MySQL 配置文件(/etc/my.cnf)的[mysqld]项中对错误日志的存储路径进行修改,具体语句如下:

```
[mysqld]
log-error = /var/log/mysqld.log
```

为了方便管理,一般情况下管理者会将错误日志的文件名以 hostname.log 的格式进行修改。例如,主机名称 mysql1,则会将错误日志文件重新命名为 mysql1.log。另外,登录数据库服务器后,也可以使用 SHOW 命令查看错误日志的存储路径,其 SQL 语句如下:

```
mysql>show variables like 'log_error';
```

Variable_name	Value
log_error	/var/log/mysqld.log

1 row in set(0.00 sec)

由于错误日志文件显示的信息较长,在查看错误日志时可以使用 tail 命令来查看最近 10 条的错误日志信息,具体语句如下:

```
[root@mysql-1~]# tail/var/log/mysqld.log
```

2.二进制日志

二进制日志是日志中非常重要的一种,该日志可以对数据库中数据的每一个变化进行分析,但要注意的是,二进制日志并不记录数据库中所执行的操作。由于系统记录日志的开销比较大,过多的日志会影响系统的处理性能。所以默认情况下,并没有开启二进制日志。另外,最好将日志单独放到一个专用磁盘上,尽量不要和数据放在同一块磁盘上。

(1)开启二进制日志。

MySQL 中可以通过在配置文件的[mysql]项中添加 log-bin 参数的方式来开启二进制日志,其 SQL 语句如下：

```
[mysqld]
log-bin
server-id = 10
```

在以上的参数配置项中，server-id 参数表示的是服务器 ID 号，一般使用 IP 地址的最后两位数字。当使用多台服务器搭建主从复制集群时，为了防止多台服务器相互复制数据，系统以此参数来区分不同的服务器。log-bin 参数如果不指定二进制文件的存储路径，系统默认将其存储在/var/lib/mysql 目录下。如果需要指定二进制日志的存储路径，可以将参数设置成 log-bin＝path 的形式。例如，将二进制日志文件的存储目录设置为/var/log/mysql-bin/slave2，可以在配置文件中进行以下修改。

```
[mysqld]
log-bin = /var/log/mysql-bin/slave2
server-id = 10
```

需要注意的是，指定的二进制文件目录必须存在。另外，由于 mysqld 进程由 mysql 用户和 mysql 组负责，还需要对 mysql 用户和 mysql 组设定该目录的访问权限，使系统可以正常调用，具体语句如下：

```
[root@mysql-1～]# mkdir /var/lib/mysql-bin
[root@mysql-1～]# chown mysql.mysql /var/lib/mysql-bin/
```

二进制日志配置完成后，需要重新启动 MySQL 服务，才可以启动二进制日志的收集，重启语句如下：

```
[root@mysql-1～]# systemctl restart mysqld
```

MySQL 服务重启后即可进入相关目录查看二进制日志文件，具体语句如下：

```
[root@mysql-1～]# cd /var/lib/mysql/
[root@mysql-1～]# ls
mysql-1-bin.000001 mysql-1-bin.index
```

执行以上命令后，数据库服务器需重启。在/var/lib/mysql/目录下出现了两个文件，其中 mysql-1-bin.000001 为二进制日志文件。mysql-1-bin.index 为二进制日志的索引文件，该文件记录着系统中存在多少个二进制日志。二进制日志文件默认以"主机名-bin.日志编号"的格式来进行命名。

（2）查看二进制日志。

二进制日志在 Shell 中是不能被解析出内容的。只有使用对应的工具 mysqlbinlog 才可以查看二进制日志，具体操作如下：

```
[root@mysql-1 mysql]# cat mysql-1-bin.000001
```

使用常规的 CAT 命令无法查看二进制日志，接下来使用 mysqlbinlog 工具进行查看，具体语句如下：

```
[root@mysql-1 mysql]# mysqlbinlog -v mysql-1-bin.000001
```

从日志文件中还可以看出服务器的 ID 号等信息。接下来登录数据库并执行一些操作，查看二进制日志文件是否发生变化。

登录 MySQL 数据库并执行 SELECT 操作，查看二进制日志文件是否变化，具体语句如下：

```
[root@mysql-1 mysql]# mysql -uroot -p
Enter password：
```

```
Welcome to the MySQL monitor.    Commands end with ; or \g.
Your MySQL connection id is 8
Server version：8.0.28 MySQL Community Server - GPL
Copyright（c）2000，2020，Oracle and/or its affiliates. All rights reserved.
Oracle is a registered trademark of Oracle Corporation and/or its
affiliates. Other names may be trademarks of their respective
owners.
Type 'help;' or '\h' for help. Type '\c' to clear the current input statement.
mysql＞select  *  from firsttest. test;
```

id	name	sex	age
1	Zhaoyun	M	20
2	Liubei	M	35
3	Guanyu	M	34
4	Zhangfei	M	33
5	Zhugeliang	M	31
6	sunfuren	f	17

进行查询后，在 MySQL 中可以使用"\！"查看二进制日志文件，具体语句如下：

```
mysql＞\！ mysqlbinlog -v /var/lib/mysql/mysql-1-bin.000001
```

在对数据库进行 SELECT 操作后，二进制日志文件的偏移量并没有发生改变。接下来，尝试在 MySQL 数据库中创建一个数据库，其 SQL 语句如下：

```
mysql＞create database kangyi;
Query OK,0 rows affected,2 warnings(0.09 sec)
```

从执行结果可以看出，在数据库中成功地创建了一个名为 kangyi 的数据库。随后，查看二进制文件是否发生变化，具体语句如下：

```
mysql＞\！ mysqlbinlog -v /var/lib/mysql/mysql-1-bin.000001
```

二进制日志文件的偏移量发生变化。如果对数据库进行重启操作，系统会自动截断二进制日志文件，并产生新的记录文件，具体语句如下：

```
[root@mysql-1～]＃ systemctl restart mysqld
[root@mysql-1～]＃ ls /var/lib/mysql/
mysql＞\！ Ls /var/lib/mysql/mysql-1-bin. index mysql-1-bin.000001 mysql-1-bin.000002 mysql-1-bin.000003
```

另外，用户可以在 MySQL 控制台中使用 flush logs 命令手动截断二进制日志文件，具体的语句如下：

```
mysql＞flush logs;
Query OK,0 rows affected,2 warnings(0.09 sec)
mysql＞\！ Ls /var/lib/mysql/mysql-1-bin. index mysql-1-bin.000001 mysql-1-bin.000002 mysql-1-bin.000003
```

以上命令执行后，二进制文件的存储目录中又增加了一个名为 mysql-1-bin. 000003 的日志文件。在 MySQL 控制台中，也可以通过使用 SHOW 命令查询关于数据库服务器使用二进制日志的一些信息。例如，使用 SHOW 命令查看所有的二进制日志文件，具体语句如下：

```
mysql>show binary logs;
```

Log_name	File_size
mysql-1-bin.000002	143
mysql-1-bin.000003	235

2 rows in set(0.00 sec)

查看正在使用的二进制日志文件,具体语句如下:

```
mysql>show master status;
```

File	Position	Binlog_Do_DB	Binlog_Ignore_DB	Executed_Gtid_Set
mysql-1-bin.0000013	143			

1 row in set(0.00 sec)

查看二进制日志文件中的事件,具体语句如下:

```
mysql>show binlog events in 'mysql-1-bin.000013';
```

二进制日志查询的其他操作,建议在课后自行实验,进行拓展学习。

(3)截取事件。

在实际应用中,一个二进制日志文件中会存储许多数据操作(记录)。为了方便用户检索数据,MySQL 支持用户根据自己的需求截取不同时间段的二进制日志文件。例如,截取从某个时间开始的事件,具体语句如下:

```
# mysqlbinlog mysql.000002 -start-datetime = '2022-02-19 16:59:00'
```

截取到某个时间结束的事件,具体语句如下:

```
# mysqlbinlog mysql.000002 -stop-datetime = '2022-02-19 17:09:40'
```

截取某个时间区间的事件,具体语句如下:

```
# mysqlbinlog mysql.000002 -start-datetime = '2022-02-19 16:59:00'
-stop-datetime = '2022-02-19 17:09:40'
```

事件的截取主要用于故障恢复,当在某个时间点因误操作而导致数据异常时,可以将数据恢复到这个时间点之前。但是,在同一个数据库服务器中也会存在误操作与正常操作发生在同一时间的情况。如果使用 [start/stop]-datetime 这种方式进行数据回滚,可能会造成部分数据的丢失。为了避免这种情况发生,MySQL 也提供了以 position 为参数的日志文件截取。例如,截取某个 position 开始的事件,具体语句如下:

```
# mysqlbinlog mysql.000002 -start-position = 230
```

截取某个 position 之前的事件,具体语句如下:

```
# mysqlbinlog mysql.000002 -stop-position = 870
```

总之,以 position 为衡量值,不仅可以提高截取事件的精度,而且可以避免数据恢复不完整的情况。

(4)删除事件。

在实际操作中,如果用户想要删除二进制日志文件中的部分事件记录。例如,删除文件名为 mysql-1-bin.000004 的日志文件中的全部事件,具体语句如下:

```
mysql>purge binary logs to 'mysql-1-bin.000002';
Query OK,0 rows affected (0.02sec)
```

同样,用户也可以删除某个时间之前的事件,具体语句如下:

```
mysql>purge binary logs before '2022-02-19 12:43:08';
```

关于二进制日志文件,MySQL 控制台中还有一些操作需要谨慎执行。例如,reset master 命令会截断并删除所有的二进制日志文件,一旦执行了此命令,数据将无法恢复,具体语句如下:

```
mysql>reset master;
Query OK,0 rows affected(0.02sec)
mysql>! Ls /var/lib/mysql/ mysql-1-bin.000001 mysql-1-bin.index
```

以上命令执行后,所有的二进制日志文件都会被删除。因此,需要谨慎使用 reset master 命令。

(5)暂停和恢复二进制日志。

MySQL 中如果开启了二进制日志,系统将会一直进行记录。如果需要暂停二进制日志的记录,则可以在 MySQL 控制台中使用以下命令。

```
mysql>set sql_log_bin=[0/1];
```

以上命令中,0 表示暂时关闭二进制日志,1 表示重新开启二进制日志。需要注意的是,该命令只在当前会话生效。

3.慢查询日志

慢查询日志用于记录执行时间及超过指定时间的操作。用户可以通过日志中的内容,对相关语句进行优化,从而提高系统的效率。同样在配置文件的项中加入相关配置项,即可开启慢查询日志,具体语句如下:

```
[mysqld]
long_query_time
slow_query_log
slow_query_log_file
```

以上参数中 long_query_time 用于指定时间,单位是秒;slow_query_log 用于开启慢查询日志;slow_query_log_file 用于指定慢查询日志文件的名称与存储路径。例如,记录执行时间超过 2 秒的语句,并存储到/var/log/slow_log 文件中,需要修改的配置具体如下:

```
[mysqld]
long_query_time=2
slow_query_log=on
slow_query_log_file=/var/log/slow.log
```

需要注意的是,slow_query_log 参数的值可以为 1(1 表示开启状态),配置修改完成后需要重新启动 MySQL 服务。

在 MySQL 中可以使用基准测试函数对慢查询日志进行测试。基准测试是一种测试代码性能的方法,同时也可以用来识别某段代码是否会引起 CPU 或内存的效率问题。在实际的应用中,许多开发人员会使用基准测试来测试不同的并发模式,或者使用基准测试来辅助配置工作池的数量,以实现系统吞吐量的最大化。常见的基准测试函数是 BENCHMARK(),基本格式如下:

```
BENCHMARK(count,expr)
```

在以上命令中,expr 表示公式,count 表示数量。BENCHMARK()函数可以实现将一个 expr 执行 count次。下面将通过 BENCHMARK()函数演示和说明慢查询日志的工作原理。

首先,以收集执行时间超过 2 秒的操作为例。在 MySQL 配置文件中开启慢日志查询并指定日志的存储路径,然后在指定的路径创建该文件并进行授权,具体语句如下:

```
［root@mysql-1～］# touch /var/log/slow.log
［root@mysql-1～］# chown mysql.mysql /var/log/slow.log
［root@mysq8.0.l-1 log］# tail /var/log/slow.log
/usr/sbin/mysqld,Version:8.0.19-log（MySQL Community Server - GPL）.started with:
Tcp port:0 Unix socker：/var/lib/mysql/mysql.sock
Time    Id Command    Argument
```

从以上的执行结果可以看出,使用 tail 命令查看 slow.log 文件并没有显示任何信息。然后登录到 MySQL 服务器并使用 BENCHMARK()函数进行测试,具体语句如下:

```
mysql>select benchmark(4000000000,3 * 4);
┌─────────────────────────────┐
│ benchmark(4000000000,3 * 4) │
├─────────────────────────────┤
│              0              │
└─────────────────────────────┘
1 row in set(7.45 sec)
```

以上命令表示,在 MySQL 中将 3 * 4 计算 4000000000 次。操作者按下回车键时,系统开始进行计算。由于计算的次数较多,所以一段时间后才显示出计算结果。

查看慢查询日志文件中是否有对这次超时事件的记录,具体语句如下:

```
mysql> \! tail /var/log/slow.log
```

4.中继日志

在 MySQL 主从复制集群中读取主服务器上的二进制日志,并将读取到的信息写入中继日志。然后在中继日志所在的服务器上进行数据回放,即可使从服务器与主服务器的数据保持一致。

13.1.2　日志应用

日志直接地反映了数据库的运行状况,通过二进制日志可以实现数据的恢复。

在实际生产环境中,数据库可能会因为使用者的误操作而丢失数据,对于企业而言,这将造成巨大的损失。数据丢失后可以通过系统日志来恢复部分数据,降低损失。接下来将通过具体的案例来演示对丢失的数据进行恢复。

在 unit13 数据库中创建数据表 table1,并向其中插入不同的数据,具体语句如下:

```
mysql>CREATE DATABASE unit13;
Query OK, 1 row affected(0.01 sec)
mysql>use unit13;
Database changed
mysql>create table table1(id int);
Query OK, 0 rows affected(0.07 sec)
mysql>insert into table1 values(1),(2);
Query OK, 2 rows affected(0.01 sec)
Records：2  Duplicates：0   Warnings：0
mysql>flush logs;
Query OK, 0 rows affected(0.09 sec)
mysql>insert into table1 values(3),(4);
Query OK, 2 rows affected(0.01 sec)
```

```
Records：2  Duplicates：0  Warnings：0
mysql>flush logs；
Query OK，0 rows affected(0.06 sec)
mysql>insert into table1 values(5),(6)；
Query OK，2 rows affected(0.01 sec)
Records：2  Duplicates：0  Warnings：0
mysql>select * from table1；
```

id
1
2
3
4
5
6

```
6 rows in set(0.00 sec)
```

接下来，通过删除数据库文件的方式，来模仿数据库被误删除的场景，具体语句如下：

```
[root@mysql-1~]# cat /etc/my.cnf |grep datadir
Datadir = /var/lib/mysql
```

可以看出，数据库文件的存储目录为/var/lib/mysql。接下来，删除数据库目录中的 unit13 文件，其语句如下：

```
[root@mysql-1 data]# rm -rf /var/lib/mysql/robin
```

文件删除后，重新登录到数据库，查看数据库 unit13 是否存在，其查询结果如下：

```
mysql>SHOW DATABASES；
```

Database
information_schema
mydb1
mysql
performance_schema
project6
sakila
sys
unit5
unit6
world

```
10 rows in set(0.01 sec)
```

从以上的查询结果可以看出，数据库 unit13 已不存在。下面将使用二进制日志对丢失的数据进行恢复，具体语句如下：

```
[root@mysql-1~]# cat /etc/my.cnf |grep log-bin
Log-bin = /var/log/mysql-bin/mysql
[root@mysql-1~]# ls /var/log/mysql-bin/
[root@mysql-1~]# mysql.000002 mysql.000003 mysql.index
[root@mysql-1~]# mysqlbinlog /var/log/mysql-bin/mysql.000001 |mysql -uroot -p123456
mysql:[ Warning ]Using a password on the command line interface can be insecure.
ERROR 1050  (42S01) at line 38：Table 't1' already exists
```

通过 mysql.000001 日志文件对数据进行了恢复,而且从执行结果可以看出 table1 已经存在。接下来登录到数据库,查看数据的恢复情况,其语句如下:

```
mysql>SHOW DATABASES；
        Database
    information_schema
        mydb1
        mysql
    performance_schema
        project6
        sakila
        sys
        unit5
        unit6
        unit13
        world
11 rows in set(0.01 sec)
mysql>use unit13
Database changed
mysql>show tables；
Empty set(0.00 sec)
```

从上方的查询结果可以看出,unit13 数据库已经存在,但是其中的数据并没有被恢复,尝试删除 unit13 数据库,并重新对数据进行恢复。具体语句如下:

```
mysql>flush logs；
mysql>drop database unit13；
[root@mysql-1~]# mysqlbinlog /var/log/mysql-bin/mysql.000001 |mysql -uroot -p123456
mysql:[ Warning ]Using a password on the command line interface can be insecure.
```

从上方的执行结果可以看出,命令执行成功,此时登录到 unit13 数据库中查看数据是否存在,查询结果如下:

```
mysql>SELECT ＊ FROM ROBIN.TABLE1；
    id
    1
    2
2 rows in set(0.00 sec)
```

从上方的执行结果可以看出,数据只有两条。下面将通过 mysql.000002 日志文件和 mysql.000003 日志文件恢复全部数据,具体语句如下:

```
[root@mysql-1~]# mysqlbinlog /var/log/mysql-bin/mysql.000002 |mysql -uroot -p123456
mysql:[ Warning ]Using a password on the command line interface can be insecure.
[root@mysql-1~]# mysqlbinlog /var/log/mysql-bin/mysql.000003 |mysql -uroot -p123456
mysql:[ Warning ]Using a password on the command line interface can be insecure.
```

此时再次登录到数据库。查看 unit13 数据库中的数据是否被恢复,查询结果如下:

```
mysql>SELECT * FROM robin.table1;
    id
    1
    2
    3
    4
    5
    6
6 rows in set(0.00 sec)
```

从上方的查询结果可以看出,unit13 数据库中的数据被全部恢复。

任务 13.2　认识生活中的数据库

13.2.1　数据库代理

在单一的主从数据库架构中,前端应用通过使用数据库的 IP 地址或者指定端口向后端请求相应的数据。当面对较多的数据库服务器时,Web 请求需要在这些服务器之间进行判断,以便找到哪一台服务器上保存着自己想要的数据。面对数据请求高峰,这种判断不仅带来大量的请求等待,而且有可能造成整个系统的瘫痪。本任务将通过具体案例来介绍在数据库集群中如何实现高可用性,以及数据的读写分离策略。

1.基本原理

现实生活中,许多企业会通过在不同的地域招募代理商来提高品牌的宣传速度和市场占有率。随着互联网的不断发展,人们会通过线上购物平台这种“代理”来满足自己的消费需求。在互联网领域,系统管理员在面对数据库的多主集群时,也会使用代理服务器来实现数据的分发和资源的合理应用。代理服务器是网络信息的中转站,是信息交流的使者。常见的数据库代理架构如图 13-1 所示。

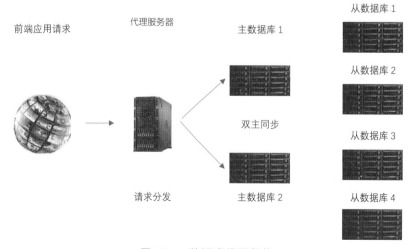

图 13-1　数据库代理架构

代理服务器提供统一的入口供用户访问,当用户访问代理服务器时,代理服务器会将用户请求平均地分布到后端的服务器集群,并且本身不会做任何的数据处理。这样一来,代理服务器不仅起到负载均衡的作用,还提供了独立的端口和 IP 地址。后端的服务器处理完请求后也会通过代理服务器将结果返回给用户。数据库代理网络拓扑结构如图 13-2 所示。

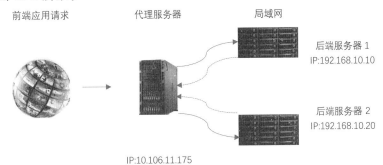

图 13-2　数据库代理网络拓扑结构

前端应用请求只需指定代理服务器的 IP 地址和端口即可访问后端数据文件,这种形式不仅提高了系统的数据处理能力,而且保证了后端数据库的安全性,使系统更加稳健。

数据库代理(DB Proxy)又被称为数据库中间件,当面对大量的应用请求时,数据库代理可以通过对数据进行分片,以及自身的自动路由与聚合机制实现对不同请求的分发,以此来实现数据库的读写分离功能。

2. 常见的数据库中间件

随着市场的发展和技术的更新,产生了许多不同的数据库中间件,国内目前使用较多的数据库中间件有以下几种。

(1)MySQL Proxy:MySQL 官方提供的数据库中间件。

(2)Atlas:奇虎 360 团队在 MySQL Proxy 的基础上进行的二次开发。

(3)DBProxy:美团点评在 Atlas 的基础上进行的二次开发。

(4)Amoeba:早期阿里巴巴使用的数据库中间件。

(5)Cobar:由阿里巴巴团队进行开发和维护。

(6)Mycat:由阿里巴巴团队进行开发和维护。

各个数据库中间件的应用场景和使用方式不同,下面对实际应用中使用较多的 Mycat 数据库中间件进行介绍。其他数据库中间件的使用方式建议课后自行查阅资料,进行拓展学习。

13.2.2　Mycat 实现读写分离

Mycat 是一款开源的数据库代理软件,由阿里巴巴公司在 Cobar 的基础上改良而成,不仅支持市场上主流的数据库(MySQL、Oracle、MongoDB 等),而且支持数据库中的事务操作。本节将通过具体的案例来演示 Mycat 数据库中间件的配置流程和使用方法。

1. 基本环境

本例将通过搭建 Mycat 代理,实现双主双从集群的读写分离,具体的集群架构如图 13-3 所示。

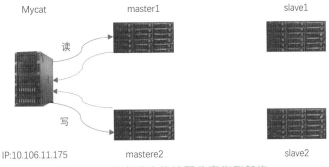

图 13-3　双主双人的读写分离集群架构

读写分离集群中,各服务器的详细参数如表 13-1 所示。

表 13-1　各服务器的读写分离参数

主机名称	主机 IP	系统	硬件配置
Mycat	192.168.10.50	CentOS 7	2Core,2RAM
master1	192.168.10.10	CentOS 7	2Core,2RAM
slave1	192.168.10.11	CentOS 7	2Core,2RAM
master2	192.168.10.20	CentOS 7	2Core,2RAM
Slave2	192.168.10.21	CentOS 7	2Core,2RAM

需要注意的是,在进行相关操作前,各服务器之间应进行相应的域名解析。另外,为了避免实验过程中产生不必要的错误,建议关闭防火墙和 SELinux。

2.配置流程

在本次主从复制集群中,将使用 5 台 CentOS 7 系统的虚拟机进行演示,具体的配置流程如下。

(1)配置 Java 环境。

由于 Mycat 是基于 Java 语言编写的,所以在部署 Mycat 之前需要搭建 Java 环境。在 Mycat 主机上安装 Java 环境的流程如下。

通过浏览器访问 Java 网站并下载相应的 JDK,具体的页面如图 13-4 所示。

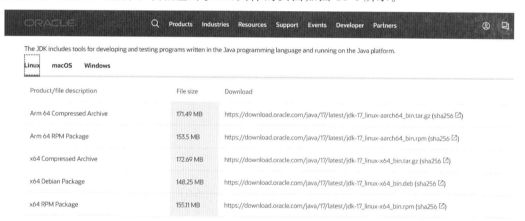

图 13-4　JDK 下载页面

在 Mycat 服务器中使用 wget 工具下载相应 JDK 压缩包并解压,具体语句如下:

```
[root@mycat~]# tar xf jdk-8u151-linux-x64.tar.gz -C /usr/local
[root@mycat~]# ln -s /usr/local/jdk1.8.0_151/ /usr/local/java
```

解压完成后,需要在全局配置文件内追加设置 Java 环境变量,具体语句如下:

```
[root@mycat~]# vim /etc/profile
JAVA_HOME=/usr/local/java
PATH=$JAVA_HOME/bin:$PATH
Export JAVA_HOME PATH
[root@mycat~]# source /etc/profile
```

使用相关命令验证 Java 环境是否安装成功,具体语句如下:

```
[root@mycat~]# env |grep JAVA
JAVA_HOME=/usr/local/java
```

```
[root@mycat~]#java -version
Java version "1.8.0_151"
Java(TM) SE Runtime Environment (build 1.8.0_151-b12)
Java HotSpot(TM) 64-Bit Server VM(build 25.151-b2,mixed mode)
```

使用 java-version 命令查询到 Java 的版本信息，即证明 Java 环境安装成功。

（2）配置 Mycat。

Java 环境搭建完成后，即可部署 Mycat 服务。首先下载 Mycat 压缩包，进入版本选择页面如图 13-5 所示，复制合适版本的下载链接。

Index of /1.6-RELEASE/

../		
Mycat-server-1.6-RELEASE-20161028204710-linux.t..>	28-Oct-2016 20:56	15662280
Mycat-server-1.6-RELEASE-20161028204710-mac.tar.gz	28-Oct-2016 20:56	15736094
Mycat-server-1.6-RELEASE-20161028204710-solaris..>	28-Oct-2016 20:56	15684311
Mycat-server-1.6-RELEASE-20161028204710-testtoo..>	28-Oct-2016 20:56	1407227
Mycat-server-1.6-RELEASE-20161028204710-unix.ta..>	28-Oct-2016 20:56	15788077
Mycat-server-1.6-RELEASE-20161028204710-win.tar.gz	28-Oct-2016 20:56	15777656
Mycat-server-1.6-RELEASE-sources.jar	28-Oct-2016 20:56	1343886
Mycat-server-1.6-RELEASE-tests.jar	28-Oct-2016 20:56	372088
Mycat-server-1.6-RELEASE.jar	28-Oct-2016 20:56	1783354

图 13-5 版本选择页面

在 Mycat 服务器中使用 wget 工具进行下载，下载完成后将压缩包解压至指定路径即可，具体语句如下：

```
[root@mycat~]#wget
http://d1.mycat.org.cn/1.6./Mycat-server-1.6-release/Mycat-server-1.6-release-20161028204710-linux.tar.gz
[root@mycat~]tar -xf
Mycat-server-1.6-release-20161028204710-linux.tar.gz -C /usr/local/
[root@mycat~]# ls /usr/local/mycat/
bin catlet conf lib logs version.txt
```

Mycat 是代理服务器，前端的用户请求通过 server.xml 配置文件中设定的参数访问 Mycat。由于 Mycat 本身并不具有存储引擎，所以还需要通过 server.xml 文件中的参数连接后端的数据库服务器，以此来保存相关数据，Mycat 配置图如图 13-6 所示。

图 13-6 Mycat 配置图

在 server.xml 配置文件中可以看到，前端用户访问 Mycat 所需要的账户和密码，原始配置文件如下：

```
[root@mycat~]#vim /usr/local/mycat/conf/server.xml
<!--ROOT 用户密码设置项-->
<user name="root" defaultAccount="true">
<property name="password">123456</property>
<property name="schemas">scott</property>
```

```
<! 一表级 DML 权限设置—>
<! 一
<privileges check = "false">
<schema name = "TESTDB" dm1 = "0110">
<table name = "tb01" dm1 = "0000"></table>
<table name = "tb02" dm1 = "1111"></table>
<schema>
<privileges>
-->
<! --其他用户密码设置项-->
<user name = "user">
<property name = "password">user</property>
<property name = "schemas">scoll</property>
<property name = "readOnly">true</property>
</user>
</mycat:server>
```

配置文件中,user name=“root”表示前端连接 Mycat 数据库的账户;property name=“password”表示连接 Mycat 的密码;property name=“schemas”表示后端数据库的统称。在默认情况下,前端通过 root 用户访问 Mycat,因此可以将配置文件中的“其他用户密码设置项”里的内容使用“<! -- -->”注释掉。修改后的语句如下:

```
<! --其他用户密码设置项-->
<--
<user name = "user">
<property name = "password">user</property>
<property name = "schemas">scott</property>
<property name = "readOnly">true</property>
</user>
-->
</mycat:server>
```

server.xml 文件修改完成后,保存、退出即可。另外,也可以在“ROOT 用户密码设置项”中,修改使用 root 用户访问 Mycat 的密码和后端数据库的统称。例如,将密码设置为“123456”,后端数据库的统称设置为“qianfang”,修改后的语句如下:

```
<! --ROOT 密码设置项-->
<--
<user name = "root"> defaultAccount = "true">
<property name = "password">123456</property>
<property name = "schemas">qianfang</property>
<property name = "defaultSchema">qianfang</property>
```

server.xml 文件修改完成后,保存、退出即可。接下来,还需要设置 Mycat 后端连接的 MySQL 的配置,即修改 server.xml 文件,修改语句如下:

```
[root@mycat~]#vim /usr/local/mycat/conf/server.xml
```

原始配置文件删除注释后主要可以分为 3 个部分,其内容如下:

```
<? xml version=1.0? >
<! DOCTUPE mycat:schema SYSTEM "schema.dtd">
<mycat:schema xmlns:mycat="http://io.mycat/">
<schema name="TESTDB" checkSQLschema="true" sqlMaxLimit="100">
    <table name="travelrecord" dataNode="dn1,dn2,dn3" rule="auto-sharding-long" />
</schema>


dataNode=name="dn1" dataHost="localhost1" database="db1" />
dataNode=name="dn2" dataHost="localhost1" database="db2" />
dataNode=name="dn3" dataHost="localhost1" database="db3" />


<dataHost name="localhost1" maxCon="1000" minCon="10" balance="0"
writeType="0" dbType="mysql" dbType="mysql" dbDriver="native" switchType="1" slave Threshold="100">
<heartbeat>select user()</heartbeat>
<writeHost host="hostM1" url="localhost:3306" user="root"
Password="123456">
</writeHost>
</dataHost>
</mycat:schema>
```

配置文件中,第一部分为虚拟架构配置。其中各参数的含义如下。

schema name:虚拟数据库名。

checkSQLschema:是否检查 SQL 框架。

sqlMaxLimit:最大连接数。

dataNode:数据节点名称。

第二部分为数据节点配置项,其中各参数的含义如下。

dataHost:虚拟资源池名称。

database:虚拟数据库名称。

第三部分为数据主机(虚拟资源池)配置项,其中各参数含义如下。

maxCon:最大连接数

minCon:最小连接数。

balance:负载均衡的方式(默认为轮询方式,即 0)。

writeType:写入类型。

switchType:切换类型(1 为自动切换,2 为判断主从状态后再切换)。

heartbeat:心跳监控。

writeHost:主机名称。

readHost:读主机名称。

为方便理解,下面将对 balance 参数、writeType 参数和 switchType 参数的取值进行详细的说明,如表 13-2 所示。

表 13-2　虚拟资源池配置参数说明

配置参数	取值	说明
balance	0	关闭读写分离功能,所有读操作都发送到当前可用的 writeHost 上
	1	全部的 readHost 与 stand by writeHost 参与 SELECT 语句的负载均衡。简单地说,当在双主双从模式(master1 与 master2 互为主备)时,且正常情况下,master1、slave1、slave2 都参与 SELECT 语句的负载均衡
	2	开启读写分离,所有读操作都随机发送到 readHost
	3	所有读请求随机分发到 writeHost 对应的 readHost 执行,writeHost 不负担读压力,需要注意的是,balance=3 只在 Mycat1.4 及以后的版本中可以使用
writeType	0	所有写操作都发送到配置的第一个 writeHost,在第一个服务器死机后切换到另外一个正常运行的 writeHost 上。第一个服务器重新启动后,如果第二个服务器不死机将不会再次切换,切换记录在 dnindex.properties 配置文件中
	1	所有写操作都随机发送到配置的 writeHost
switchType	-1	不自动切换,当主服务器挂掉时,从服务器并不会被提升为主服务器,仍然只提供读的功能。这样可以避免将数据写进从服务器
	1	默认值,表示自动切换
	2	基于 MySQL 主从同步的状态决定是否切换,心跳语句为 show slave status
	3	基于 MySQL Galera Cluster 的切换机制进行切换,心跳语句为 show slave like 'wsrep%'

总的来说,在 schema.xml 配置文件中的虚拟架构配置项中需要通过 dataNode 参数来指定数据节点的配置项,而在数据节点配置项中还需要通过 dataHost 参数指定虚拟资源池配置项。另外,在虚拟主机配置项中也需要分别定义真正的后端数据库端口号、IP 地址以及连接数据库的用户名和密码。schema.xml 中的配置分支如图 13-7 所示。

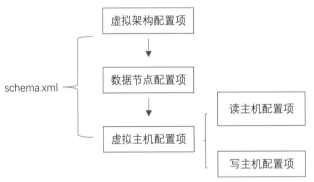

图 13-7　schema.xml 中的配置分支

将 schema.xml 配置文件根据本例中提供的参数进行相应的修改,修改后的配置文件如下:

```
[root@mycat~]#cat /usr/local/mycat/conf/schema.xml
<? xml version="1.0"? >
<! DOCTYPE mycat:schema SYSTEM "schema.dtd">
<mycat:schema xmlns:mycat="http://io.mycat/">
<schema name="qianfang" checkSQLschema="true" sqlMaxLimit="100" dataNode="dn1">
</schema>
<dataNode name="dn1" dataHost="localhost1" database="qianfang" />
<dataHost name="localhost1" maxCon="1000" minCon="10" balance="0"
```

```
writeType = "0" dbType = "mysql" dbDriver = "native" switchType = "1" slaveThreshold = "100">
<heartbeat>select user()</heartbeat>
<writeHost host = "master1" url = "master1:3306" user = "mycatproxy" password = "qianfang@123">
<readHost host = "slave1" url = "slave1:3306" user = "mycatproxy" password = "qianfang@123"/>
<readHost host = "slave2" url = "slave2:3306" user = "mycatproxy" password = "qianfang@123"/>
</writeHost>
<writeHost host = "master2" url = "master2:3306" user = "mycatproxy" password = "qianfang@123">
<readHost host = "slave1" url = "slave1:3306" user = "mycatproxy" password = "qianfang@123"/>
<readHost host = "slave2" url = "slave2:3306" user = "mycatproxy" password = "qianfang@123"/>
</writeHost>
</dataHost>
</mycat:schema>
```

需要注意的是,上方定义的虚拟数据库名称为 qianfang,连接后端数据库的用户名为 mycatproxy,登录密码为 qianfang@123。

3. 配置 MySQL 集群

Mycat 代理配置完成后,需要在后端的 MySQL 集群上设置 mycatproxy 的访问权限。例如,在 master1 服务器上设置用户权限的具体语句如下:

```
Mysql>grant all on * . * to 'mycatproxy' @ '192.168.10.50' identifiels by 'qianfang@123';
Query OK,0 rows affected,1 warning(0.00 sec)
```

需要注意的是,192.168.10.50 为 Mycat 服务器的 IP 地址。

4. 启动 Mycat

在 Mycat 服务器上将权限完成开启后,即可在 Mycat 服务器上启动代理服务,具体语句如下:

```
[root@mycat~]# /usr/local/mycat/bin/mycat start
Starting Mycat-server…
```

当执行结果出现"Starting Mycat-server…"时,则表示代理服务正在启动。另外,也可以通过查看相应的端口来检查服务器是否正常运行,具体语句如下:

```
[root@mycat~]#netstat -anpt    |    grep 8066
tcp6      0    0 :::8066 :::              :::*      LISTEN    3487/java
```

从上方的执行结果可以看出,Mycat 服务默认的 8066 端口已经启用,服务正常启动。

5. 配置 Mycat 后端数据库

Mycat 代理服务器启动后并不能直接使用,这是因为 Mycat 本身并不提供数据存储功能,所以还需要将 Mycat 中虚拟的数据库框架与后端真实的数据库进行绑定。为了方便理解,这里将在 Mycat 主机上安装 MariaDB 服务,具体语句如下:

```
[root@mycat~]# yum -y install -y mariadb
[root@mycat~]systemctl start mariadb
[root@mycat~]mysql -uroot -p123456 -p8066
Welcome to the MariaDB monitor. Commands end with ; or\g.
Your MySQL connection id is 1
Server version:5.6.29-mycat-1.6.7.4-release-20200105164103 Mycat Server
(OpenCloudDB)
```

```
Copyright（c）2000,2018,Oracle,MariaDB Corporation Ab and others.
Type 'help;' or '\h' for help. Type '\c' to clear the current input statement.
MySQL [(none)] >SHOW DATABASES;

    DATABASE

    qianfang

1 row in set(0.00 sec)
```

从上方的执行结果可以看出，Mycat 部署成功后已经创建了虚拟数据库 qianfang。但此时的数据库中还不能插入数据，需要绑定后端数据库才可以使用。登录 master1 数据库并创建与 Mycat 同名的数据库，具体语句如下：

```
[root@mycat~]mysql -uroot -p123
Mysql>CREATE DATABASE qianfang;
Query OK,1 row affected(0.00 sec)
Mysql>CREATE TABLE qianfang.t1(id int);
Query OK,0 row affected(0.02 sec)
```

数据库创建完成后，在 Mycat 服务器上即可查看数据库 qianfang 中的内容，查询结果如下：

```
MySQL [(none)] >use qianfang;
Reading table information for completion of table and column names
You can turn off this feature to get a quicker startup with -A

Database changed
MySQL [qianfang]>SHOW TABLES;

    Tables_in qianfang

          t1

1 row in set(0.01 sec)
```

尝试在表 t1 中插入数据，然后查看 Mycat 数据库是否可用，具体语句如下：

```
MySQL [qianfang]>INSERT INTO zhanyun.t1 VALUSES(6);
MySQL [qianfang]>SELECT * FROM t1;

    Id

    6

1 row in set(0.04 sec)
```

从上方的执行结果可以看出，数据插入成功。接下来，返回 master1 服务器查看数据库是否存在，查询结果如下：

```
Mysql>SELECT * FROM qianfang.t1;

    id

    6

1 row in set(0.00 sec)
```

通过 master1 服务器可以查询到 t1 表中的内容。因此可以证明 Mycat 虚拟数据库与后端的真实数据库绑定成功。

拓展阅读

读写分离

单元自测

知识自测

一、填空题

1. 常见的数据库中间件有_____、_____、_____和_____。

2. 数据库代理又被称为_____。

3. 数据库代理为数据库群组提供统一的_____、_____和_____。

4. 数据库的主从复制可以实现高可用,而读写分离可以实现_____。

二、单选题

1. 数据库代理主要用于(　　)。

　A. 分发请求　　　　　　B. 存储数据　　　　　　C. 主从复制　　　　　　D. 以上都不是

2. Mycat 中主要用于对接前端用户的配置文件是(　　)。

　A. mycat. conf　　　　B. my. cnf　　　　　　C. server. xml　　　　　D. schema. xml

3. Mycat(　　)进行数据存储。

A. 可以大量　　　　　B. 可以少量　　　　　C. 不可以　　　　　　D. 以上都不是

三、简答题

1. 使用 Mycat 搭建读写分离时应该注意哪些问题?

2. 如何对数据进行分片?

技能自测

利用 Mycat 完成读写分离配置操作。

学习成果达成与测评

单元 13　学习成果达成与测评表单

任务清单	知识点	技能点	综合素质测评	分　值
任务 13.1				⑤④③②①
任务 13.2				⑤④③②①
任务 13.3				⑤④③②①
拓展阅读				⑤④③②①

序号	命令	功能
1	net stop mysql	MySQL 服务停止
2	net start mysql	MySQL 服务启动
3	mysql -uroot -p	输入密码后登录 MySQL
4	SHOW DATABASES;	显示数据库列表
5	USE 数据库名;	选择数据库
6	STATUS;	查看当前选择（USE）的数据库
7	SHOW TABLES;	显示库中的数据表
8	ALTER DATABASE CHARACTER SET utf8;	修改数据库字符集
9	DESCRIBE 表名;	显示数据表的结构
10	CREATE DATABASE 数据库名;	创建数据库
11	DROP DATABASE 数据库名;	删除数据库
12	CREATE TABLE＜表名＞（＜字段名 1＞ ＜类型 1＞［...＜字段名 n＞ ＜类型 n＞]）;	创建数据表
13	DROP TABLE 表名;	删除数据表
14	DELETE FROM 表名;	清空表中记录
15	CREATE TABLE 新表名 LIKE 旧表名;	复制表结构
16	SELECT * FROM 表名;	显示表中的记录
17	INSERT INTO 表名 VALUES(字段名 1,字段名……);	向表中插入数据
18	UPDATE 表名 SET 字段名＝值;	更新表中记录
19	INSERT INTO 新表名 SELECT * FROM 旧表名;	复制表数据
20	RENAME TABLE 表名 TO 新表名;	重命名表
21	SELECT VERSION();	显示当前 MySQL 版本
22	SELECT CURRENT_DATE;	显示 MySQL 当前日期
23	SELECT USER();	查询当前用户
24	SELECT NOW();	查询时间
25	SELECT PASSWORD('root');	显示当前用户密码
26	GRANT ALL ON *.* TO USE @ localhost identified BY " password";	增加一个管理员帐户
27	ALTER TABLE 表名 ADD 列名 字段名 数据类型;	增加一个字段
28	_代表任何一个字符,%代表任何字符串	匹配字符
29	flush privileges	不重启时刷新用户权限
30	Exit 或 Quit 或\q	退出 MySQL 服务

参考文献

［1］黑马程序员.MySQL 数据库入门［M］.2 版.北京:清华大学出版社,2022.

［2］教育部考试中心. 全国计算机等级考试二级教程:MySQL 数据库程序设计［M］.北京:高等教育出版社,2022.

［3］周德伟,覃国蓉.MySQL 数据库技术［M］.2 版.北京:高等教育出版社,2019.

［4］张素青,翟慧,黄静.MySQL 数据库技术与应用［M］.北京:人民邮电出版社,2018.

［5］郑阿奇.MySQL 实用教程［M］.3 版.北京:电子工业出版社,2018.

［6］西泽梦路.MySQL 基础教程［M］.北京:人民邮电出版社,2020.

［7］王珊,萨师煊.数据库系统概论［M］.5 版.北京:高等教育出版社,2014.

［8］易洁,黄翔.基于《MySQL 数据库技术》的新形态教材开发与应用［J］.机械职业教育.2021,(12):53-57.

［9］徐艺澜,沈艳,范恩,余冬华.基于 PHP 和 MySQL 的绿色垃圾回收系统设计［J］.电脑知识与技术.2021,17(31):32-35.

［10］张丽景,张文川.基于对比分析法的高职"MySQL 数据库"课程设计——以兰州石化职业技术大学为例［J］.现代信息科技.2022,6(21):188-191.

版 权 声 明

根据《中华人民共和国著作权法》的有关规定,特发布如下声明:

1.本出版物刊登的所有内容(包括但不限于文字、二维码、版式设计等),未经本出版物作者书面授权,任何单位和个人不得以任何形式或任何手段使用。

2.本出版物在编写过程中引用了相关资料与网络资源,在此向原著作权人表示衷心的感谢! 由于诸多因素没能一一联系到原作者,如涉及版权等问题,恳请相关权利人及时与我们联系,以便支付稿酬。(联系电话:010-60206144;邮箱:2033489814@qq.com)